AF423768

Diretores (Main Editors)
João Rui Pita e Ana Leonor Pereira
Universidade de Coimbra

Os originais enviados são sujeitos
a apreciação científica por referees.

Coordenação Editorial (Editorial Coordinator)
Maria João Padez Ferreira de Castro

Edição
Imprensa da Universidade de Coimbra
Email: imprensa@uc.pt
URL: http://www.uc.pt/imprensa_uc
Vendas online: http://www.livrariadaimprensa.uc.pt

Design
Imprensa da Universidade de Coimbra

Imagem da Capa
Pormenor de pintura de João Nascimento situado no átrio do anfiteatro do Departamento de Química
da Faculdade de Ciências e Tecnologia da Universidade de Coimbra, 1975.

Infografia
Pedro Bandeira

Print by
KDP

ISSN
2183-9832

ISBN
978-989-26-2597-3

ISBN Digital
978-989-26-2598-0

DOI
https://doi.org/10.14195/978-989-26-2598-0

Depósito Legal
535664/24

Obra publicada com o apoio de

SHIS
Sociedade de História Interdisciplinar da Saúde-SHIS

Os volumes desta coleção encontram-se indexados e catalogados
na base dados da Web of Science

J. SIMÕES REDINHA

O Associativismo em Ciência e a sua expressão na Química

• COIMBRA 2024

Sumário

Às minhas filhas, Maria Regina e Maria Margarida,
pelas alegrias que me têm dado

O ASSOCIATIVISMO EM CIÊNCIA E A SUA EXPRESSÃO NA QUÍMICA

ASSOCIATIVISM IN SCIENCE AND ITS EXPRESSION IN CHEMISTRY

RESUMO

A Renascença italiana despertou no homem uma nova maneira de conhecer a natureza.

A Revolução Científica que operou ficou assinalada no século XIX por dois factos que a completaram: compartimentação da ciência em áreas de especialidade e participação empenhada da universidade na construção do edifício para o conhecimento. Nesta evolução assumiu ainda papel determinante o associativismo científico extra-universitário. Neste livro perspetiva-se este associativismo com particular enfoque na Química e nas instituições científicas portuguesas

ABSTRACT

The Italian Renaissance awakened in man a new way of knowing nature.

The Scientific Revolution that operated was marked in the 19th century by two facts that completed it: the compartmentalisation of science into areas of specialty and the committed participation of the university in the construction of knowledge. In this evolution, scientific societies external to the university also played a decisive role. This book provides a perspective on those societies with a particular focus on Chemistry and Portuguese scientific institutions.

PRÓLOGO

Da organização do livro

O motivo principal que nos levou a escrever este trabalho foi procurar evidenciar a ação que o associativismo teve no desenvolvimento da química. Todavia, este tema não podia ser abordado independentemente dos demais ramos da ciência, porque a química só começou a ter associações próprias no século XIX, e até aí as academias ou sociedades que foram sendo constituídas englobavam todas as ciências da natureza e a matemática. Esta, instituída como disciplina desde a Antiguidade, foi sempre importante, não só por si mesma, mas também pelo papel que teve e tem no desenvolvimento das restantes ciências. Foi a primeira a aparecer num tempo sem data precisa; as demais foram-se individualizando ao longo do tempo. Limitar a nossa narrativa somente às associações específicas da química seria também perder uma parte longa e importante da sua história, porque as associações criadas até esse período contemplavam matérias de química e, em muitas delas, era até o assunto mais importante da sua atividade. Foram, portanto, aqui incluídas todas as associações científicas até ao aparecimento das dedicadas exclusivamente à química e a partir daí considerámos apenas esta.

O número de sociedades existentes nos diversos domínios da química é de tal forma elevado que seria impossível tratar a história de cada uma em pormenor e estender este estudo até à atualidade. Por isso, apresentamos os aspetos mais relevantes das principais associações e detivemo-nos no século XIX, quando a organização científica já se encontrava estabelecida. Optámos por apresentar uma panorâmica geral do papel que o associativismo teve na implantação da ciência e que continuou a ter nas fases do seu progresso, em detrimento da história aprofundada de uma ou outra delas.

Uma outra nota que aqui deixamos é sobre a explicação para a separação das associações científicas portuguesas das dos outros países. É que a expressão científica portuguesa no mundo foi, infelizmente, tão pequena comparativamente com a dos países culturalmente adiantados durante o período em apreço que, num texto conjunto, usando a mesma rasoura, deixaria poucas referências a Portugal, indubitavelmente insuficientes para acompanhar a evolução da ciência e ficar com ideia do desenvolvimento desta aqui. Por estas razões tratámos do associativismo científico em geral numa primeira parte, e do português numa segunda parte. Assim, os factos respigados da história para organizar a primeira parte tiveram um impacto maior na criação da ciência do que os selecionados para compor a segunda, mas nem por isso estes deixam de ser cruciais para entender a história da ciência em Portugal e, naturalmente, nos países cientificamente secundários.

O associativismo é uma caraterística inerente à ciência

Logo que o homem apareceu, procurou não viver sozinho; integrou-se imediatamente em grupos, constituindo a humanidade. Este comportamento foi determinante para o seu desenvolvimento, que só podia ocorrer em colaboração com os seus semelhantes. O homem é, pois, um ser social. Como ser inteligente, logo reconheceu a importância da atividade intelectual no avanço civilizacional e, por isso, todas as suas conquistas nesse domínio passaram a ser transmitidas à comunidade para benefício comum, ficando com este património para o transmitir de geração para geração. Esta atitude foi tomando foros de maior relevo à medida que o conhecimento foi avançando e assumiu um papel cada vez mais importante nos destinos da humanidade.

Também a comunidade científica não pode existir isolada da sociedade em que se integra, não só porque necessita de meios para a realização da sua atividade, mas também por ser um bem social. Por isso, a comunicação entre a sociedade científica e o meio que a cerca tem de ser forte, estreita e permanente. De modo idêntico, a comunicação do conhecimento dentro da própria comunidade científica é um fator relevante para o desenvolvimento desta e de toda a humanidade.

Bohm e Peat[1] afirmaram não ser possível estabelecer a separação entre a perceção mental e a comunicação. No entender destes autores, ambas formam «um todo indivisível, que se traduz por um único termo perceção-comunicação».

Por mais inédita e pessoal que nos pareça uma descoberta atribuída individualmente a um talentoso investigador, ela é, na realidade, fruto do trabalho de muitos investigadores que o antecederam e de outros seus contemporâneos. Na verdade, para que os resultados de investigação passem a constituir ciência, é necessário submetê-los a juízo de outros para os validarem, corrigir eventuais erros que os afetem e enriquecê-los com as ideias que os mesmos façam brotar no seu espírito. Uma vez aceites como ciência, há que divulgá-los e, uma vez mais, a comunicação entre os cientistas e o público é essencial para o êxito desta tarefa. A ciência não é um bem individual, mas sim um produto de caráter coletivo, na sua génese e no seu destino.

Os meios de comunicação, dentro da comunidade científica e entre esta e o exterior, são indispensáveis para o progresso da ciência. Estes são numerosos

---

[1] BOHM, David; PEAT, F. David – **Ciência Ordem e Criatividade**, p. 98.

e diversos: contactos pessoais, estágios em centros de investigação, projetos de realização coparticipada, conferências, congressos, revistas periódicas especializadas, livros e tantos outros.

Do que ficou dito, é de concluir que as associações abertas aos cientistas e às pessoas interessadas na ciência reúnem excelentes caraterísticas para se tornarem instrumentos de fomento, divulgação e aplicação da ciência. Nasceram com a ciência e foram indispensáveis ao seu desenvolvimento. À missão que desempenharam há a acrescentar o seu papel pioneiro quando a ciência era ignorada ou até hostilizada pela universidade, perseguida pela Igreja, principalmente pela católica, e ignorada pelo grande público. Nesses tempos, as associações científicas foram as armas usadas pelos movimentos culturais progressistas para vencer o conservadorismo das instituições instaladas, ao mesmo tempo que criavam ciência e a divulgavam. Eram apóstolos dos direitos humanos e militantes ativos das iniciativas de progresso da humanidade.

A ciência e as academias

A primeira associação científica que ficou com nome na história foi fundada por Platão – a Academia de Platão ou Academia de Atenas. Regressado a Atenas vindo da Sicília, Platão adquiriu um terreno plantado de oliveiras, o jardim de Akademos, onde construiu uma escola de filosofia. Era aqui que o filósofo recebia os seguidores, convivia com os discípulos, os mais qualificados e os principiantes, e abordava os temas filosóficos em que foi mestre. Os acontecimentos da história que vamos contar começam, pois, nesta data. Em 386 ou 387 a.C., Aristóteles, seu discípulo, usou o Liceu para ensinar filosofia natural, que perduraria por séculos na interpretação da natureza. Foram duas grandes escolas filosóficas de promoção intelectual do homem com visões e métodos de ensino diferentes. As ideias de Epicuro de Samos sobre o comportamento humano e sobre a natureza teriam brotado das discussões num círculo de amigos em Delfos e ele, para as aprofundar e divulgar, instalou uma escola no seu Jardim. Esse grande espaço cultivado por todos alimentava o corpo e o espírito. O epicurismo espalhou-se pela Jónia e prolongou-se no tempo, tendo chegado a Roma, onde o filósofo e poeta Lucrécio foi o principal divulgador na Antiguidade.[2]

No mundo ocidental, as primeiras associações científicas da era moderna apareceram logo que o homem procurou conhecer a natureza através do seu estudo. A sua fundação antecedeu a chegada de Francis Bacon ou de Galileo, que, para muitos historiadores, foram os promotores da revolução científica dos séculos XVII e XVIII. Foi Bacon quem colocou as associações científicas no lugar que lhes cabia na criação de ciência. Efetivamente, há na obra publicada

---

[2] Tito Lucrécio Caro, **De Rerum Natura**, poema científico escrito no século I a.C.

por Bacon três aspetos a salientar quanto à organização científica do conhecimento da natureza. O primeiro é a epistemologia da descoberta das causas naturais escondidas; o segundo é o valor da ciência no progresso da humanidade; e o terceiro é o relevo que conferiu à criação e divulgação da ciência. De forma aligeirada, diremos que os dois primeiros aspetos foram minuciosamente estabelecidos em forma de aforismos na sua publicação principal, *Novum Organum*[3] – e o último, em estilo romanceado, em *New Atlantis*[4]. Como o assunto deste trabalho é o associativismo, damos a seguir uma breve nota do enredo deste livro.

Segundo a lenda, *New Atlantis* era uma ilha perdida no oceano, onde vivia a comunidade mítica de Bensalem que fundou uma instituição destinada a preparar política, económica e socialmente a sua população. A instituição era designada por *Salomon's House* e estava equipada com laboratórios, onde trabalhavam químicos, oficinas destinadas às experiências científicas e armazéns providos de produtos. Anexo aos laboratórios, existia um jardim para cultivar plantas de interesse medicinal e uma destilaria para a obtenção de produtos naturais necessários aos cuidados de saúde da população. Era lugar de trabalho de muitas pessoas envolvidas nas pesquisas científicas, ou seja, que procuravam adquirir «conhecimento de causas e movimentos secretos de coisas (*et motuum ac virtutum in Nature*), e aumento dos limites do império humano de forma a que este pudesse realizar todas as coisas possíveis». *New Atlantis* foi uma publicação com grande acolhimento popular, pois teve oito edições entre 1626 e 1658.[5]

Por certo, a ideia de Bacon ao escrever este livro foi revelar o papel da experimentação na aquisição do conhecimento e a sua utilidade na promoção social. Talvez também impulsionado por alguma frustração quando desempenhava funções governativas, tenha tentado criar uma instituição real para o estudo das ciências experimentais, mas não conseguiu convencer James I da utilidade do empreendimento, o que o deixou desiludido por ser esta a forma de dar corpo às ideias que defendeu no que escreveu.

Salomon's House são as academias e sociedades científicas que não tardariam a surgir por toda a parte; e seria Charles I (o neto do rei que negou a concretização da iniciativa) o patrocinador da Royal Society, fundada em Londres em 1660, uma das maiores e mais prestigiosas instituições científicas.

Para alguns, não teria sido Bacon o pai da ciência por ter ignorado que a matemática é a sua base, e Bacon ignorou o papel da matemática no desenvolvimento das ciências naturais. Atribuem essa honra a Kepler e a Galileo. Não esquecendo o papel destes dois vultos na construção da ciência moderna, não há dúvidas sobre a influência que Bacon teve no estabelecimento desta.

---

[3] BACON, Francis – **Novum Organum**.

[4] BACON, Francis – **Nova Atlântida – A Grande Instauração**.

[5] EAMON, William – **Science and the Secrets of Nature**, p. 291.

PRIMEIRA PARTE

1. O ASSOCIATIVISMO CIENTÍFICO ATÉ MEADOS DO SÉCULO XVII

Academias e sociedades científicas dos séculos XVI a XIX

As academias de segredos e de magia

Na segunda metade do século XVI, a Europa foi sacudida por acontecimentos que mudaram o curso da história da civilização. As potências dominantes envolveram-se em guerras em nome da religião, mas cujas razões eram, como sempre, a conquista ou defesa de território e disputa de mando. O clero e a nobreza procuravam manter os seus privilégios e abandonaram a união que tacitamente vinham mantendo. O teocentrismo medieval foi substituído pelo antropocentrismo, que fez renascer as ideias da Antiguidade de valorização do papel civilizador do homem. Estas mudanças tiveram reflexo na arte, na literatura e na ciência. A escolástica, que imperou na Idade Média como epistemologia de transmissão do saber, foi sendo abandonada e substituída pelo conhecimento adquirido pela experimentação e pela razão. Era o dealbar de uma era nova, um futuro anunciado numa época nebulosa em que o passado ainda não estava completamente esquecido. Caminhava-se na direção certa, mas ainda sob luminosidade deficiente.

Uma personalidade que marcou a primeira metade de quinhentos na ciência, principalmente na química, foi Paracelso, alquimista, filósofo e médico suíço (1493-1541). Espírito rebelde, sem conduta de comportamento, apaixonado, sem escrúpulos, Paracelso foi uma figura típica da Renascença que ficou na história por ter dado à química, pela primeira vez, um campo de aplicação definido e útil que ficou conhecido como iatroquímica.[6]

A química paracelsiana era, à época, uma arte aplicada principalmente à medicina e era praticada por filósofos-alquimistas que não acreditavam na escolástica, defendiam o experimentalismo, mas não abandonaram a crença do poder sobrenatural sobre as experiências. Paracelso foi um nebuloso ponto de encontro do futuro com o passado, mas, apesar disso, marcou uma data na história da ciência, particularmente da química.

---

[6] SZABADVÁRY, Ferenc – **History of analytical chemistry.**

Um dos seus seguidores, Juan Baptista Helmont, foi também uma figura da iatroquímica que realizou trabalho assinalável na química e na medicina; nesta, as plantas usadas na medicina tradicional foram substituídas por substâncias inorgânicas, seguindo a prática paracelsiana. Contrariamente ao seu mestre, não acreditava na *tria prima* e admitia ser a água a origem de toda a matéria.

Observador cuidadoso, pretendeu provar que, de facto, a água era a substância original a partir da qual se formaram as demais. Preparou um vaso que encheu de terra previamente seca e registou o peso do vaso depois de cheio; e aí plantou um pequeno salgueiro, que também pesou. Regou periodicamente a planta durante cinco anos com água da chuva. A planta estava naturalmente exposta à luz. Ao fim dos cinco anos, arrancou o salgueiro e verificou que este tinha aumentado de peso aproximadamente sessenta e oito quilogramas. A conclusão do experimentador foi que a planta cresceu devido à transformação da água das regas em matéria que constituía a planta. Experiência engenhosa com resultados rigorosos, mas conclusão precipitada e incorreta porque ignorou a fotossíntese desconhecida nessa altura.[7]

Também descobriu o estado gasoso, obtendo dióxido de carbono por combustão de carvão. Chamou-lhe gás silvestre, estudou as suas propriedades e distinguiu o gás do ar e do vapor. Esta descoberta teve uma grande importância, porque o estudo dos gases foi a via seguida por Lavoisier para estabelecer os princípios da química.

Sendo um cientista que defendia o experimentalismo como o método de adquirir o conhecimento, Helmont era um católico fervoroso de espírito místico, que não abandonara completamente ideias do passado, particularmente da alquimia. Como vimos, acreditava nas transmutações da matéria e ele próprio narrou, na *Opuscula omnia*[8], a cura de dois doentes, tocando-lhes com uma pequena pedra que guardava no bolso. Defendia a ideia de que a oração contribuía tanto para o sucesso de uma experiência como o trabalho despendido na sua realização, e que a eficácia na cura de uma ferida provocada por uma arma era maior se o remédio fosse aplicado diretamente nesta, em vez de ser aplicado na ferida. A obra de Helmont foi um misto de ciência e de crença no poder sobrenatural.

Foi neste ambiente cultural que nasceu, em Itália, uma corrente cultural que fazia a apologia da observação dos segredos da natureza como fonte do conhecimento. Não se experimentava porque não era necessário; a natureza continha toda a informação que pretendêssemos – havia somente que procurá--la. Esta ideologia era consequência da crença de que, sendo o criador da natureza infinitamente sábio, a sua obra era perfeita e completa e encerrava todo o conhecimento.

---

[7] BAKER, Jeffrey J. W.; ALLEN, Garland E. – **Estudo da Biologia.**

[8] *Artus medicinae vel opera et opuscula omnia* (1648), *apud* WOJTKOWIAK, B. – **Historia de la química.**

Em vez de irem buscar o saber à leitura das Escrituras como anteriormente, os cristãos renascentistas iam procurá-lo na natureza, onde se encontrava escondido da vista do homem comum. O secretismo do conhecimento residia na dificuldade em ser observado, tarefa somente acessível aos que possuíssem dotes intelectuais capazes de o encontrar através dos sinais que denunciavam a sua presença. O pesquisador de segredos tinha de ter curiosidade intelectual, e esta era para o vulgo um pecado aos olhos da religião por ser uma atitude de desconfiança na verdade anunciada.

Com todas as contradições e os condicionalismos impostos pela época, havia a profissão de professor de segredos: o matemático e polímata italiano Tommazo Garzoni (1549-1589) informava, em *Piazza universale*, que nas quinhentas diferentes profissões existentes em Itália naquela época contava-se a de *professori de secreti*.[9]

Estes corajosos pesquisadores de tesouros publicavam os seus «achados» em livros que eram muito apreciados pelo povo em finais de quinhentos, o que conferia aos seus autores fama e respeitabilidade. Eram admirados pelo povo como sábios, mas perseguidos pela Igreja como bruxos. Assim eram os «cientistas» daquele tempo.

A aceitação do saber como um bem esotérico era muito antiga. O livro *Secretum Secretorum*, supostamente da autoria de Aristóteles – que seria o texto de uma longa carta escrita ao seu antigo aluno Alexandre, o Grande, destinada a ajudá-lo na luta que travava para conquistar o seu império – continha uma variedade enciclopédica de tópicos como conselhos úteis na campanha militar: segredos de estadismo, ética, fisiognomia, astrologia, alquimia, magia, receitas de medicinas. Na mesma época em que o pseudo-aristotélico livro teria sido escrito, foi publicado um outro pelo alquimista Al-Razi[10], designado *Liber Secretorum* em latim, que continha receitas de medicinas mágicas feitas de plantas, classificação de animais e instrumentos e técnicas laboratoriais.

Os segredos de causas naturais, embora pudessem ser detetados pelos pesquisadores, não eram explicáveis nem por estes, porque a sua essência estava para além do entendimento humano. Numa ótica utilitária, também não interessaria compreendê-los; copiá-los e servir-se dos seus ensinamentos era o que interessava.

A magia natural do século XVI, magia branca, era distinta da magia negra da alquimia: esta era obra de demónios, bruxaria, evocação de divindades malfazejas; aquela era aceite e seguida pelos sábios para benefício da humanidade. Diga-se em abono da verdade que a fronteira entre as duas nos parece ténue e, além do mais, cientificamente pouco importa a forma de magia.

---

[9] Tommazo Garzoni, *Piazza universale di tutte le professioni del mondo, apud* EAMON – **Science and the ...**, p. 135.

[10] Al-Razi, filósofo persa que se dedicou à alquimia de sentido experimental e à medicina, domínio em que deixou obra importante.

Giambaptista della Porta ou Giovanni Battista della Porta (1535?-1615) foi o percursor da magia natural e sobre o assunto escreveu o livro *Magia Naturalis*, que publicou em 1588-89. O enorme sucesso bibliográfico tornou o seu autor num sábio de exceção. Della Porta classificava a magia que interessava estudar como sendo a única praticada pelos homens cultos.

O livro tinha um capítulo dedicado à alquimia, assunto que para ele era «an excelent Art discredited and disgraced by certain practitioners who abused it, so that nowadays a man cannot handle it without the scorn and obloquy of the world, because of the disgrace and contempt which those idiots have brought upon it»[11]. A prática laboratorial da alquimia, destinada à preparação de produtos químicos, seduzia-o; uma técnica que o deslumbrava e à qual se recorria frequentemente para a obtenção de produtos naturais era a destilação.

É curiosa a razão que ele dava para a escolha do vaso mais adequado para as diferentes operações de destilação. Os vasos mais aconselháveis para a destilação de líquidos pouco voláteis deveriam ser largos, ter paredes grossas para resistir à pressão do líquido em efervescência, gargalo curto e largo para facilitar a saída dos vapores porque, se esta for dificultada, o vaso pode rebentar e ferir o operador. Para destilar líquidos etéreos, devem utilizar-se vasos de gargalo longo e estreito para conseguir obter líquidos mais puros. A razão para fazer esta escolha está nas «destilações» que se observam na natureza. Nesta, encontramos animais corpulentos de pescoço grosso e curto como o leão e o urso, que são perigosos para o homem; mas também aqui vivem outros animais de pescoço longo e fino como o veado, a girafa e a avestruz, que são seres gentis e inofensivos.[12]

Na magia renascentista põe-se a questão de saber se ela é de índole religiosa ou se já é uma primeira fase do método científico.[13] Para Frazer[14], a magia era um conjunto de crenças que, pela lei de causa e efeito, leva aos resultados pretendidos pelo observador. Tem, por isso, uma estrutura científica que leva a resultados erróneos por não serem aplicadas as leis empíricas. Não é uma religião porque esta desconfia do poder do homem e entrega o ato a Deus, enquanto na magia há a crença no poder do homem. É uma técnica, mas sem preocupação em conhecer a fundamentação teórica. A magia natural poderá ser considerada um passo no caminho da ciência experimental.

Os pesquisadores de magia sentem necessidade de se associarem para afirmar as suas ideias, aumentar o número de colegas, tirar partido do trabalho coletivo, oferecer maior resistência à Inquisição e ao conservadorismo. Surgem, então, as primeiras academias em Itália, patrocinadas por personalidades com posses

---

[11] Giambaptista della Porta, **Natural Magic**, *apud* EAMON – **Science and the ...**, p. 219.

[12] HOLMYARD, E. John – **A Alquimia**, p. 56.

[13] PIRES, Pedro Stoeckli – O conceito de magia nos autores clássicos, p. 97-123.

[14] FRAZER, James George – **The Golden Bough – A study in magic and religion**, p. 1012.

para poderem custear, no todo ou em parte, os encargos da instalação e o funcionamento da organização. Com ideais sobre ciência que os aproximavam dos estudiosos e com peso político e social, protegiam a instituição que apoiavam. Para alguns, estas associações eram formas de reforçar o seu poder político; para todos, não seria indiferente o prestígio que a sua ação de mecenas lhes concedia.

Accademia Segreta de Ruscelli

Por 1540, o humanista e cartógrafo Girolamo Ruscelli, que se tornou polígrafo (escritor profissional), criou em Nápoles uma associação de humanistas nobres, a *Accademia Segreta,* dedicada ao estudo da natureza e das operações que nela ocorrem. A *Accademia* afirmava ter como ideário ser útil a toda a gente independentemente da sua condição social, nível económico, credo religioso, opção política, sexo ou idade.

O secretismo que envolvia a sua atividade limitava-se ao controlo dos resultados pelos dirigentes, que os publicavam quando lhes parecesse oportuno. Ruscelli, que escrevia sob o pseudónimo de Alessio Piemontese ou Alexius Piemontano, justificava o secretismo da atividade dos académicos como sendo a maneira de estes não serem perturbados nem distraídos por quem pretendesse conhecer os segredos descobertos, embora reconhecesse que o isolamento a que estavam sujeitos retirasse qualidade ao trabalho desenvolvido – sublinhe-se o senão, porque ele reflete a ideia que se tinha do associativismo já nessa altura. Os médicos da cidade eram exceção, porque eram autorizados a assistir às experiências relacionadas com a medicina. Um tipo de trabalho a que a *Accademia* se entregava era verificar várias técnicas, os benefícios das receitas médicas, estudar alquimia e preparar cosméticos.

Em 1555, Ruscelli publicou *Secreti del Reverendo Donno Alessio Piemontese* com os segredos que foi guardando e que não divulgara. Entre os pacientes que tratou e referiu no seu livro, conta-se um português que sofria de gota, tratada com um unguento secreto. Publicou também *Secreti nuovi di maravigliosa virtù,* que foi traduzida para as principais línguas europeias e que lhe deu a reputação de famoso professor de segredos.

Ruscelli nunca revelou o nome do patrocinador que lhe cedeu o espaço para as instalações e que lhe providenciava a maior parte dos meios financeiros necessários ao funcionamento da *Accademia*. O patrocinador era sempre referido por Magnânimo Príncipe da Cidade e a sua contribuição para a atividade da *Accademia* era fundamentalmente financeira, além de assistir habitualmente às reuniões no primeiro domingo de cada mês. Os vinte e quatro membros da *Accademia* pagavam uma anuidade proporcional às suas posses.

O pessoal da *Accademia* era composto por dois boticários, dois perfumistas, quatro herbanários e um jardineiro. Além do edifício, havia um anexo com

laboratórios para as experiências e um jardim para cultivar plantas com fonte-
nários e gaiolas para aves.

Ruscelli morreu em 1567 e um dos seus sobrinhos publicou os muitos
segredos que o tio deixara e não tivera oportunidade de divulgar em *Secreti
nuovi di maravigliosa virtù del Signor Jeronimo Ruscelli*[15]. A *Accademia Segreta*
teve o seu esplendor entre 1542 e 1552 e extinguiu-se pouco tempo depois.

Accademia Secretorum Naturae de Della Porta

Uma outra academia foi fundada em Nápoles por Della Porta, nome já
nosso conhecido como pesquisador de segredos naturais. Em 1560, estabeleceu
a *Accademia Secretorum Naturae* que funcionava na sua própria casa e recebia
pessoas que já tivessem descoberto alguns segredos. A partir de 1578, Della
Porta passou a ser perseguido pela Inquisição e, catorze anos depois, o Papa
ordenou o encerramento da sua *Accademia*.

À primeira vista, não deixa de causar surpresa a profusão de associações
trazida pelo Renascimento, na fase pré-científica. São instituições que já existiam
desde a Antiguidade, na altura em número reduzido, porque os mestres que
as constituíram eram apenas os filósofos famosos da época. Continuaram a
existir na escolástica medieval, mas ainda em número relativamente pequeno.
Nesta época, o conhecimento era dogmático e caraterizado pela divisa *magister
dixit*, dando-se prioridade à escola: as universidades datam desta altura.

No Renascimento, o conhecimento passou a ter um caráter social mais
vincado, dada a influência que tinha na vida das populações e o facto de ser
adquirido por investigação da natureza. Estas caraterísticas levaram a um aumento do número de pessoas dedicadas ao seu estudo, assim como dos meios e dos
instrumentos necessários para o fazer. Entre estes, figuram as academias com
a sua estrutura e ação. O associativismo acompanha cada vez mais de perto o
conhecimento científico, adaptando-se às exigências do tempo de forma a
manterem-se sempre como estruturas o mais favoráveis possível ao seu progresso.

Accademia dei Lincei

Em 1608, um grupo de amigos reunia-se diariamente em Roma para falar
de filosofia natural e de matemática. Fazia parte deste grupo o príncipe de
Montecelli, Federico Cesi, filho do poderoso duque de Aquasparta. Cesi
recusou-se a seguir os conselhos do pai que queria fazer dele um político e
homem da corte, de acordo com a sua condição social. Mas a vida da corte
aborrecia-o e a sua aspiração era dedicar-se à ciência.[16]

---

[15] EAMON – **Science and the ...**, p. 136.

[16] *Apud* EAMON – **Science and the...**, p. 229.

Os restantes componentes do grupo eram o médico holandês Johannes van Heeck, o matemático italiano Francesco Stelluti, e o polímata da mesma nacionalidade Anastacio de Fillis. O duque não gostava de ver o filho envolvido neste tipo de vida, até porque van Hecck tinha sido preso acusado de homicídio, mas libertado por influência do filho, alegando que o acusado tinha agido em legítima defesa. Indiferente à eventual inocência do acusado, o duque empenhou--se na expulsão do médico de Itália e, em consequência disso, as reuniões foram interrompidas.

Cesi não desistiu do seu projeto de vida e, em 1609, convidou Della Porta, seu antigo professor, para orientar a academia que desejava criar – era o quinto membro da instituição que viria a chamar-se *Accademia dei Lincei*. Della Porta pretendeu levar consigo companheiros da sua antiga academia, pretensão que não teve a concordância de Cesi, atitude esclarecedora da atualização científica deste. Tinha por Della Porta admiração e respeito, mas tudo leva a crer que soubesse que em matéria científica ele tinha sido ultrapassado.

O emblema da *Accademia* era o lince, símbolo que já tinha sido usado por Della Porta na ilustração da capa do seu *Magia Naturalis*. A pesquisa de segredos era assemelhada à caça (*venatio*) e, por isso, eram frequentes as alusões a esta atividade, feitas aos que se entregavam ao estudo da natureza. Um outro exemplo desta associação de ideias era o símbolo da *Accademia Caciatore* estabelecida em Veneza em 1596 – um cão a perseguir uma lebre.[17] Na crença popular, o lince é o animal que consegue ver a presa escondida por obstáculos opacos tal como os segredos que eram invisíveis para o homem comum, mas eram detetados pelos pesquisadores. Estes eram os *Lincei*.

A divisa usada pelos *Lincei – minima cura si maxima vis* (ocupa-te das pequenas coisas se quiseres obter os maiores resultados) – é uma metáfora que traduz o poder que atribuíam à ciência.

Em 1611, Galileo foi eleito o sexto membro da *Accademia*, o que corresponde a um volte-face na atividade desta. Nas palavras do físico e astrónomo dirigidas à corte toscana a solicitar autorização para publicar *Tesoro Messicano*, a primeira publicação patrocinada pela *Accademia dei Lincei*, dizia esperar que os melhores dos seus membros passassem a publicar os seus trabalhos «em benefício da república das letras».

Galileo era já nessa altura um cientista respeitado e no auge da fama.[18] Como sabemos, ele foi o primeiro a aplicar o método experimental no estudo da natureza. Em 1604, no início da sua carreira científica, então professor da universidade de Pisa, fez estudos da queda de graves: corpos de diferentes massas foram lançados da torre da cidade a diversas alturas. Concluiu que, abstraindo da resistência do ar, o tempo da queda era independente da massa

---

[17] MAYLENDER, Michele – **Storia delle Accademie d'Italia**, p. 478.

[18] DE ANGELIS, Alessandro – **Galileo em Pádua – os dezoito melhores anos da minha vida**.

do corpo e que a velocidade atingida por este era proporcional ao espaço percorrido. A primeira destas conclusões corrigia Aristóteles, mas a segunda era incorreta apesar de os resultados experimentais estarem certos. Depois de mais experiências, algumas realizadas em planos inclinados, corrigiu, em 1609, a afirmação falsa enunciada anos antes.

Frederico Cesi era amigo de Galileo e trocava com ele correspondência científica. Na carta de 12 de maio de 1612 – ano em que usou a via epistolar para divulgar as suas observações sobre as manchas solares usando o telescópio –, dizia ao seu patrono que *Sidereus Nuncius*, que publicara em 1610, era tanto um tratado como uma mensagem à classe culta a anunciar-lhe a chegada de uma nova era em que o universo e o seu método de estudo não seriam mais os mesmos. A pseudofilosofia natural havia chegado ao seu termo.

A *Accademia* nascera na atmosfera nebulosa da magia e Galileo fez dela a primeira academia da nova ciência que ele próprio estava a construir. Na oração *Natural desiderio di sapere* proferida em 1616 na recém-criada extensão de Nápoles, Cesi definia com clareza os objetivos da *Accademia:* apoiar a «disposição nata» do homem para o saber; tornar o conhecimento de utilidade pública; fazer a divulgação da ciência através da *Accademia* liberta do isoterismo que a afetara; conseguir as condições que garantissem o avanço da ciência, removendo os obstáculos que impediam que isto acontecesse.

A entrega à pesquisa era total, mesmo absorvente, a ponto de afetar a vida pessoal dos estudiosos. Em carta de Della Porta para Cesi, foi instituída a obrigatoriedade do celibato para os membros. A maneira de viver destes era determinada pelo espírito de *lincealità*. A *Accademia* era um mosteiro de leigos. Heeck teria transmitido a Cesi o desejo de casar, recebendo deste imediata reprovação a tal ideia.

Os membros eram autorizados a acrescentar ao seu nome o título de *linceano;* se alguns, por imposição ou qualquer outro motivo, não tivessem possibilidade de cumprir as regras da *Accademia*, não estavam autorizados a usá-lo.

Em 1613, Galileo publicou, através da *Accademia*, a *Istoria e dimostrazioni intorno alle macchie solari*. Este trabalho contribuiu para o prestígio da *Accademia* e foi o escape para o seu autor poder continuar com a sua atividade científica a braços como estava com a Inquisição. O orgulho que nutria pela *Accademia* levou-o a assinar a publicação como *Galileo Galilei línceo*.

Em 1625, Galileo começou a escrever a sua obra principal e marco miliário da ciência *Dialogo sopra i due massimi sistemi del mondo* e completou-a cinco anos depois. Cesi estava como superintendente da publicação em Roma quando faleceu repentinamente (em agosto de 1630). Este acontecimento inesperado, porque o príncipe tinha apenas quarenta e cinco anos, abalou a *Accademia* e prejudicou a publicação do *Dialogo*, que só teve autorização para ser publicado em Florença entre junho de 1632 e fevereiro do ano seguinte. A Igreja perseguiu o livro o mais que pôde e acabou por ser dado ao prelo pelo facto de a Itália de então ser dividida em Estados independentes. Mesmo assim, oito meses depois de o livro ser conhecido pelo público, a Igreja dava ordens para suspender a sua venda.

Galileo morreu em 1642 e a *Accademia dei Lincei* foi extinta em 1651, após o esforço generoso de Stalluti para salvar o património desta.

A entrada de Galileo para a *Accademia* foi determinante para o rumo que esta tomou – passou do conhecimento pouco ou nada científico à cultura do saber, tornando-se a primeira associação da ciência moderna –, mas também não foi despiciendo o benefício que o cientista colheu com essa sua decisão. A primeira afirmação ficou claramente justificada ao longo da presente exposição: de trabalho sem base científica passou para o lugar honroso de pioneira da ciência que viria a revolucionar a vida da humanidade. A segunda foi o estabelecimento de uma amizade de Galileo com Cesi, que o apoiou em todos os momentos difíceis que atravessou. A morte surpreendeu o príncipe a tratar, junto dos poderes da Igreja, da publicação do *Dialogo* que imortalizou o seu autor. Cesi e Galileo, dois corajosos lutadores irmanados pela mesma ideologia, luta cujas regras eram as ditadas pela força baseada em convicções religiosas e não na razão e cujas proporções foram tais que ainda hoje não foi feita justiça ao físico italiano. Na verdade, em 10 de novembro de 1979, o papa João Paulo II, na sessão plenária da Pontifícia Academia das Ciências consagrada à comemoração do centenário do nascimento de Einstein, invocando a harmonia que pode existir entre as verdades da ciência e as da fé, afirmou que esta não foi respeitada para com Galileo; havia que estudar o caso para o reabilitar, disse. A comissão encarregada de proceder a esse estudo funcionou em quatro subgrupos encabeçados por ilustres cardeais da Cúria. As conclusões do estudo realizado foram apresentadas na sessão plenária da Pontifícia Academia de 31 de outubro de 1992, considerando todos os intervenientes culpados, até o próprio Galileo... pasme-se, este por não ter apresentado prova convincente da veracidade da sua teoria.[19]

Mais de dois séculos depois da sua extinção, o papa Pio IX retomou, em 1847, a recriação da original Academia com a designação de *Pontificia Accademia dei Nuovi Lincei*.

A sua reconstituição definitiva foi feita em 1870 por Quintino Stella, um estadista do Piemonte que era cientista, e é hoje a *Accademia Nacional dei Lincei*.

Accademia del Cimento

Depois do desaparecimento da *Accademia dei Lincei*, o espírito académico italiano foi retomado pelos discípulos de Galileo, honrando a memória do mestre que tanta dedicação dispensou ao associativismo. Em 1657, Giovani

---

[19] SEGRE, Michael – Galileo: A 'rehabilitation' that has never taken place, p. 20.

Alfonso Borelli e Vicenzo Viviani reuniram-se em Florença com mais nove apoiantes para criarem uma associação científica destinada ao estudo das ciências experimentais. Para pôr em prática o seu projeto, contaram com a proteção de dois irmãos Medici, o príncipe Leopoldo da Toscana e Ferdinando II, Grão-Duque da Toscana. Assim nasceu a *Accademia del Cimento* (conhecimento), que desempenhou, durante dez anos, um papel importante no desenvolvimento da ciência. A *Accademia* era consagrada, especialmente, ao trabalho experimental e era servida por membros qualificados, pois dois deles tinham sido colaboradores de Galileo. O método científico de Bacon já era conhecido e nele a experimentação tinha um papel primordial. O progresso da ciência dependia, portanto, do desenvolvimento da observação e da experimentação. Todavia, o caso de Galileo estava muito presente na mente dos que se dedicavam à ciência e era preciso coragem para exercer esta atividade; o maior perigo era teorizar a partir dos resultados. Só o receio pode justificar que pessoas da envergadura intelectual dos académicos tenham adotado como meta da sua investigação apenas a experimentação e não a interpretação teórica dos resultados. *Provando e riprovando* (experimentando e voltando a experimentar) era a divisa que a orientava. Somente Borelli, com a rebeldia de espírito que o caraterizava, era dado à polémica e não fugia ao conflito, e fez a interpretação de alguns resultados experimentais à luz da mecânica.[20]

O número e diversidade de aparelhos – muitos construídos pelos seus membros ou concebidos por eles e executados em oficinas – são impressionantes. Na única publicação feita pela academia, *Saggi di naturali esperienze fatte nell'Accademia del cimento sotto la protezione del serenissimo principe Leopoldo di Toscana e descritte dal segretario di essa Accademia*, datada de 1666, são descritas muitas experiências, a aparelhagem desenvolvida e as novidades introduzidas.

Uma querela interna entre Borelli e Vivianni, em 1667, pôs fim à *Accademia*. O conflito foi motivado pelo facto de Borelli não respeitar o princípio da instituição de que todas as publicações deviam ser anónimas. Não teria sido só o desentendimento entre estes dois académicos que acabou com a *Accademia*. A outra razão, quiçá a principal, foi o facto de o príncipe Leopoldo ter sido elevado à categoria de cardeal e colocado em Roma, o que dificultava o governo da *Accademia* em Florença.

A nomeação de Leopoldo ao cardinalato pode ter sido um estratagema do papa para acabar com a instituição, dado que o prestígio dos Medici impediria que isso acontecesse por ataque direto à *Accademia*. É difícil aceitar que o príncipe não tivesse consciência das consequências para a ciência do oferecimento deste lugar. A sua opção foi um mau serviço prestado à causa da ciência, que antes tanto defendeu. Com a residência, em Roma era-lhe impossível continuar a gerir a *Accademia*. A fraqueza humana cedeu. Acabou a *Accademia* e acabou

---

[20] Giovanni Boreli, *De motu animalium Motu Animalium* (1680), *apud* HANKINS, Thomas L. – **Ciência e Iluminismo**.

também o patrocínio dos Medici à cultura, que transitou para a posse do Estado florentino.

Quando Leopoldo morreu, em 1675, ficaram na posse do irmão 1282 peças de equipamento laboratorial fabricado pela *Accademia*. Alguns desses instrumentos foram desaparecendo e, atualmente, existem apenas cerca de duzentas peças, metade das quais estão expostas na sala reservada à *Accademia* no Museu de História Natural de Florença.[21]

Epistemologia e as disputas científicas no século XVII

A Academia dos Linces foi a primeira academia verdadeiramente consagrada ao estudo científico da natureza. Enquanto o conhecimento dos segredos consistia apenas na observação das manifestações exteriores da natureza sem interligação entre elas, o conhecimento científico implica o estabelecimento das leis que regem os fenómenos observados, assim como os demais que vierem a ser detetados futuramente. Para os empiristas, estas leis eram fundamentadas na observação e na experimentação. Este método teve um papel importante no desenvolvimento inicial da ciência. Foi seguido por Galileo, Newton e outros cientistas e defendido por vários filósofos, o primeiro dos quais foi John Locke.

A linguagem da ciência tem de ser clara, sem ambiguidade e abstrata, de maneira a poder ter um elevado grau de generalização. Estes requisitos só são satisfeitos pela linguagem matemática. Por conseguinte, as leis das ciências naturais devem ser expressas matematicamente. Galileo acentuava esta necessidade em *Il Saggiatore*, em que se apresenta, não simplesmente como cientista experimental, mas como filósofo da ciência, valorizando, deste modo, a teoria. Na capa, intitulava-se «Academico Linceo Nobile Fiorentino Filosofo Matematico Primario del Ser.ᵐᵒ Gran Duca di Toscana» e, no texto, afirma que a matemática é a linguagem de Deus e continua: «a filosofia [i.e., a Física] encontra-se escrita neste grande livro que continuamente se abre perante os nossos olhos [i.e., o universo] que não se pode compreender antes de entender a língua e conhecer os carateres com os quais está escrito. Ele está escrito em linguagem matemática, os carateres são triângulos, circunferências e outras figuras geométricas sem cujos meios é impossível entender humanamente as palavras; sem elas vagamos perdidos dentro de um labirinto».[22]

Em 1638, publicou a explicação da sua mecânica em *Discorsi e dimostrazioni matematiche intorno a due nuove scienze*. Já se encontrava a cumprir a pena a que fora condenado pelo tribunal eclesiástico e, proibido como estava de publicar algo que tivesse publicado ou que fosse novo, foi arranjando

---

[21] ISTITUTO E MUSEO DI STORIA DELLA SCIENZA (ITALY) – **Museo di storia della scienza: Catalogo**, p. 132.

[22] GALILEI, Galileu – **O ensaiador**, p. 46.

estratagemas para revisitar as suas obras: a transcrição delas com algumas atualizações por um outro autor e a sua publicação em local onde a Inquisição tivesse menos influência. O texto em epígrafe foi publicado por De Angelis em Leiden.

Em *Novum Organum*, o seu contemporâneo Francis Bacon propôs uma teoria do conhecimento, que teve grande influência no desenvolvimento científico. O método proposto por este filósofo consiste em reunir o maior número possível de experimentos e submetê-los a exame da mente para, a partir deles, estabelecer as ligações casuais entre os factos observados. Formulamos, então, hipóteses sobre as leis que controlam os acontecimentos da natureza. Estas leis são confirmadas, aperfeiçoadas ou abandonadas por experimentos e não podem ser consideradas como verdades absolutas, mas simplesmente interpretações possíveis dos fenómenos naturais cujo grau de confiança depende do rigor dos dados experimentais e das conclusões induzidas a partir deles. Bacon aponta quatro das mais perigosas causas de erro que afetam a verdade dos factos e que é necessário evitar: *a)* considerar a perceção sensorial sempre correta – ídolos de classe ou de tribo; *b)* cada pessoa tem a sua «caverna» que lhe distorce a luz natural – ídolos de caverna; *c)* erros devidos à comunicação entre pessoas ou às associações – ídolos de mercado ou de fórum; *d)* deturpação da realidade por fabulação dos factos – erros de teatro.[23]

Como Galileo, Bacon foi um empirista, mas foi mais pormenorizado quanto ao método seguido no exame dos resultados para formulação das leis, embora desse menos relevo ao papel da matemática como linguagem científica.

Contrapondo-se ao método indutivo, René Descartes propôs, em 1637, o método dedutivo como devendo ser o seguido para chegar ao enunciado das leis científicas. O filósofo não acredita numa teoria do conhecimento baseada na experimentação, porque os sentidos dão-nos perceções que não são realmente verdadeiras. O conhecimento da natureza só pode ser alcançado por dedução lógica de ideias que sejam indiscutivelmente verdadeiras.

Segundo ele, o homem possui ideias inatas que nascem consigo como marcas deixadas pelo Criador. Estas ideias são produzidas pela mente sem recorrer à experiência ou intuídas dela e, portanto, merecem a nossa inteira confiança. Elas são provenientes de um ato puro da inteligência que é capaz de apreender direta e imediatamente ideias simples. Na metodologia científica, somente pode intervir o pensamento inteligente. Até a nossa existência seria posta em dúvida se não fosse a razão a dissipá-la: *je pense, donc je suis*. Sei que existo porque, pensando, tenho razão e esta é um dom que foi dado ao homem. Esta frase apareceu inicialmente na parte quatro de *Discours de la méthode pour bien conduire sa raison et chercher la verité dans les sciences* (1637), escrito em francês; e apareceu também em *Principia Philosophiae* (publicado sete

---

[23] BACON, Francis – **Novum Organum ou Verdadeiras Indicações Acerca da Interpretação da Natureza**, aforismos XXXIX a XLIV.

anos depois em latim), traduzida por *cogito ergum sum*, forma sob a qual foi popularizada.

Os racionalistas atacavam o método empírico pela falta de confiança em dados sensoriais; os empiristas afirmavam que, à nascença, o espírito humano é como uma *tabla rasa* e é somente a experiência que lhe vai imprimindo o conhecimento. Bacon, fazia a comparação entre o empirismo e o racionalismo, lembrando a conhecida metáfora da formiga, da aranha e da abelha:

> Those who treated of those who have treated of the sciences have been empirics or dogmatized, the former like ants only heap up and used their store, the later like spiders spin out their own webs. The bee, a mean between both, extracts matter from the flowers of the garden and the field but works and fashions its only efforts. The true labour of Philosophy resembles hers, for it neither relies entirely or principally the powers of the mind, nor yet lays up in the memory. The matter afforded by the experiments of natural history or mechanics in its raw states but changes and works the understanding[24].

O empirismo teve uma aceitação triunfal com os *Principia* de Newton por ter sido o método seguido pelo autor para estabelecer as leis do movimento e traduzir o sistema gravitacional em forma matemática. Não se interessou pelo conhecimento da natureza intrínseca das questões envolvidas neste estudo porque isso era um problema que estava fora da filosofia mecanicista. *Hypotheses non fingo* foi a conhecida frase que Descartes escreveu no ensaio *General Scholium*, que Newton apensou à segunda edição dos *Principia* e que traduz a sua convicção empirista.

O empirismo foi uma corrente de pensamento que entrou nas Ilhas Britânicas com Francis Bacon e que aqui encontrou grande acolhimento e desenvolvimento com eminentes filósofos como Locke, Berkeley e Hume. Na forma de positivismo, foi a corrente dominante na química durante grande parte do século XIX, opondo-se ao estudo da teoria atómica, mas conduzindo a muitas conquistas desta ciência num período de grande desenvolvimento.

A ideologia racionalista foi seguida por Espinoza e Leibniz. Na pureza que Descartes lhe deu, é dificilmente aplicável às ciências naturais por não existirem neste domínio premissas que sejam inatas e que possam gerar ciência útil. Do método defendido por ele ficou a ideia de que a dedução é uma operação mais segura do que a indução a que recorre o empirismo. A metodologia usada na construção da disciplina da química foi estabelecer empiricamente os princípios, dar-lhes forma matemática e organizar a disciplina ou subdisciplinas por dedução.

Dos três principais autores da epistemologia seiscentista, Galileo e Bacon foram corifeus do associativismo: como já foi dito, o primeiro acrescentava ao

---

[24] BACON – **Novum Organum ou ...**, aforismo XCV.

seu nome a filiação na Academia dos Linces; o segundo dedicou uma parte da sua obra bibliográfica a defender o associativismo como um meio de progresso científico. Para Descartes, defensor do inatismo como origem da ciência, o associativismo não seria tão importante ou mesmo necessário à ciência. A sua frase «muitas vezes não há tanta perfeição nas obras compostas por várias peças por diversos mestres quanto naquelas em que há apenas um único arquiteto» é uma asserção de racionalista que a prática não confirma. De facto, Descartes serviu-se da amizade com Mercennes para colher os pareceres de Thomas Hobes e de Pierre Gassendi sobre as *Meditationes de prima philosophia*, enviado-lhes o manuscrito antes de o publicar e levando em conta os respetivos comentários.

Com o avanço da ciência, surgem as polémicas entre os investigadores, geradas pela confrontação das ideias, pela disputa da prioridade de autoria das descobertas ou por diversas outras razões. São acontecimentos comuns em qualquer atividade humana que, em ciência, são benéficos pela sua contribuição para aclarar ideias, imprimir maior rigor, abrir caminhos novos à investigação e zelar pelo cumprimento das normas de justiça e ética pelos que se dediquem à atividade científica. Um dos objetivos das reuniões promovidas pelas associações é afirmar pela discussão os diferentes aspetos da ciência.

Newton e Leibniz envolveram-se em acalorada e apaixonada disputa da prioridade de autoria da invenção do cálculo infinitesimal.[25] A publicação dos primeiros dados sobre este cálculo parece ter sido da autoria de Newton, em 1664-1665, num trabalho dirigido a um círculo restrito de pessoas com quem mantinha correspondência, mas que não foram publicados e, portanto, não tiveram a divulgação que os tornassem conhecidos da generalidade dos cientistas. Newton introduziu o cálculo fluxional inspirado na física – fluxão ou mudança era a variação instantânea de um fluente, hoje a derivada temporal de uma função do tempo. Descreveu o método de fluxões em termos geométricos. Não fez qualquer publicação sobre esta matéria até ao século XVIII.

Leibniz afirmava que as ideias do cálculo infinitesimal – publicadas em outubro de 1684, em *Acta Eruditorium*, num artigo de seis páginas e meia, «A new method for Maxima et Minima as well Tangents which is not obstructed by frational or irrational quantities» – lhe teriam ocorrido em 1674. A esta publicação seguiram-se outras nesta revista de Leipzig.

A polémica parece ter sido desencadeada pelo matemático Wallis que, em 1695, acusou Leibniz de ter ido buscar o fundamento das suas publicações a Newton. A agressividade com que Wallis fez a acusação denunciava algum sentimento de xenofobia acrescido pelo seu temperamento algo quezilento.

Os matemáticos da época dividiram-se quanto ao apoio ao inglês ou ao alemão numa polémica que se arrastou para além da morte de Leibniz, em 1716. Em 1711, Newton acusou Leibniz de plágio e este respondeu-lhe

---

[25] BALL, Walter William Rouse – **A Short Account of the History of Mathematics**.
BLANK, Brian E. – The Calculus Wars, p. 602-610.

que, nas circunstâncias em que decorreu a sua descoberta e sem conhecimento de quaisquer trabalhos anteriores sobre o assunto, a acusação que lhe era feita era uma desonestidade. A Royal Society apoiou o seu confrade, concedendo--lhe a prioridade da descoberta, mas a maioria dos matemáticos eram favoráveis a Leibniz. Aparentemente, ambos foram coautores da descoberta que teve uma enorme influência no desenvolvimento da ciência.

Esta não foi a única controvérsia que ocorreu neste século. Diremos que a confrontação de ideias é uma caraterística da ciência e, por isso, as disputas intelectuais mais ou menos acesas eram permanentes. Como reforço desta situação de confrontação permanente basta dizer que os fundadores da mecânica do século XVII tinham ideias diferentes no que respeita às causas e aos efeitos do movimento, dissidências que geraram acesas polémicas e se estenderam pelos séculos seguintes.

Para Descartes, o universo era constituído pela *res extensa* e a *res cogitans*. Para ele, não faria sentido aceitar a ausência de espaço no universo por ser ele a definir a primeira destas realidades. Não existia vazio porque, sendo este ausência de matéria, também seria ausência de espaço. Este filósofo defendia ainda que o movimento de um corpo não é um processo que ocorra nesse corpo, antes corresponde ao estado em que ele se encontra; repouso e movimento são estados que podem ser definidos relativamente a uma referência. A sua concessão da *res extensa* levou-o a negar a existência de átomos porque sem vazio estes não se podiam movimentar.

Toda a física newtoniana é fundamentada no princípio metafísico de que o espaço e o movimento são criações divinas e por esta razão perdurarão eternamente a obedecerem ao princípio da conservação. Assim, a quantidade de movimento, produto da massa pela velocidade, mantinha-se constante no choque entre corpos.

Em 1686, W. G. Leibniz criticou Descartes:[26] «o senhor Descartes e muitos hábeis matemáticos têm acreditado que a quantidade de movimento, isto é, a velocidade multiplicada pela magnitude «massa» do móvel é exatamente a força motriz ou, para falar matematicamente, que as forças estão na razão direta das velocidades e das magnitudes» e, mais adiante, afirma que a massa vezes a velocidade não é a verdadeira medida de uma força, mas que esta é o produto da massa pelo quadrado da velocidade e que foi chamada *vis viva*. O tema tornou-se polémico e Gravensande construiu um dispositivo que lhe permitiu medir os efeitos, sobre barro, da queda de um corpo com diferentes valores de momento e de *vis viva*, concluindo que era esta última grandeza a medida do efeito da força. Discutia-se um assunto de grande significado científico que somente seria esclarecido no século XIX.

---

[26] LEIBNIZ, Gottfried – **Discurso de Metafísica**, Edição 70, p. 44.

Para Newton, o movimento era resultante de uma força externa ao corpo em movimento, dada pelo produto da massa pela aceleração. Teria sido informado por Huygens de que o produto da massa pelo quadrado da velocidade era uma propriedade conservativa, mas não se interessou pelo assunto e não lhe fez referência nos *Principia* por pensar que esta grandeza não teria significado físico.

2. ASSOCIATIVISMO NA SEGUNDA METADE DO SÉCULO XVII

Deutsche Akademie der Naturforscher Leopoldina

A primeira academia alemã dedicada à promoção da ciência foi a Academia *Naturae Curiosorum*, iniciativa de quatro médicos alemães liderados por Johann Laurentius Bausch, que fundaram esta instituição na cidade de Schweinfort em 1652. Era objetivo dos fundadores explorar a natureza para glória de Deus e bem do homem. Como sempre, outros estudiosos se foram juntando aos fundadores e a sociedade iniciou a sua atividade na cidade onde fora fundada presidida por Bausch. É a instituição erudita mais antiga da Europa e o foco dos estudos incidia na medicina e nas ciências naturais.

O modo de funcionamento da Academia era peculiar, pois o local de funcionamento era aquele onde trabalhasse o seu presidente. A atividade era fundamentalmente exercida por escrito. Esta cláusula das normas originais teve como consequência passar a sede da Academia por doze cidades no período entre a sua fundação e a fixação definitiva em Hale, em 1878. Foi um longo período de «anos errantes da Academia» que prejudicou a sua atividade. O seu lema é *Nunquam Otious* ('nunca ocioso') e a insígnia é uma alusão às matérias que privilegia, compreende duas serpentes com as caudas enroladas num anel dourado, segurando na boca um livro aberto: uma página mostra um olho aberto explorando a natureza e a outra mostra a divisa da Academia. Por proposta do médico de Breslau, Sachs von Lewenhaimb, foi lançada a revista *Miscellanea Curiosa Medico-Physica Academiae Naturae Curiosorum*, que ainda hoje se publica.

A sua fundação só foi oficializada em 1687 pelo Imperador do Sacro Império Romano-Germânico, Leopoldo I, que lhe concedeu privilégios e lhe deu o nome de *Sacri Romani Imperii Academia Naturae Curiosorum*, passando, a partir de então, a ser designada por *Leopoldina*.

A *Leopoldina* grangeou prestígio científico e é uma honra ser admitido como seu membro. Os membros são distribuídos por vinte e oito secções atribuídas a quatro classes.

Atendendo ao seu prestígio internacional, a ministra da educação alemã atribuiu-lhe, em 2007, o título de Academia Nacional Alemã. Cabe-lhe representar a Alemanha no círculo das academias de cências europeias e é o órgão consultivo do governo e das universidades para assuntos relacionados com a ciência. Uma das suas formas de promover a ciência é através de bolsas científicas, sendo o número e a capacidade intelectual dos seus bolseiros impressionantes. Citemos apenas alguns deles: J. B. Conant, M. Eigen, Otto Hahn, Goethe, Ostwald, Planck. Em 1933, Einstein foi excluído dos bolseiros por ser judeu.

Os seminários de jovens cientistas instituídos em 2010 pela Academia são inspirados na *Die Junge Akademie*, criada em 2000 pela Academia das Ciências e Humanidades de Berlin-Bandenburg e na Academia Alemã de Ciências Naturais, Leopoldina.[27]

Royal Society de Londres

A primeira associação a ser constituída posteriormente ao estabelecimento do mecanicismo e discussão das primeiras achegas para a teoria do conhecimento científico foi a *Royal Society* de Londres. Nascida em 1662, atravessou séculos e, atualmente, ainda mantém o prestígio de que disfrutou durante os mais de três séculos e meio de vida ao serviço da ciência. Foi gerada num ambiente altamente conturbado da história da Grã-Bretanha. Confrontavam-se em guerra civil os ideais políticos e religiosos dos que se opunham a mudanças e dos que pretendiam evoluir seguindo novos caminhos. Este país dispunha, já nesse tempo, de uma elite intelectual capaz de o mover para um futuro com novos e promissores horizontes.

A guerra civil entre os absolutistas anglicanos e os parlamentaristas puritanos decorreu entre 1642 e 1649 e terminou com a vitória dos republicanos e o assassinato de Charles I; o conflito reacendeu-se e terminou definitivamente em 1660 com a entronização de Charles II. Foram dezoito anos de tumultos, período que foi aproveitado pelos puritanos para tratar da fundação de uma sociedade científica para colocar o país na senda do progresso. Entendiam que este era um passo indispensável para alcançar este objetivo.

Durante a guerra, Charles I estabeleceu a capital do Reino Unido em Oxford, dada a inclinação dos londrinos para apoiar um regime republicano. O rei demitiu muitos funcionários públicos puritanos que trabalhavam em Oxford e que vieram para Londres. Quando Oxford caiu em poder dos parlamentaristas, os funcionários que haviam sido demitidos foram recolocados nos seus lugares e regressaram a Oxford.

Em 1648, o clérigo e filósofo da natureza, John Wilkins, foi enviado para esta cidade para neutralizar a ação dos realistas. Wilkins era um puritano

---

[27] MÜCKE, Marion; SCHNALKE, Thomas – **Die Korrespondenz der Deutschen Akademie der Naturforscher um 1750**.

BESSLER, R. – *Nunquam Otious* – 300th anniversary of the German Academy of Natural Scientists Leopoldina, p. 452-454.

ativo, interessado no estudo da astronomia mecânica, criou o Wadham College integrado na universidade e, simultaneamente, dirigia um grupo de estudiosos que se denominava Oxford Philosophical Club. Este era constituído não só por estudantes do Wadham, mas também por outros estudiosos vindos principalmente de Londres. Era um grupo de correligionários muito ativos na pesquisa científica, dispondo de bom equipamento adquirido por Wilkins e usando técnicas avançadas. Wilkins deixou Oxford para ir dirigir o Trinity College de Cambridge, ficando Boyle a substituí-lo no Wadham College.

Anteriormente à formação do Oxford Philosophical Club, reunia-se em Londres um outro grupo de não conformistas a fim de discutir filosofia natural. Este grupo vinha-se reunindo desde 1645, primeiramente na Bull's Head Tavern e depois no Gresham College. Este colégio tinha sido fundado no final do século XVI para divulgar a ciência por meio de conferências, proferidas em inglês para o vulgo e em latim para os cultos. Gresham foi o principal centro científico londrino na primeira metade de seiscentos. O grupo que aqui se reunia era chamado o *Invisible College*. Wilkins era o elo de ligação entre o grupo de Londres e o de Oxford, missão que lhe era possível porque, durante a guerra, a universidade estava encerrada, o que lhe dava tempo para as deslocações entre as duas cidades.

Em 28 de novembro de 1660, apenas seis meses após a entronização do novo rei, no fim de uma lição de Christopher Wren[28], professor de astronomia do Gresham, doze membros do grupo empenhado na criação de uma associação científica reuniram-se no colégio para ultimar os trabalhos de estabelecimento da *Phisico-Mathematical Experimental Learning*. John Wilkins foi eleito para presidir ao grupo de quarenta e uma pessoas que ficou encarregado de elaborar a proposta final para ser entregue ao rei. O grupo solicitou os bons ofícios de Sir Robert Moray, pessoa da confiança do monarca, como já tinha sido do seu pai e antecessor no trono, para ser ele a defender a petição junto de sua majestade. Moray tinha acabado de chegar do exílio em que estivera para não participar na guerra.

Uma semana depois de ter recebido a solicitação, Moray informou os seus confrades de que Charles II concordava com a iniciativa. A pronta decisão do rei não deixa de ter significado quanto à atmosfera favorável à ciência existente no país e ao elevado sentimento nacional evidenciado pelo rei ao fundar um organismo que agregava pessoas, na sua maioria, hostis ao regime que acabava de ser instalado. O desejo de grandeza do país sobrepôs-se a ressentimentos, imperando o seu dever de governante.

Em 15 de julho de 1662, Charles II selou a carta que criava a *Royal Society*, sociedade *of whose are applied to further promoting by the authority of natural things and useful arts*. A sociedade era governada por um conselho constituído

---

[28] C. Wren foi o arquiteto que fez o projeto de construção da catedral de S. Paulo de Londres.

por vinte e um membros, eleito anualmente pelos sócios e do qual constava o presidente, o tesoureiro e dois secretários.

A admissão dos membros da sociedade era feita por eleição, não havendo limite de lugares nem hierarquias. No início, a sociedade abriu as portas não somente a pessoas de nível cultural superior, mas a todos os que manifestassem interesse pela ciência independentemente da sua formação académica.

Havia muitos ingleses interessados pela ciência e ligados à agricultura porque o país estava a viver a revolução agrícola que veio trazer a necessidade de introduzir novas técnicas e políticas de cultivo dos campos. A esta seguir-se-ia, nos meados do século XVIII, a revolução industrial de base tecnológica. Outra atividade estimulante e com expressão da ciência era o comércio marítimo de mercadorias. Nos meados do século XVIII, a *Royal Society* introduziu-se na malha da economia, tornando-se útil ao país pela aplicação da ciência sem descurar ao mesmo tempo a sua obrigação de criar ciência nova. Robert Hooke, no prefácio de *Micrographia*, dá relevo à influência dos mercadores na criação e na vida da sociedade.

A história da fundação e os objetivos dos primeiros tempos da existência da Sociedade foram escritos por Thomas Sprat e publicados em 1667.[29] O autor, clérigo e escritor educado no Wadham de Oxford, era um protegido de Wilkins e foi a pedido deste que escreveu o livro destinado a dar a conhecer a *Royal Society* em Inglaterra e no estrangeiro. O livro foi dedicado a Charles II e, nas suas quatrocentas e trinta e oito páginas, além da história da Sociedade, foram incluídos alguns artigos da autoria dos seus membros. O frontispício contém uma magnífica gravura, mostrando um busto do monarca ladeado por Francis Bacon e Lord William Brouncker, presidente da Sociedade. O pedestal que suporta o busto tem representados instrumentos científicos, livros, um trecho de paisagem do campo com uma casa e a seguinte inscrição: *Carolus II. Societatis Regalis. Author & Patronus.* É uma homenagem aos seus primeiros patrono e presidente e ao filósofo propalador da ciência experimental, autor da *Solomon's House*, que foram fontes de inspiração da *Royal Society*.

Na secção XX, segunda parte, «*their manner of discourse*», o autor afirma ser desejo da Sociedade que os seus membros melhorem os experimentos e usem uma forma natural de se expressar com clareza e sem rodeios desnecessários para a compreensão da verdade. A divisa adotada – *Nullius in verba* (*take nobody's word for it*, a ciência não tem como base a autoridade mas unicamente a prova dos factos) – ajusta-se ao seu ideário.

A sociedade não dispunha de laboratórios próprios e as experiências realizadas no decurso das reuniões eram efetuadas nos laboratórios do Gresham College ou noutros locais adequados. As reuniões eram semanais e constavam da

---

[29] SPRAT, Thomas – **The History of the Royal-Society of London, for the Improving of Natural Knowledge.**

apreciação de descobertas feitas pelos seus membros, de outras de que tivessem notícia ou de experiências preparadas e executadas pelo curador da *Royal Society*.

Em 1662, o académico Robert Moray sugeriu a criação do lugar de *curator of the experiments* cujas atribuições seriam preparar três ou quatro experimentos para serem apresentados nas reuniões e aventou que o lugar fosse ocupado por Robert Hooke, propostas que foram aprovadas pela assembleia.

Hooke era conhecido como um cientista excecionalmente dotado para conceber e construir aparelhagem para a realização de trabalho experimental. As funções do curador exigiam qualidades intelectuais e de manuseamento laboratorial invulgares. Foi a primeira ocupação em ciência remunerada no Reino Unido. Hooke exerceu estas funções durante vinte e cinco anos, ao fim dos quais decidiu não continuar a ocupar o cargo, a não ser que a remuneração que lhe era atribuída fosse melhorada. Outros membros da Sociedade ocuparam o lugar até este ser extinto em 1717. A partir desta data, as reuniões passaram a ser preenchidas pela apresentação de trabalhos pelos confrades e não pelo curador.

Ao fim da primeira fase, durante a qual desenvolveu uma atividade digna de registo, o número de sócios andava pelas duas centenas. A partir de então, a adesão foi decaindo e, por 1700, o número de membros rondava os cento e vinte cinco. Como, nessa altura, a única fonte de receita da *Royal Society* era a quotização dos seus membros, ela entrou num período de crise financeira e de popularidade, devida também a um declínio do espírito científico em Inglaterra e à evolução de um maior interesse da Sociedade pela ciência básica, que não despertava tanta atenção de fazendeiros, industriais, farmacêuticos e dos grupos profissionais que tinham aderido à Sociedade.

Esta crise atingiu o auge por 1675 e prolongou-se até ao final do século. Quando, em 1686, a Sociedade empreendeu a publicação dos *Principia*, não foi possível pagar a impressão da obra e foi Edmond Halley quem concedeu a quantia necessária para satisfazer os compromissos assumidos com a tipografia. As dificuldades obrigaram os membros a fazer um grande esforço para as ultrapassar, mas não desviaram a *Royal Society* de perseguir os objetivos científicos que traçara, não deixaram que os membros mais esclarecidos perdessem o interesse pela instituição e não deixaram de eleger os mais capazes para os cargos de direção. O vice-presidente, Sir John Hoskins, e o secretário, Hans Sloane, que viria a ser eleito presidente em 1730, tiveram uma ação notável para manter a Sociedade viva no princípio do século XVIII.

Na fase inicial, já referida como sendo de vigorosa afirmação do associativismo da ciência, houve dois membros que se salientaram na vida da *Royal Society*: Robert Hooke (1635-1702) e Heinrich Oldenburg (1619-1677). Já falámos do primeiro o suficiente para justificar a asserção que dele fazemos; vamos falar da intervenção do segundo na vida da Sociedade.

Heinrich Oldenburg era um teólogo alemão, diplomata e filósofo natural que veio a Inglaterra em missão diplomática junto do governo de Oliver Cromwell e ficou a residir neste país. Foi eleito secretário do primeiro conselho da Sociedade e exerceu estas funções até à sua morte, em 1677. De inteligência viva, educado, dominava os idiomas dos principais países europeus, tinha uma visão esclarecida da evolução da ciência e do papel que cabia às associações no avanço desta. Mantinha correspondência com as instituições culturais e com grande número das personalidades eminentes das esferas intelectuais. Fez um excelente trabalho para dar a conhecer a *Royal Society* e a seriedade e nível científico do trabalho que ela realizava.

Em 1665, lançou a revista científica periódica *Phylosophical Transactions* com o *imprimatur* da Sociedade, mas como propriedade sua. A revista destinava-se a publicar os assuntos tratados nas reuniões da instituição e rapidamente alcançou grande prestígio nos meios científicos.

Do elevado número de artigos e livros publicados acerca desta Academia citamos apenas alguns que cobrem o resumo aqui apresentado.[30]

Prelúdio da *Académie Royale des Sciences* de Paris

Na primeira parte do século XVII, França e Grã-Bretanha ombreavam na disputa dos cientistas mais em evidência.

Os ingleses eram mais dados ao cultivo da filosofia natural, seguindo o método de Bacon e Locke, o que não quer dizer que não tivessem tido um matemático genial que foi Newton.

Em França já havia um apreciável número de estudiosos que se dedicavam à ciência, sendo a matemática e a astronomia os domínios científicos que mais os atraíam e que importaram de Itália, designadamente de Galileo; contudo, o caráter unitário da ciência naquele tempo fez com que vários outros domínios fossem trazidos para o campo de estudo.

Naturalmente que a figura intelectual francesa cimeira do século, René Descartes, estava prestes a aparecer. Além de ser um grande filósofo, foi um matemático genial, que, em 1637, desenvolveu a relação entre a álgebra e a geometria, criando a geometria analítica, apresentada como apêndice do *Discours de la méthode*. Perseguido pela Inquisição, procurou refúgio em países em que havia maior liberdade de expressão, designadamente a Holanda e a Suécia, tornando-se cidadão do mundo, mas sem nunca perder as raízes que o ligavam ao seu país natal cuja cultura foi muito influenciada por ele. Foi educado em La Fleche, o maior colégio fundado em França pelos jesuítas, que frequentou de 1607 a 1615. Apesar desta ligação cultural, nunca mostrou simpatia por esta ordem religiosa.

Outros nomes se salientaram também na cultura francesa de seiscentos além dos acima referidos. Nicolas-Claude Fabri de Peiresc foi considerado por

---

[30] REALE, Giovanni; ANTISERI, Darío – El renacimiento del pirronismo y el neoescepticismo, p. 277; M. Lyons, *Endeavour*, parte I, 1943, p. 12. *Ibid*, parte II, p. 52.

muitos historiadores o pioneiro do estudo da ciência em França, não porque tivesse feito descobertas com impacto científico relevante, mas pelo seu papel na divulgação do conhecimento através de visitas a cientistas europeus e da correspondência trocada com eles. Este meio de comunicação tinha grande interesse numa época em que não havia revistas científicas ou outras vias de divulgação. Num périplo que fez pela Europa, esteve em Pádua com Galileo e deste contacto ficou-lhe a paixão pelo estudo da astronomia. Era senador do parlamento de Aix-en-Provence, o que lhe permitia dispor de tempo para se entregar à ciência.

Um outro estudioso de mérito foi Pierre de Fermat, advogado e funcionário do Estado em Tolouse. Entregou-se ao estudo da matemática, domínio em que fez importantes descobertas no cálculo infinitesimal e de probabilidades e em geometria analítica. Ficou ainda conhecido na ótica pelo princípio que tem o seu nome. Não publicou as descobertas científicas, que ficaram conhecidas pela troca de correspondência com outros cientistas e que foram compiladas por várias editoras, como a Nabu Press de Nova Iorque.

Etienne Pascal é outro nome a acrescentar à lista da intelectualidade francesa desta época. Nasceu em Clermont Ferrand no seio de uma família da pequena nobreza. Formou-se em Direito, tendo exercido na sua terra natal as profissões de jurista, cobrador de impostos e matemático. Com a morte da mulher, em 1610, mudou-se para Paris para cuidar da educação dos filhos. As excecionais qualidades de inteligência do mais velho, Blaise, não lhe passaram despercebidas e procurou dar-lhe condições para que se não perdessem.

Não se pode deixar de perguntar que papel desempenhou a universidade de Paris no desenvolvimento da ciência de então. A pergunta é pertinente por se tratar de uma das mais antigas universidades europeias e por ter alcançado a grandeza de excelente centro de teologia na escolástica medieval. A sua obediência cega ao catolicismo deixou-a fora do movimento científico e, portanto, não teve participação na construção da futura sociedade científica. Todavia, a modernização também brotou numa instituição estatal: em 1530, o rei François I fundou o Collège de France destinado a dar apoio ao pensamento humanista-renascentista que abarcava o homem e a natureza. Foi deste colégio que emergiram inconformistas com espírito aberto, defendendo a liberdade de pensamento e a necessidade de mudança de mentalidade. Em 1632, o colégio recebeu dois professores integrados na corrente científica: Pierre Gassendi e Gilles Personne de Roberval. O primeiro era um padre católico e filósofo, que se dedicou ao estudo da matemática; e o segundo era matemático e físico.

Gassendi ficou na história da ciência por ter defendido a teoria atómica na explicação da constituição da matéria. Baseou-se no modelo epicuriano do átomo, retirando-lhe os atributos que, para Epicuro, lhe eram dados pelo acaso, admitindo que eles eram obra de Deus como criador do universo. Num século dominado pelo cristianismo, não seria possível defender uma teoria que, desde a Antiguidade, arrastava consigo o anátema de ateísmo e à qual Epicuro acrescentou a apologia da ética do prazer. Os movimentos atómicos eram fruto do infinito saber divino. Em 1649, Gassendi publicou comentários à lógica, às ciências naturais, à psicologia e à ética no *Syntagma Philosophiae Epicuri*.

Roberval deu uma contribuição para o conhecimento da geometria das curvas e inventou a balança que ficou conhecida com o seu nome. Foi contratado em 1627 como professor do Collège Gervais e depois do Collège de France. Fazia parte das tertúlias parisienses que se reuniam para tratar de matérias científicas.

A figura mais importante dos estudiosos da ciência francesa do segundo quartel do século foi Marin Mersenne (1588-1648).[31] Educado em La Flèche, estudou teologia na Sorbonne quando descobriu a sua vocação religiosa. Ingressou na ordem dos frades menores – era um defensor da ortodoxia religiosa e crítico do heliocentrismo. Em 1630, fez uma viagem pela Itália, encontrou-se com Galileo e aconteceu mais uma conversão: passado pouco tempo, Mersenne tornou-se um militante da nova ciência. Criou uma rede epistolar de permuta de informações científicas, especialmente sobre matemática e física. Correspondia--se com Galileo, Descartes e Hobbs e do seu círculo faziam parte Fermat, Roberval, Gassendi e Pascal. Criou e instalou no Convento da Anunciada a *Academia Parisiensis*, uma academia informal, mas mundialmente reconhecida com cento e quarenta sócios correspondentes. Pela sua ação aglutinadora dos cientistas franceses e pelas ligações internacionais que estabeleceu, Mersenne foi o grande precursor da futura *Académie Royale des Sciences* de Paris para cuja fundação vinham trabalhando todas as personalidades que foram sendo referidas. Na matemática, o seu nome ficou ligado à fórmula geradora dos números primos de Mersenne, $M_n = 2^n-1$, sendo *n* um número natural.

Após a morte de Mersenne, o grupo que o rodeava foi apoiado por Henri--Louis Hebert de Montemor, aristocrata e senhor de grande fortuna, apoiante do racionalismo e membro da *Académie Française*. Patrocinou o grupo que continuou ativo a partir do final de 1640 ou início do seguinte, reunindo-se na residência de Montemor. O grupo atingiu respeitabilidade científica e, em 1657, obteve a carta institucional que o reconhecia como Academia de Montemor. Huygens, na visita que fez a França em 1660, escrevia em carta dirigida ao irmão: *«there is a meeting Tuesday (at Montemor house) where twenty or thirty illustrious men are found together. I never fail to go»*[32].

Pouco tempo depois de ter sido reconhecida oficialmente, as desavenças apoderaram-se desta Academia e levaram alguns dos seus membros a sair para procurar o apoio do rei e a constituírem uma associação semelhante à inglesa. A Academia de Montemor entrou em declínio e extinguiu-se.

---

[31] LENOBLE, Robert – Quelques Aspects d'une Revolution Scientifique. [A propos du troisième centenaire du P. Mersenne (1588-1648)], p. 53-79.

[32] O'CONNOR, J. J. ; ROBERTSON, E. F. – **Christiaan Huygens – Biography**.

Académie Royale des Sciences[33]

Em 1663, uma delegação de pró-associação entrou em contacto com o ministro Jean Baptista Colbert a fim de lhe pedir o apoio do Estado para fundar uma Academia de Ciências que vinha planeando. Ao contrário dos ingleses, os franceses procuraram sempre a proteção do Estado. Faziam parte da delegação os elementos mais ativos na preparação do empreendimento: Fermat, Pascal, Gassendi e Roberval.

O ministro de Louis XIV informou o grupo de que sabia bem os benefícios que a ciência traria ao país e, por se tratar de um bem social, era sua intenção estabelecer uma Academia de Ciências sob a égide da coroa. Não seria de esperar resposta diferente de um corifeu do absolutismo, valido do Rei Sol que nos seus vinte e cinco anos de idade aspirava ficar com o nome na história pela grandeza das obras que iria realizar.

Três anos depois, convidou o matemático e físico holandês Christian Huygens para ingressar na *Académie*, oferecendo-lhe um salário excecionalmente elevado, só ultrapassado pelo que mais tarde foi pago a Giovanni Domenico Cassini, professor da universidade de Bolonha, chamado a dirigir o Observatório de Paris, quando este estava em construção (1669). Antes de serem contratados, já eram ambos cientistas de elevada craveira e continuaram a sê-lo depois.

Na primeira reunião, efetuada em 22 de dezembro de 1666, presidida por Colbert e ocorrida na Bibliothèque du Roi, Huygens verificou que não havia ainda um plano da *Académie* e que o conhecimento que o presidente tinha sobre o assunto reduzia-se à organização da sociedade científica de Londres. Para a reunião tinha sido convidado um pequeno número de pessoas. Os encontros continuaram com uma frequência quinzenal.

Huygens continuou a colaborar com o projeto, cotando-se como o elemento mais ativo nesta missão, mas tudo leva a crer que o modelo de associação para o qual os trabalhos se estavam a orientar, os seus membros e a sua dependência do Estado não seriam os seus preferidos, o que fica claro no episódio seguinte: em 1670, adoeceu gravemente e teve receio de morrer sem ter publicado alguns resultados de mecânica que possuía; para assegurar a satisfação deste desejo, dirigiu um pedido à embaixada inglesa para que, no caso de falecer, os trabalhos fossem enviados à *Royal Society* para esta providenciar a sua publicação. A justificação para a sua preferência pela instituição inglesa revelada pela embaixada foi a seguinte: *the Royal Society was an assembly of choiest wits in Christendom whilst this Academy because it was mixed with tinctures of envy, because it was*

---

[33] Na elaboração do texto referente a esta Academia consultou-se, entre outra, a bibliografia seguinte: GAUJA, Pierre – L'Académie Royale des Sciences (1666-1793), p. 293-310; HAHN, Roger – **L'Anatomie d'une Institution Scientifique: l'Académie des Sciences de Paris 1666-1803**, p. 594; ANCELIN-FABRE, Justine – **L'Académie des Sciences à la fin du règne de Louis XIV: de l'idéal de liberté à la réalité contrôlée (1699-1715)**.

supported upon suppositions of profit, because it wholly depended upon the humour of a prince and the favour of a minister...[34].

Durante trinta e três anos, a *Académie* funcionou sem estatutos, só publicados em 20 de janeiro de 1699, o que não impediu o seu normal funcionamento. Em 1667, a *Académie* recebeu a visita de Louis XIV e da sua corte, durante a qual lhe foram apresentados os membros que dela faziam parte. Este ato teve significado na vida da instituição por ser demonstrativo do relevo que a coroa queria dar à sua *Académie* e constituiu motivo para o pintor Charles le Brun imaginar e pintar a cerimónia alusiva ao ato.

Segundo os estatutos, a instituição passou a ser designada por *Académie Royale des Sciences* suportada pela coroa e tendo o monarca como seu protetor. A sua missão era contribuir para o avanço da ciência e servir de consultora científica do Estado na esfera das especialidades que foram criadas: geometria, astronomia, mecânica, anatomia, química e botânica. Em 1785, foram criadas as classes de física geral, história geral e mineração. Sendo um organismo público, era ao rei que cabia a superintendência da atividade e a nomeação dos académicos que lhe fossem propostos pela Academia. Estes eram em número limitado e distribuídos por hierarquias da maneira seguinte: dezoito *pensionaires*, doze *associés* e doze *adjoints*. Os primeiros eram vitalícios e recebiam um salário como funcionários públicos. Além destas categorias de membros, havia dezoito lugares de *honoraires* destinados a representantes do clero e da nobreza, os quais contribuíam para o engrandecimento da Academia com o seu prestígio social, auxílio financeiro e poder de influência.

Por decisão real, Jean Charles Philibert Trudaine de Montigny ocupou o lugar de *honoraire* vago por morte de seu pai. Em 1766, resolveu oferecer a quantia de 1200 francos destinada a descobrir um método de fazer lentes acromáticas de quartzo destinadas ao equipamento de aquecimento por luz solar.[35] O rei recusou a oferta porque o financiamento de estudos era obrigação da coroa. Trudaine resolveu, então, oferecer um aparelho de aquecimento por luz solar completo, que custou 15000 francos. O aparelho foi instalado nos jardins do Louvre e com ele foram realizadas experiências que ficaram célebres, algumas destas feitas por Lavoisier. A temperatura dada por este aparelho só pode ser alcançada com a descoberta do maçarico de oxigénio.

A *Académie* foi uma instituição muito prestigiada nos séculos XVII e XVIII. Recordemos que ela foi o palco onde Lavoisier foi dando conhecimento do progresso dos seus trabalhos que conduziram à descoberta da base científica da química. Muitas outras grandes figuras da ciência lá expuseram descobertas que ficaram como marcos históricos.

---

[34] BELL, Arthur – **Christian Huygens and the development of science in the seventeenth century.**

[35] DELORME, Suzanne – Une famille de grands Commis de l'État, amis des Sciences, au XVIIIe siècle: Les Trudaine, p. 101-109.

Se os trabalhos planeados pelos seus membros ou pela Academia no seu todo deram uma importante contribuição para o avanço da ciência pura, não podem ser esquecidos os trabalhos realizados por solicitação da coroa. Destes, dado o seu número, somente podemos dar o seguinte apontamento.

Em 1679, Louis XIV pediu à Academia um mapa de França traçado com o rigor que as tecnologias pudessem oferecer. O mapa foi-lhe entregue em 1682 e foi chamado *la hire*. O contorno costeiro do país foi localizado com tal precisão que ainda hoje é considerado atualizado.

Uma questão importante proposta à Academia foi o modo como podia ser determinada a longitude no mar, problema importante para a navegação – e França tinha necessidade de desenvolver o seu comércio marítimo para poder competir com a Inglaterra. A *Académie* encarregou um dos seus membros adjuntos de estudar o problema: depois de uma expedição à Nova Inglaterra e à Acádia (no Norte da América), concluiu-se que, com os meios então disponíveis, não era possível fazer essa determinação. De facto, foi necessário esperar quase um século até ser apresentada a solução para o problema.

Em plena Revolução, a Assembleia Nacional Francesa encarregou a Academia de estudar a racionalização dos sistemas de pesos e medidas. Este estudo conduziu à adoção do sistema métrico em 1791.

Algumas investigações de relevo tiveram origem em decisões tomadas pela *Académie* nas suas sessões. Com base nos valores da aceleração gravítica, Newton concluiu que a Terra era um elipsoide oblato, isto é, era achatada nos polos. Descartes contrariou esta afirmação porque a sua teoria dos vórtices indicava que a Terra era alongada nos polos. Charles-Marie de la Condamine entendeu que este assunto se revestia de importância científica e merecia ser estudado pela Academia, que procurou resolver este diferendo enviando uma expedição ao Equador chefiada por este académico. As medidas do comprimento correspondente a um grau, ao longo do meridiano, foram efetuadas no Peru. Foi enviada à Lapónia uma segunda expedição chefiada por Maupertuis para fazer uma medida semelhante num lugar próximo do círculo polar ártico. Os resultados obtidos por estas duas expedições confirmaram a conclusão de Newton.[36] Para comemorar as duas expedições encarregadas da medida dos arcos terrestres, França emitiu um selo com as efígies de Maupertuis e Condamine e a Finlândia, um selo com a efíge de Maupertuis.[37]

Em 1783, a *Académie* lançou um concurso para produção de soda a partir do sal marinho ao qual concorreu Leblanc, apresentando o seu processo que foi uma das referências que assinalaram o início da química industrial.

Um outro estudo posto a concurso pela Academia, em 1818, foi o estabelecimento de uma teoria sobre a natureza da luz. A teoria mais seguida no início

---

[36] TERRAL, Mary – **Man Who Flattened the Earth: Maupertuis and the Sciences in the Enlightenment**; TIEN, Chang L. – **Statistical Thermodynamics**, p. 97.

[37] LIENHARD, John H. – **Maupertuis**.

do século era a teoria corpuscular de Newton; no entanto, Thomas Young havia mostrado que a luz tinha comportamento ondulatório. Na Academia, predominava a ideia de que a luz tinha natureza corpuscular e entre os partidários desta teoria estava o académico, físico e matemático Siméon Denis Poisson, que fazia parte do júri de apreciação dos trabalhos apresentados no aludido concurso. Um dos concorrentes era o físico Augustin-Jean Fresnel, que apresentou a sua teoria ondulatória da luz. A discussão que se gerou na Academia sobre o mérito dos trabalhos em julgamento levou-a a indicar François Arago para dirimir a polémica e, experimentalmente, ele confirmou que a luz era efetivamente um fenómeno ondulatório.[38]

Até à revolução de 1789, a *Académie*, como instituição do Estado de uma grande potência cultural, não teve problemas financeiros ou de qualquer outra ordem. Mas, considerada pelos revoltosos como baluarte do *ancien régime*, foi dissolvida pela Convenção em 1798 como, aliás, aconteceu com todas as academias do país. Em 1795, foi criado o *Institut de France* constituído por três classes, uma delas *Sciences Physiques et Mathématiques*, que correspondia à antiga Academia, agora na dependência do Instituto. Em 1816, no período da Restauração, foi-lhe concedida autonomia e a designação de *Académie des Sciences*.

Inicialmente, os membros da Academia publicavam os seus trabalhos no *Journal des Sçavans*, a mais antiga revista científica de França e da Europa, fundada em 1665 por Denis de Sallo, Sieur de la Condoraye, pessoa das relações de Colbert. Esta revista apareceu pouco tempo antes das *Philosophical Transactions*: a primeira foi lançada em 5 de janeiro e a última em 6 de março seguinte. Em 1835, por iniciativa de Arago, secretário perpétuo da Academia, foram criados os *Comptes rendus hebdomadaires des scéances de l'Académie des Sciences* destinados a divulgar informação científica atualizada, com periodicidade semanal.

Anos antes da primeira guerra mundial, mais concretamente entre 1909 e 1914, houve cortes de financiamento à *Académie* e esta entrou em declínio.

Sociedades ou Academias? Quais as diferenças?

As duas associações científicas criadas na década de sessenta do século XVII que acabámos de revisitar são duas referências do associativismo e as diferenças entre as duas organizações levantam a questão de saber qual é o modelo preferível.

A *Royal Society* era uma associação gerida sem intervenção estranha, designadamente do poder político. A gestão cabia a um conselho eleito pelos seus membros, sendo um deles o presidente; em princípio, este órgão reunia as melhores condições para dirigir a instituição de acordo com as ideias dos

---

[38] July 1816: Fresnel's Evidence for the Wave Theory of Light, p. 2 e 4.

associados. A *Académie Royale des Sciences* de Paris era governada pelo soberano e a sua atividade dependia, em última instância, das ideias e vontade deste.

Sob este ponto de vista, é clara a vantagem de uma Sociedade, porque ninguém é capaz de definir melhor as linhas de rumo da instituição do que aqueles que nela trabalham. Além disso, têm maior liberdade de ação por não terem os compromissos de um governante político e, portanto, não tem peias que a não deixem lutar contra a desatualização como é sua obrigação. Uma Sociedade é um modelo mais verdadeiro, na medida em que obedece ao princípio de que qualquer instituição de interesse público só merece existir se conquistar o apoio da comunidade que serve. A fonte de financiamento de uma Sociedade é a quotização dos seus associados, o que, por vezes, lhe causa crises graves e muito esforço para as vencer, sob pena de não sobreviver, mas, estas diligências desempenham uma ação importante no progresso da instituição.

Uma instituição estatal como a *Académie Royale des Sciences* cai rapidamente em declínio se o monarca ignorar a necessidade de a atualizar, mas tem, eventualmente, a vantagem de não ter a seu cargo a obtenção dos meios financeiros necessários à sua atividade; as verbas de que dispõe são provenientes do erário público, situação que lhe dá tranquilidade, se forem suficientes, mas que a limita, no caso contrário.

As duas associações tinham conceções diferentes no respeitante à admissão, número e qualificação dos seus membros. A *Académie* era formada por uma elite intelectual de dimensão reduzida, já constituída, nomeada vitaliciamente e que recebia salário por se tratar de um organismo conselheiro do Estado. A *Royal Society* tinha a porta aberta a todos aqueles que reunissem condições para serem admitidos, adotando critérios muito latos. Esta diferença tinha reflexos importantes na vida das associações, pois enquanto a Sociedade não tinha problemas quanto à aquisição de «sangue novo», que lhe ia imprimindo vitalidade e atualização, a Academia não podia escapar ao envelhecimento, pois uma nova entrada só podia acontecer por morte de alguém. A Sociedade não perdia valores que desejassem entregar-se à ciência enquanto a Academia não tinha possibilidades de o fazer, dada a exiguidade e rigidez do seu quadro de académicos.

Em conclusão, diremos que a maior liberdade de ação da Sociedade relativamente à Academia – requisito decisivo para a criação de ciência – tornou-a o paradigma seguido a partir dos meados do século XIX, mas até aí ambos os modelos continuaram a existir.

Os dois tipos de associação espelham as diferenças dos sistemas político, social e religioso que imperavam em Inglaterra e em França. De facto, a Sociedade nasceu quando a primazia da coroa dava lugar à do parlamento, num país que era predominantemente protestante – religião mais aberta à inovação e à liberdade de expressão do que o catolicismo. Este sistema político manteve-se com alguma instabilidade latente até à *Glorious Revolution* de 1688-89 que trouxe a tolerância política e religiosa e uma estabilidade segura ao país.

A Academia, nascida num país católico, era uma criação de uma monarquia absolutista, centralizadora de tudo o que fosse de interesse nacional.

Nos primórdios da revolução científica, houve logo uma diferença acentuada entre franceses e ingleses, ambos com protagonismo na ciência; os primeiros com mentalidade racionalista e os segundos com pensamento empirista – conceções que seriam prelúdio das revoluções que ocorreram nos dois países no século XVIII: a Revolução Francesa e a revolução industrial. O perspicaz Oldendburg, em viagem pela Europa como tutor do sobrinho de Boyle, Richard Jones, para fazer o elogio da *Royal Society* dizia numa carta para o tio do seu protegido e amigo: *French naturalists are more discursive than active or experimental.*[39]

---

[39] HALL, Marie Boas – Oldenburg and the Art of Scientific Communication, p. 277-290.

3. CIÊNCIA E ASSOCIATIVISMO NO SÉCULO XVIII

O Iluminismo e a ciência

O Iluminismo – também chamado Ilustração ou Século das Luzes – foi uma corrente de pensamento sem qualquer conotação política ou religiosa, embora, por vezes, tivesse evidenciado *nuances* de tais ligações. A sua finalidade ideológica era a promoção da humanidade através da cultura científica. Não é possível marcar o início deste período civilizacional ou o seu termo, recorrendo a factos históricos fraturantes. Para os franceses, o seu início é a morte de Louis XIV (1715) e o seu ocaso, a Revolução Francesa (1789), mas para muitos o Iluminismo compreende, *grosso modo,* o século XVIII.

A caraterística fundamental do Iluminismo é o uso da razão na aquisição do conhecimento. Admitia-se que a mente é capaz de chegar ao conhecimento da verdade pela análise dos factos observados, decompondo-os em formas simples e, com base nelas, construir a teoria que explica os factos. A razão baseia-se na experimentação e apoia-se na indução para chegar à verdade, que não tem caráter absoluto, apenas aproximado, mas útil para a compreensão da natureza.

O filósofo alemão Ernst Cassirer distingue a razão ilustrada da razão que serviu de base aos sistemas metafísicos de Descartes, desenvolvidos a partir de ideias inatas.[40] Para ele a física não se baseia no *Discours* de Descartes, mas nas *Regulae Philosophandi* de Newton, que não começou por considerar princípios para, a partir deles, obter por dedução outras proposições, mas seguiu a via de sentido oposto: partiu dos dados experimentais para enunciar as leis gerais que regem o movimento de um corpo sujeito à força gravítica.

No fim do século, a mecânica continuava a ser um campo aberto à investigação, particularmente aplicada à física. Basileia tornou-se um centro científico de fama mundial: cidade tradicionalmente reconhecida por acolher pessoas perseguidas pelas suas ideias, foi o lar de Calvino e de Erasmo quando estes pregavam as suas ideias religiosas e sociais e, em 1622, de Bernoulli perseguido na sua terra natal, a Bélgica, pela maioria católica por ser huguenote. Em Basileia,

---

[40] CASSIRER, Ernst – **A Filosofia do Iluminismo**, p. 31.

fez vida de mercador, profissão que seguiu por casamento com Margarethe Schönauer, uma senhora cuja família estava ligada à banca.

O casal teve um filho, Nicolau, que viria a ser o patriarca de uma geração de talentosos matemáticos. Nicolau foi pai de doze filhos; dois deles, Jacob e Johann, dedicaram-se à matemática, fugindo ao desígnio do pai, que os destinara à teologia e à medicina. Ambos foram atraídos pelo cálculo infinitesimal, tornando-se grandes admiradores de Leibniz.

Jacob ensinou na universidade de Basileia, onde foi professor de ilustres matemáticos, como Leonhard Euler, um dos maiores matemáticos do século, e Guillaume François Antoine, marquês de l'Hôpital.

Johann exerceu a atividade de matemático fora da academia, vindo mais tarde a ser professor da universidade de Basileia. Teve três filhos, que viriam a ser matemáticos, o mais talentoso dos quais foi Daniel, que se dedicou à aplicação do cálculo a vários sistemas físico-químicos, designadamente ao escoamento de fluidos.

Em 1725, Daniel Bernoulli chamou a atenção da comunidade científica ao receber o prémio de um concurso lançado pela Academia das Ciências de Paris naquele ano pela descoberta de um cronómetro para uso na navegação. O pai também tinha concorrido com um trabalho independente, tendo o prémio sido concedido *ex-aequo* aos dois. Johann ficou ofendido com o filho por este ter sido um concorrente e a sua zanga viria a durar a vida inteira, deixando em Daniel um sentimento de temor em tudo o que fazia com receio das reações do pai. Toda a família era dotada de uma capacidade criadora de ciência de exceção, mas faltava-lhe qualidades humanas de relacionamento social. Os antigos acreditavam que cada homem era dotado de um espírito benéfico ou maléfico que presidiam ao destino da sua vida; no caso dos Bernoulli, a natureza foi pródiga ao conceder-lhes generosamente os dois espíritos.[41]

Na investigação que realizou sobre o escoamento de fluidos, Daniel Bernoulli deduziu a equação que relaciona a pressão do fluido com as energias cinética e potencial do mesmo, mostrando que a pressão adicionada à energia cinética é uma quantidade conservativa do escoamento. A equação de Bernoulli tem um campo de aplicação tão vasto e importante que Michael Guillen a considerou como uma das «cinco equações que mudaram o mundo.»[42]

Em 1738, Daniel Bernoulli publicou *Hydrodynamica sive de viribus et motibus fluidorum commentarii*, tendo assinado a obra com o nome de *Danielis Bernoulli JOH Fil*. Este cuidado de lembrar publicamente a sua ascendência não o livrou de o pai lhe vir manifestar o seu eterno azedume, quando publicou *Hydraulica* (1742), em que apresentou os principais conceitos já divulgados pelo filho em

---

[41] DARRIGOL, Olivier – **Worlds of Flow: A History of Hydrodynamics from the Bernoullis to Prandtl**, p. 9.

[42] GUILLEN, Michael – **Cinco equações que mudaram o mundo**.

Hydrodynamica (1738). Mas, para fazer crer que eram da sua autoria, Johann Bernoulli datou o seu livro de 1732, isto é, dez anos em relação à sua publicação.[43]

Vários outros excelentes cientistas preencheram o século com descobertas que contribuíram para o desenvolvimento científico em diversos domínios. Hermanni Boerhaave foi um filósofo natural que se notabilizou pela aplicação da química à medicina, o que lhe deu projeção mundial, atraindo grande número de jovens que trabalharam com ele, difundindo as suas ideias por toda a comunidade científica. A sua dissertação apresentada à universidade de Leiden (1715), *De comparando certo in physics*, mostra a sua admiração pelo matemático inglês. A última obra citada foi traduzida para inglês e para francês e teve grande influência no ensino da física da época e na divulgação das ideias de Newton.

Outro admirador de Newton foi François-Marie Arouet, mais conhecido pelo pseudónimo de Voltaire, escritor brilhante, satírico de pena demolidora, era a encarnação do Iluminismo. A sua vida desenrolou-se entre homens dedicados à ciência em cuja atividade participava. Desiludido com o que se passava no seu país, a contas com a monarquia e a Inquisição, foi viver para Inglaterra e aqui permaneceu de 1725 a 1729, tendo-se tornado um admirador da organização social britânica e de Newton. De regresso a França, publicou *Lettres Philosophiques* ou *Lettres Anglaises* (1734), um ensaio constituído por vinte e cinco cartas sobre vários assuntos – religião, ciências, artes e filosofia –, que é um elogio sistemático à Inglaterra e uma crítica à França. O livro foi traduzido para inglês, condenado pelo parlamento francês a ser rasgado e queimado em público junto ao acesso ao Palácio. Esta decisão foi a propaganda para que tivesse o sucesso de venda de 20000 exemplares entre 1734 e 1739.[44]

Voltaire fugiu de Paris e refugiou-se no castelo de Cirey, ponto de encontro de intelectuais. Enamorou-se da sua hospedeira, a marquesa Gabrielle Émile Le Tornellet de Breteuil (madame du Châtelet), cientista de mérito nos domínios da física e da matemática e viveram juntos durante quinze anos, até à morte dela.[45]

Antes da ligação com Voltaire, a marquesa era grande admiradora de Christian Wolff (1679-1754) e, por isso, também de Leibniz, simpatia que expressou no livro da sua autoria, *Institutions de Physique*. Por influência de Voltaire, a marquesa não só se juntou aos apoiantes de Newton como traduziu para francês os *Principia* – mensageiros do pensamento deste matemático no mundo francófono.

O grupo apoiante de Newton, constituído por Voltaire, Konig, Montpertuis e Madame du Châtelet, organizou um movimento contra Descartes a quem Voltaire não negava valor como matemático, mas acusava-o de ter dado à sua filosofia a aparência de novela, onde tudo parecia verosímil, mas nada era verdadeiro.

---

[43] QUINNEY, Douglas – **Daniel Bernoulli | Encyclopedia.com**.

[44] DZIEMBOWSKI, Edmond – **Le siècle des révolutions: 1660-1789**, p. 12.

[45] BADINTER, Elisabeth ; MUZERELLE, Danielle, org. – **Madame du Châtelet, La femme des Lumières**.

Foi um século marcante na história da química por ter sido no último quartel de setecentos que esta evoluiu do estado pré-científico em que Boyle a colocara para o de ciência organizada em bases bem definidas, tarefa que coube a Lavoisier. Entre 1772 e 1789, a investigação de Lavoisier mostrou que a matéria era constituída por elementos ou substâncias simples, espécies químicas não decomponíveis em outras mais simples que fossem estáveis (até aqui não há grande avanço em relação a Boyle) e determinou trinta e três delas (aqui sim, há um avanço extraordinário relativamente ao químico britânico). Os elementos combinavam-se entre si e formavam a imensidade dos compostos que existem na natureza. Em colaboração com outros químicos que aderiram à sua teoria, Lavoisier estabeleceu normas científicas de nomenclatura que deram à química possibilidade de se organizar e comunicar com outras ciências e com a sociedade.

Os cento e vinte e oito anos que medeiam entre a publicação do *The Sceptical Chymist* de Boyle e a do *Traité Élémentaire de Chimie* de Lavoisier são elucidativos do mérito da revolução que Lavoisier operou na química; e é surpreendente a proximidade do conceito de *elemento* expresso por Carneades no diálogo com os outros intervenientes[46] e o proposto por Lavoisier, bem como o tempo e o volume de investigação necessários para chegar a esta conclusão.

Robert Boyle admitiu que a matéria era composta por corpúsculos, partículas em movimento que diferiam umas das outras em tamanho, forma, textura e movimento. Estas partículas não eram átomos porque, enquanto os átomos eram indivisíveis, os corpúsculos podiam dividir-se; não eram elementos como para Aristóteles ou Descartes, porque para estes a matéria formava um contínuo e não havia espaços vazios; mas, para Boyle, as partículas moviam-se no vazio – ele próprio tinha feito várias experiências que provavam a existência de vazio na matéria. Como explica na sua principal obra, *The Sceptical Chymist* (1661), elementos eram

> «certain primitive and simple, or perfectly unmingled bodies; which not being made of any other bodies, or of one another, are the ingredients of which all those called perfectly mixt bodies are immediately compounded, and into which they are ultimately resolved»[47].

Para Lavoisier, *élément* ou *substance simple* era uma substância

> «qui ne peut être décomposée par aucune méthode connue d'analyse chimique, et conçoit une théorie de la formation des composés chimiques des éléments»[48].

---

[46] *The Sceptical Chymist* começa com cinco amigos reunidos no jardim de Carneades, conversando sobre os constituintes dos corpos mistos.

[47] BOYLE, Robert – **The sceptical chymist: or Chymico-Physical Doubts & Paradoxes**, p. 350.

[48] LAVOISIER, Antoine Laurent de – **Traité Élémentaire de Chimie, presenté dans un ordre nouveau et d'aprés des découvertes modérnes**, Tomo seconde. Chez Deterville, Malicorne sur Sarthrea, 72, Paris, 1802.

Aparentemente, os dois enunciados, separados por mais de um século, estão próximos um do outro. A grande diferença entre eles reside no facto de, no primeiro, não ter sido provada a existência real dos elementos nem calculados quantos seriam necessários para formar os compostos que fazem parte da natureza – os elementos de Carneades, personagem que no diálogo do livro traduzia as ideias de Boyle, eram fruto da imaginação, enquanto os de Lavoisier eram suportados pela experiência. Este apresentou uma tabela com trinta e três elementos, a qual, com algumas correções que lhe foram sendo introduzidas, é válida na atualidade.[49]

A demora entre o aparecimento dos dois tratados de química foi devida ao facto de os químicos terem, entretanto, enveredado pela investigação experimental, retomando o caminho tradicional em vez de se envolverem na interpretação das propriedades da matéria em bases fictícias como aconteceu com a teoria do flogisto.

A definição de elemento dada por Lavoisier não é comparável com nenhuma das aceites na Antiguidade nem na iatroquímica, porque todas estas admitiam que os elementos eram qualidades e como tais não eram materialmente isoláveis – a química lavoisiana foi, de facto, uma revolução.

Além do nascimento da química e do desenvolvimento da mecânica, houve no século XVIII o aparecimento da ótica. Já tratámos aqui da mecânica e, no início do século, a ótica recebeu uma contribuição importante de Newton, com a publicação de *Optiks*. Este livro trata da natureza da luz, apresentando uma teoria baseada na refração em prismas, na difração em folhas de vidro infinitesimamente espaçadas e nas misturas de cores de luzes espetrais. Além do registo de dados experimentais sobre uma vasta gama de tópicos, o autor fez deduções a partir deles, combinando, no livro, experimentação e tratamento matemático dos resultados.

Apesar do valioso conteúdo da física no início do século, esta não tinha corpo definido, o que só veio a acontecer com o desenvolvimento da física experimental, durante o século XVIII. Para alguns autores, a física só passou a ser realmente uma disciplina científica, coerente e rigorosa quando introduziu por via empírica o conceito de energia e abandonou o conceito metafísico de força.

Iluminismo e associativismo em vários países

O Iluminismo foi uma corrente de pensamento que influenciou em maior ou menor escala todos os países europeus, mas foi em França que este movimento teve maior eco, com mudanças em todos os setores de atividade. Com Louis XIV

---

o absolutismo atingiu o clímax e França era um modelo a copiar pelos outros países. Com a morte do rei, a majestade de que se revestia e o próprio poder entraram rapidamente em queda e, com o empobrecimento do tesouro real, a coroa deixou de ser mecenas de todas as manifestações culturais como acontecia anteriormente, ao mesmo tempo que a burguesia enriquecida, mas politicamente desprezada, se confrontava com o absolutismo, a principal causa de desigualdade.

Surgiram vultos de elevada estatura intelectual e sem amarras ao poder instituído, que foram os porta-vozes do descontentamento e os defensores da mudança para o mundo da razão. Voltaire, com a sua sagaz escrita satírica e com os contactos com muitos intelectuais que a sua quase permanente fuga à perseguição da Igreja e ao poder político lhe proporcionaram, foi o grande divulgador da nova forma de pensar e, por isso, é considerado como o símbolo das luzes francesas. Diderot é outro grande da literatura, que pôs a sua versatilidade de escritor ao serviço da causa do povo e foi um dos fundadores e o principal redator da *Encyclopédie* ou *Dictionnaire Raisonné des Sciences, des Arts et des Métiers* – uma obra monumental de difusão do conhecimento com vinte e oito volumes, dezassete de texto e onze de ilustrações, que foi publicada entre 1751 e 1772. Contou com a colaboração de grande número das mais ilustres personagens do iluminismo francês. Como seria de esperar, desde o início da sua publicação, a *Encyclopédie* foi alvo de ataque vindo dos jesuítas, da Igreja e de políticos a quem não interessava a liberdade de pensamento que defendia nem o tipo de conhecimento que advogava. Em 1757, no auge dos ataques que lhe eram movidos, a sua publicação foi proibida e d'Alembert, que partilhava com Diderot as funções de redação, demitiu-se do cargo, ficando este último sozinho à frente do empreendimento, apostado em levá-lo a bom termo. As suas qualidades intelectuais aliadas à inquebrantável tenacidade, à vontade de cumprir os seus compromissos e à ajuda de pessoas influentes, tornaram-lhe possível oferecer ao seu país e ao mundo um instrumento valioso para a mudança de mentalidade.

O grupo fundador do pensamento revolucionário francês, responsável pelas mudanças mais significativas que se verificaram no país, era constituído por um trio: Voltaire, Diderot e Rousseau. Enquanto os dois primeiros defendiam mudanças operadas pela razão e sem violência, o último tinha um pensamento mais radical: era um crítico da civilização, considerando que exercia uma ação nefasta sobre o indivíduo, que nasce puro e livre e é depois corrompido e acorrentado pela sociedade. Era crítico do Iluminismo porque não o considerava o meio de chegar a uma sociedade regida pela liberdade, igualdade e fraternidade. Foi um dos precursores da democracia liberal.

A pintura conheceu também mudanças acentuadas e a pintura da majestade real do tempo de Louis XIV deu lugar ao retrato e à representação de cenas da vida burguesa quotidiana. O artista que mais se evidenciou nesta transição foi Antoine Watteau; com ele, Paris deixou de acolher somente artistas estrangeiros para passar a ser também a cidade de alguns pintores franceses famosos.

A mudança pode ser acompanhada na comparação entre este artista da Regência e Rigaud, cuja obra-prima foi o retrato de Louis XIV, e Charles le Brun, mestre do século XVII que pintou o rei a visitar a Academia Real das Ciências de Paris, como dissemos atrás.

A música foi uma manifestação artística que mereceu a atenção de Rousseau, que concebeu uma nova notação musical e colaborou na Enciclopédia escrevendo sobre música. Mas a figura principal do Iluminismo musical francês foi Jean-Philippe Rameau, que escreveu livros sobre teoria musical e foi um brilhante compositor.

França atingiu o esplendor com o Iluminismo, que promoveu o francês como a língua do homem culto, ocupando o lugar do latim.

No Reino Unido, o Iluminismo teve grande expressão no Norte da Grã-Bretanha: na Escócia e nos *Midlands*. Pela sua proximidade geográfica, as duas regiões estiveram ligadas técnica e culturalmente nas grandes realizações do Iluminismo britânico.

Em 1707, o recém-diplomado James Crawford foi para Leiden trabalhar com Boerhaave, que (como já foi dito) era ao tempo o médico mais prestigiado e, por isso, muito procurado pelos investigadores. No seu regresso à jovem universidade de Edimburgo, em 1726, Crawford enviou quatro diplomados para estagiarem com Boerhaave, sendo um deles Andrew Plummer. Este, quando regressou da Holanda, instalou na sua universidade o curso de química dado por Boerhaave. Foi o fermento deste ramo do conhecimento, que atingiu um nível notável com William Cullen e principalmente com Joseph Black, seu discípulo.

Este, ao preparar a sua tese em medicina, descobriu que a magnésia alba (carbonato básico de magnésio) reagia com um ácido, libertando-se um gás cujas propriedades estudou e que designou por ar fixo. Além do gás da atmosfera, ficou a conhecer-se o ar fixo, que tanto ia dar que falar nos trabalhos primórdios da descoberta da química.

Em 1754, Black apresentou a sua tese de doutoramento na universidade de Edimburgo, da qual publicou, na *The Philosophical Society of Edinburgh*, os artigos *Experiments upon Magnesia Alba, Quicklime, and some Alcaline Substances*. Fez também descobertas importantes sobre propriedades do calor.

Pelo seu saber e pela sua seriedade como cientista, Black tornou-se uma autoridade respeitável da química do seu tempo e uma das figuras das Luzes escocesas. Este êxito verificado na química reflete o clima favorável ao desenvolvimento da ciência que existia nesta região britânica, como vamos ver.

Outra notável figura do Iluminismo escocês foi James Hutton, químico e geólogo com interesses multifacetados que deixou o seu nome fortemente ligado à geologia. A sua teoria sobre a formação das rochas a partir do magma deu-lhe prestígio científico e o seu espírito associativo fizeram dele um dos nomes de primeiro plano do Iluminismo.

A estes dois cientistas juntamos Adam Smith: depois de graduado pela universidade de Glasgow, foi estudar para a universidade de Oxford. No primeiro ano, conseguiu um lugar de professor de lógica naquela universidade que foi sua *alma mater* e, nos anos seguintes, de professor de filosofia moral. Na sua principal publicação, *An Inquiry into the Nature and Causes of the Wealth of Nations,* defende que a riqueza das nações era produzida pelos indivíduos que, movidos inclusive e exclusivamente pelo seu próprio interesse, promoviam o desenvolvimento económico e a inovação tecnológica.

Por último, incluímos nesta lista de iluministas famosos o filósofo David Hume. Empirista radical, afirmava que todo o conhecimento tem origem sensorial e que nem a razão nos conduz à verdade. Era um empirista cético: admitia que a partir dos dados experimentais, por indução, chegamos a uma crença, mas nunca à verdade. A sua principal publicação, *A Treatise of Human Nature,* foi escrita entre 1737 e 1740 e consta de três volumes. Tentou por duas vezes entrar na universidade e fazer carreira académica, mas não foi admitido, o que não lhe retirou a honra de figurar na galeria dos grandes filósofos do Iluminismo.

Estas cinco personalidades distinguiram-se pela contribuição para o avanço das ciências que cultivavam e a amizade mantida entre si foi um fator de progresso do Norte da Grã-Bertanha pela dinamização que emprestaram ao associativismo.

Simultaneamente, com o surto cultural escocês, emergiu uma corrente de desenvolvimento tecnológico nos *Midlands* que procurava substituir os processos manuais da indústria têxtil por processos mecânicos automatizados. A máquina a vapor que estava a ser aperfeiçoada pelo escocês James Watt foi o instrumento ideal para fornecer a força motriz necessária a esta transformação.

Em 1752, este engenheiro mecânico e inventor foi contratado pela universidade de Glasgow como construtor de aparelhos de precisão, aqui encontrou Black quando este ocupava a cátedra de química e tornaram-se amigos. Esta relação beneficiava muito o técnico, porque Black fornecia-lhe as informações científicas de que ele necessitava para a concretização dos seus projetos e promovia-o nos meios culturais e industriais, nos quais o professor de química gozava de prestígio. Watt trabalhava no aperfeiçoamento da máquina de Thomas Newcomen, que estava a ser usada nas minas de carvão para drenagem de água. Esta máquina tinha a grande desvantagem de o arrefecimento do vapor ser feito no cilindro após cada expansão, o que lhe reduzia muito a eficácia. A invenção de Watt consistiu na introdução de um condensador para arrefecimento do vapor, exterior ao cilindro de trabalho e ligado a este por um sistema de válvulas. Após cada expansão, o vapor passava para o condensador onde era arrefecido, deixando o cilindro a uma temperatura elevada e pronto a iniciar um novo ciclo. Esta descoberta de Watt deu à humanidade a força motriz que iria imperar por dois séculos – a era do vapor.

Concluído o estudo, era necessário construir a máquina e colocá-la no mercado, o que só seria possível em oficinas próprias. Uma vez mais, Black encaminha o seu amigo, estabelecendo a ligação entre o inventor e Matthew Boulton, o engenheiro industrial de Birmingham. A firma que constituíram

– Boulton & Watt – patenteou a invenção em 1769, patente que, seis anos depois, foi prolongada por mais vinte e cinco anos.

Royal Society of Edinburgh

O clima cultural desta região da Grã-Bretanha, acabado de descrever, era propício ao lançamento de infraestruturas de apoio à ciência, como associações científicas. De facto, várias irromperam nesta altura. Em 1731, foi fundada a *Society for the Improvement of Medical Knowledge*, sendo um dos cofundadores o matemático MacLaurin. Este passou a não estar satisfeito com o facto de a sociedade se ocupar somente da medicina, ignorando os outros domínios científicos. Em 1737, procurou que a Sociedade fosse alargada à literatura e à filosofia e passou então a chamar-se *Edinburgh Society for Improving Arts and Sciences*. Por influência dos químicos Cullen e Black e do naturalista George Walker, a sociedade obteve reconhecimento real e passou a designar-se *Royal Society of Edinburgh*.[50] Criou uma revista periódica, *Transactions of the Royal Society of Edinburgh*, que iniciou a publicação em 1788 e que manteve um bom nível científico.

A adoção da teoria de Lavoisier por alguns membros fez com que alguns dos outros abandonassem a instituição e se dedicassem à química prática, cisão que só se manteve entre 1805 e 1850, data em que o grupo dissidente voltou a reunir-se à Sociedade.

Manchester Literary and Philosophical Society

Em 1781, o médico Thomas Percival (1740-1804) e várias outras pessoas fundaram a *Manchester Literary and Philosophical Society* com o objetivo de contribuir para a educação e conquistar o interesse do público para as formas de literatura, ciência, artes e assuntos públicos. Era uma sociedade por quotas e o número de sócios era relativamente pequeno: 178, em 1842.

Exercia a sua atividade por meio de palestras, publicações e investigação científica. O órgão de comunicação da sociedade eram as *Memoirs and Proceedings*, que iniciaram a sua publicação em 1783, tinham uma frequência anual e um elevado nível científico.

Thomas Percival, o maior impulsionador da criação da Sociedade, teve uma formação em vários centros científicos abertos ao pensamento renovador que lavrava Europa fora. Nasceu em Warrington, frequentou a Academia desta cidade, estabelecimento de ensino fundado em 1756 para ensino de dissidentes, ou seja,

---

[50] The Royal Society of Edinburgh, School of Mathematics and Statistcs, Univ. of St. Andrews, Sept. 2010.

daqueles que discordavam da igreja inglesa estabelecida. Depois de estudar medicina em Edimburgo, foi fazer um curso de pós-graduação em Leiden. Tinha um profundo conhecimento da situação em que se vivia e movimentava--se bem no mundo afeto aos seus ideais. Em 1782, a Academia de Warrington foi encerrada e uma parte dos seus professores foram para a universidade de Manchester.

Pela *Manchester Literary and Philosophical Society*, popularmente conhecida como *Lit. & Phil.*, passaram cientistas eminentes, ocupando alguns deles a presidência como aconteceu com Percival (1782-1786 e 1789-1804), Rev. George Walker (1807-1809), John Dalton (1816-1844), James Prescott Joule (quatro mandatos entre 1860 e 1880), Lawrence Bragg (1927-1929).

A *Lit. & Phil.* foi palco de apresentação de comunicações de grande impacto na ciência, como foi o caso da teoria atómica da matéria de Dalton. John Dalton pertencia aos Quaker, uma seita cristã dissidente, e foi professor na Sociedade de 1783 a 1800. Sob os seus auspícios, realizou o estudo de gases que o levaram aos enunciados das leis das pressões parciais, das proporções múltiplas e da teoria atómica. Apresentou à Sociedade pelo menos cento e dezasseis comunicações, a primeira das quais em 31 de outubro de 1794, na qual dissertou sobre a dificuldade de identificar as cores, doença de que ele e o irmão sofriam e que, por isso, passou a chamar-se daltonismo. Em 21 de outubro de 1803, apresentou a comunicação *Essay on the absorption of gases by water and other liquids*, na qual relacionou as propriedades das várias substâncias com os respetivos pesos atómicos. Este ensaio termina com uma lista de vinte e um *simple and compound elements*. Em 1808, publicou o primeiro volume de *A New System of Chemical Philosophy*, com as ideas expostas sobre o tema, completadas num segundo volume de 1827 – uma obra de referência histórica inovadora e revolucionária.[51]

Em 1940, um bombardeamento destruiu o valioso acervo de 50 000 peças de instrumentação científica histórica, livros e manuscritos.[52]

Lunar Society

O entusiasmo dedicado à ciência transbordou das instituições formais e deu origem a pequenas associações particulares que se reuniam em certos lugares, residências, clubes, etc. Apesar das condições precárias de funcionamento e da sua curta duração, tiveram um papel importante na divulgação da ciência

---

[51] LOBATO, César de Barros – **Alguns aspectos sobre o calórico e o diâmetro dos átomos no trabalho de John Dalton.**

[52] MAKEPEACE, Chris E. – **Science and Technology in Manchester: Two Hundred Years of the Lit. and Phil.**, p. 19.

e no fomento do associativismo. Uma das que sobressaiu nos aspetos científicos foi a *Lunar Society*.

Matthew Boulton (de quem já falámos) mantinha com o médico da sua cidade, Erasmus Darwin, estreita amizade desde que se conheceram por volta de 1757. Ambos interessados na nova ciência, visitavam-se para fazer novas experiências em eletricidade, meteorologia e geologia. A habilidade prática de Boulton era complementada com o espírito inventivo e teórico de Darwin.

Como já tivemos ensejo de afirmar, os *Midlands* daquela época estavam altamente empenhados na aplicação da tecnologia à indústria e, em 1765, Boulton e Darwin resolveram fundar uma associação informal, em que um grupo de personalidades ilustres de vários quadrantes – médicos, industriais, cientistas e outros – discutiam aspetos científicos que servissem a sociedade, enquanto saboreavam boa comida e estreitavam laços de amizade. A ideia colheu o apoio de vários outros amigos, especialmente entre dissidentes.

Darwin chamava ao grupo *little philosophical laughing* e o núcleo do clube nunca teve mais de catorze membros, pertencentes a diferentes domínios de especialidade. Eram poucos, mas conseguiram estabelecer uma teia que envolvia pessoas de todo o mundo intelectual – um verdadeiro cadinho laboratorial, preparatório das ideias de um mundo novo escudado na ciência.

A Sociedade de Birmingham chamava-se *Lunar Society* por ter adotado a prática de se reunir às segundas-feiras de cada mês próximo da lua cheia por haver maior luminosidade, que facilitava o regresso a casa após as reuniões. Esta prática não era inédita, pois já tinha sido usada por grupos maçónicos antes de a sociedade existir – ideologia que muitos dos sócios, se não todos, seguiam. As reuniões decorriam na Soho, residência de Boulton, ou em casa de Darwin. O núcleo de «lunáticos», como eles próprios se apelidavam, orgulhosos da sua filiação, era constituído pelos fundadores e por James Watt, Josiah Wedgwood, Joseph Priestley, John Whitehurst, William Small, William Withering, James Keir, Richard Edgeworth, Thomas Day e Samuel Galton Jr. – notáveis cientistas e industriais de sucesso.[53]

Benjamin Franklin veio a Inglaterra para «aumentar os seus conhecimentos junto de pessoas ilustres», esteve em contacto com o clube de Birmingham e voltou mais tarde, para realizar experiências com Boulton. Destes encontros que o cientista e inventor americano teve com os «lunáticos» nasceu, em 1743, a *American Philosophical Society*.

Os seus ideais de sociedade tornaram-nos apoiantes das revoluções francesa e americana, o que os tornou malvistos pelo povo. Uma das figuras mais em foco, possivelmente por ser clérigo, rebelde e um brilhante cientista, era Priestley. Tinha deixado o seu protetor, Lord Shelburn, que lhe financiava a investigação

---

[53] SCHOFIELD, Robert E. – The Lunar Society of Birmingham; A bicentenary appraisal, p. 144-161.
WIKIPEDIA, THE FREE ENCYCLOPEDIA – **Lunar Society of Birmingham – Wikipedia.**

e mudado para Birmingham para estar mais próximo da Sociedade Lunar e poder tomar parte nas reuniões. Na noite de 14 de julho de 1791, um grupo de apoiantes da Revolução Francesa reuniu-se para comemorar o segundo aniversário da tomada da Bastilha, ato que acirrou o povo da cidade que saiu à rua em grupos, destruindo tudo o que lhe parecesse símbolo da revolução e gritando *King and God*. Priestley não estava presente na reunião, não foi encontrado e, portanto, não foi molestado, mas a sua casa foi vandalizada e o seu laboratório destruído. A fábrica Boulton & Watt, onde estava a ser construída a máquina a vapor, a força motriz de várias gerações do novo mundo, foi defendida pelos trabalhadores, escapando, assim, à fúria dos manifestantes.

Priestley abandonou Birmingham, passou por Londres, onde a *Royal Society* de que era membro o recebeu com algum desinteresse, atitude que o desgostou. Partiu para os Estados Unidos da América, onde tinha um filho e onde havia chegado o eco do seu valor como cientista de exceção. Ofereceram-lhe um lugar de professor em Filadélfia, mas não aceitou tendo ido viver com o filho. A sua memória iria ser relembrada tempos depois pela ciência americana.

A *Lunar Society* entrou em declínio com o desaparecimento dos fundadores e extinguiu-se em 1813, após quase meio século de relevante serviço prestado à ciência e à humanidade. Recentemente, foi recriada uma *Lunar Society* para cuidar de iniciativas que digam respeito ao progresso da cidade e da região.

Oyster Club

A terminar este apanhado sobre o Iluminismo no Norte da Grã-Bretanha, é de referir um clube onde se reunia regularmente um número reduzido de amigos para jantar e falar de ciência e filosofia. Os nomes dos participantes já são nossos conhecidos e a justificação para ser aqui mencionado é por ser mais um testemunho da efervescência científica que grassava naquela região pela década de setenta de setecentos.

Hutton, Black e Adam Smith reuniam-se uma vez por semana para jantarem juntos no *Oyster Club* de Edinburgh, afamado pela iguaria que servia e lhe deu o nome. Este clube foi local de encontro de vários outros cientistas ilustres que eram convidados para participarem nas reuniões, como os britânicos John Playfair, Adam Ferguson, David Hume, James Watt e os estrangeiros Benjamin Franklin, engenheiro americano, e o geólogo francês Barthélemy Fanjas.[54]

---

[54] MAKEPEACE – **Science and Technology...**, p. 19.

Royal Institution of Great Britain

O fim do século XVIII ficou assinalado com a criação em Londres de uma instituição científica que teve uma génese diferente do habitual. Foi fundada com o objetivo de fomentar a aplicação das ciências naturais. O promotor, Benjamin Thompson, conde de Rumford, era um cientista conhecido pelas suas experiências de transformação de trabalho em calor que contribuíram para atribuir a este uma forma de energia. Ao fundar a nova instituição, o seu propósito era desenvolver as ciências aplicadas como meio de beneficiar toda a sociedade – inclusive os mais pobres, uma vez que a instituição seria custeada pelos mais ricos através de subscrição.

Com estas ideias em mente, procurou falar a Sir Joseph Banks, presidente da Royal Society, para lhe pedir apoio para o empreendimento, uma vez que Banks detinha o poder de decisão sobre todas as iniciativas relacionadas com a ciência. Na reunião de 7 de março de 1799, em casa de Banks, foram definidos os aspetos principais da fundação. Estavam presentes cinquenta e oito pessoas, entre as quais membros do parlamento, grandes proprietários e altas patentes da marinha, que concordaram em contribuir cada uma delas com cinquenta guinéus como proprietárias de uma instituição cujos objetivos eram *«to diffuse knowledge, facilitate the general introduction of useful mechanical inventions and improvements and for teaching by courses of philosophical lectures and experiments, the application of science to the common purposes of life»*[55]. Na reunião ficou também decidido submeter o pedido da *royal charter*, que lhe foi concedida em 13 de janeiro de 1800, acrescentando à designação proposta – *Royal Institution* – o país a que pertencia: *of Great Britain*. Nos primeiros anos, a Instituição seria suportada por dádivas, mas, posteriormente, viveria com o rendimento do seu trabalho. Também recebeu valiosas dádivas como, por exemplo, o riquíssimo espólio de Cavendish, que contava com um grande número de aparelhos.

Deve dizer-se que a ideia de criar uma associação devotada ao estudo de ciência aplicada deve ter surgido da criação do *Conservatoire des Arts et Offices*, a chamada *Sorbonne Industrielle*, em Paris (1794).

O pessoal de que a *Royal Institution* dispunha era apenas um professor e um assistente. O primeiro professor foi Thomas Young e, passado pouco tempo, foi contratado Humphry Davy vindo do *Pneumatic Institute* de Thomas Beddoes (Bristol) e que, apesar da sua juventude, era já um químico famoso pela descoberta do gás nitroso (gás hilariante).[56]

---

[55] Charity Commission for England and Wales, The Royal Institution of Great Britain, charity number 227938.

[56] JAMES, Frank A. J. L. – The legacies of the Royal Institution, p. 36-43.
CAROE, Gwendy M. – **The Royal Institution: An Informal History**.

A sua carreira na *Royal Institution* foi fulgurante como investigador e como conferencista. As suas lições atraíam multidões. De 1802 a 1812, realizou investigação relacionada com a agricultura. Isolou os metais alcalinos e alcalino-terrosos por eletrólise dos seus compostos fundidos, usando a pilha de Volta recentemente descoberta e mostrou que eram elementos e não compostos, como erradamente tinha admitido Lavoisier. Em 1816, inventou a lâmpada de segurança dos mineiros. Corrigiu Lavoisier quanto ao conceito de ácido: não era um composto contendo oxigénio, mas era o hidrogénio que dava aos compostos o caráter ácido. Corrigiu Scheele, ao verificar que o gás que este descobrira não era um composto com oxigénio, mas sim um elemento que passara a ser designado por cloro.

Humphry Davy lançou a *Royal Institution* num caminho com futuro brilhante e, em 1813, admitiu como assistente Michael Faraday, que deu continuidade à obra do seu antecessor com uma carreira repleta de êxitos. Faraday tornara o outono de 1831 num período memorável para a humanidade, ao iniciar a sua investigação sobre a produção de eletricidade a partir do magnetismo, fundamento do dínamo elétrico. Das muitas descobertas que fez como químico, recordamos as leis que regem a passagem da corrente elétrica através de soluções eletrolíticas.

Faraday foi um expositor brilhante e um investigador de eleição. Ficaram na história os célebres *Friday Evening Discourses, Christmas Juvenil Lectures,* um curso de seis lições proferidas de 27 de dezembro de 1855 a 8 de janeiro seguinte. A primeira lição – *The Distinctive Properties of Common Metals* – teve na audiência o príncipe Albert, sempre atento às manifestações culturais, acompanhado pelo príncipe de Gales, futuro rei Edward VII.[57]

Os diretores da *Royal Institution* foram, desde o seu início, cientistas de elevada craveira intelectual: Humphry Davy (1801-1825), Michael Faraday (1825-1862), John Tyndal (1867-1887), James Dewar (1887-1923); e quinze dos diretores, desde a fundação até ao presente, foram galardoados com o prémio Nobel.

Königlich-Preußische Akademie der Wissenschaften – Academia das Ciências da Prússia

No final do século XVII, os países da Alemanha eram muito pobres, material e intelectualmente, mas Leibniz era uma contrastante exceção. Desta situação nos dá conta a princesa Elisabeth da Boémia em carta dirigida

---

[57] A palestra *The chemical history of a candle* do curso das seis lições de 1848, considerada por Faraday como o melhor ponto para iniciar jovens na ciência, tem sido muito traduzida em diferentes línguas, nomeadamente em português, dado o seu mérito em didática da química. Ver FARADAY, Michael ; FORMOSINHO, Sebastião – **A história química de uma vela: curso de seis lições.**

a Descartes em 1646. A princesa foi uma das raras mulheres que se dedicou ao estudo da filosofia neste século. Quando Descartes foi visitar Hague para expor as ideias que defende em *Meditationes de prima philosophia,* a princesa esteve presente no encontro organizado para ouvir o filósofo e, como tinha lido o livro recentemente publicado, teve oportunidade de falar com ele e, a partir de então, passaram a trocar correspondência sobre filosofia. Na sua carta de 29 de novembro de 1646, enviada de Berlim, a princesa dizia-lhe que «o povo é tão pobre que ninguém estuda e não pensa se não em viver»[58].

Em 1700, Frederick III, o príncipe eleitor de Brandemburgo, criou em Berlim (cuja população aumentava a ritmo elevado) a *Kurfürstliche Brandenburgische Societät der Wissenschaften*, por influência de Leibniz, sendo o filósofo e polímata o seu primeiro presidente. Teria sido influente na criação da *Akademie*[59] e, no ano seguinte ao seu estabelecimento, era coroado como Frederick I da Prússia.

Os estatutos da *Akademie* foram publicados em 1710 e, segundo estes, as ciências naturais e a matemática constituíam duas classes e as ciências humanas outras duas, organização que se manteve até 1830. Fora acordado entre Leibniz e o príncipe que o financiamento da *Akademie* seria o produto da venda dos calendários de Brandemburgo, publicados por esta instituição em regime de exclusividade.

Em 1710, iniciou a publicação dos trabalhos da autoria dos seus membros em *Miscellanea berolinensia ad incrementum scientiarum*, revista de periodicidade irregular da qual foram publicados sete volumes entre o seu início e 1744.

Da sua atividade inicial pouco há a dizer para além de salientar a filiação de Leibniz e do seu discípulo, Christian Wolff, dois grandes filósofos de renome mundial. Não havia outros alemães com nome nos domínios da ciência.

Em 1744, o neto do fundador, Frederick II, fez a reforma da *Akademie* e é então que se inicia verdadeiramente a sua atividade científica. Este monarca foi um déspota esclarecido que conciliou as tradições prussianas com o espírito das Luzes. Era um estadista autocrático que, como os demais monarcas absolutistas da época, pensava que todas as decisões políticas deviam estar concentradas nas mãos do rei e que o governo devia ter como objetivo cuidar do bem-estar do povo. Dava particular atenção à cultura das ciências e das artes como meios de promoção social. A cultura francesa com a qual teve oportunidade de contactar nas visitas que fez a França, nomeadamente à *Académie des Sciences*, fascinou-o ao ponto de adotar o francês como língua científica. Mecenas de filósofos, ele próprio era compositor e escritor e transformou Berlim numa capital iluminista e residência real.[60] Atraiu para a

---

[58] DESCARTES, René; PRINCESS ELISABETH OF BOHEMIA; BENNETT Jonathan (Ed.) – **Correspondence between Descartes and the Princess Elisabeth**, p. 53.

[59] COBRA, Rubem Queiroz – **Gottfried Wilhelm Leibniz – Cobra Pages**.

[60] AARSLEFF, Hans – The Berlin Academy under Frederick the Great, p. 193.

corte cientistas e escritores e, como réplica do Palácio de Versalhes, mandou construir o palácio de Sans-Souci em Potsdam para residência de verão. Apesar de não ter a dimensão do palácio francês, o seu estilo rococó era mais íntimo e acolhedor do que o barroco de Versalhes.

A profunda reforma que fez na *Akademie*, em 1744, teve a colaboração de notáveis cientistas estrangeiros. Entre outros, contam-se Leonhard Euler, Moses Mendelssohn, Jean Le Rond d'Alembert, Pierre Louis Maupertuis, Andreas Sigismund Marggraf, Johann Henrich Lambert, Joseph-Louis Lagrange, Voltaire, Charles-Louis de Montesquieu, Denis Diderot. A reorganização da instituição incluiu a criação da revista *Mémoires* e o seu primeiro número veio a lume em 1745.

O primeiro presidente após a reforma de 1744 foi o matemático Pierre Maupertuis, recomendado por Voltaire. Nomeado oficialmente em 1746, manteve-se no lugar até à sua morte em 1759. A direção da matemática esteve entregue a Euler e, com a morte de Maupertuis, o matemático suíço passou a dirigir a *Akademie*, ainda que nunca tenha sido nomeado oficialmente para o cargo. Os seus relatos pormenorizados da vida da instituição permitem seguir a história desta durante esse tempo. Em 1756, por proposta de Euler, Lagrange foi eleito sócio e, anos depois, Frederick convidou-o para professor da *Akademie*, mas recusou o convite com a desculpa de que não aceitaria o lugar enquanto lá estivesse Euler. E assim aconteceu; de facto, Lagrange só aceitou o convite quando Euler foi para a Rússia.

Em meados do século, a *Akademie* foi assolada por duas crises. Uma foi a querela entre leibnizianos e newtonianos sobre a prioridade da descoberta do cálculo diferencial, a que já fizemos referência. A outra ocorreu entre Maupertuis e Voltaire sobre o princípio da «least action», no fundo, entre os defensores do absolutismo e dos ideais republicanos.[61]

Em 1809, Wilhelm von Humboldt esteve como presidente e operou várias mudanças: o nome da instituição; as *Memoires* que passaram a chamar-se *Abhandlungen*; e a língua usada, que era o francês, passou a ser o alemão.[62]

A *Akademie* colaborou na notável carreira científica alemã do século XIX e tornou-se uma instituição de elevado nível. Durante o nazismo (1933-1945), decaiu devido ao afastamento de cientistas. Após a segunda guerra mundial, ficou localizada no setor administrado pela União Soviética que a transformou em instituição sua. Na reunificação do país, esta instituição foi dissolvida e, em sua substituição, foi criada a Academia de Berlim-Brandenburgo: *Berlin--Brandenburgische Akademie der Wissenschaften*.

---

[61] LIENHARD – **Maupertuis.**

[62] O'CONNOR, J. J. ; ROBERTSON, E. F. – **Berlin Academy of Science.**
BARTHOLMÈSS, Christian – **Histoire philosophique de l'Académie de Prusse depuis Leibniz jusqu'à Schelling** ...

Rossíyskaya Akadémiya Naúk – Academia das Ciências da Rússia

O imperador da Rússia, Pedro I, o Grande, pretendeu elevar o nível cultural do seu país e com esse propósito fez uma visita à Europa Ocidental para ficar a conhecer o que se passava nos domínios da educação e da investigação científica. Empreendeu uma segunda viagem no decorrer da qual visitou a Academia das Ciências de Paris, tendo assistido a uma sessão. O projeto de reforma que tinha em mente realizar parece ter resultado de uma carta de Leibniz, de 1716, na qual este lhe dizia que para concretizar a sua ambição se tornava necessário criar escolas, universidades e academias.

Em 28 de janeiro de 1724 (8 de fevereiro do calendário gregoriano), o imperador aprovou o projeto de fundação de uma academia, mas morreu no ano seguinte sem ver a sua academia a funcionar. Foi a viúva, a imperatriz Catarina I, quem assinou o diploma que criou a *Academia Scientiarum Imperialis Petropolitanae* constituída por cientistas estrangeiros convidados. Além de Mikhail Lomonosov (1711-1765), um polímata que deixou obra científica, não havia intelectuais russos capazes de integrar uma academia de ciências. Lomonosov, nessa altura ainda um jovem, foi estudante da *Academia* e, mais tarde, professor. Nesta qualidade, solicitou equipamento para a instalação de um laboratório de química, tendo o pedido sido satisfeito três anos depois. O laboratório manteve uma atividade assinalável, sendo apontado como um dos primeiros laboratórios de práticas de química. Escreveu *Prodomus ad verum Chimium Physicum* e vários trabalhos de química. Em 1755, foi promotor da criação da Moscow State University, mais tarde Lomonosov Moscow State University.[63]

Para instalar a *Academia* foram convidados cientistas ilustres de várias especialidades: matemática, astronomia, mecânica-física, geografia, embriologia e história. Os primeiros convidados que chegaram a S. Petersburgo, em 1727, foram: Daniel e Nicolaus Bernoulli, Cristhian Gollbach, Johann Duvernoy, Christian Gross e Gerard Müller.[64] A imperatriz morreu nesse ano e a atmosfera cultural, política e social do país entrou em degradação devido a lutas dinásticas e políticas.

Um convidado que chegou em 1727 foi Euler, que viria a passar grande parte da sua vida científica nesta *Academia*, onde realizou uma parte valiosa da sua obra de matemático de exceção. Uma vez que, numa fase inicial, a instituição era simultaneamente centro científico e universidade, tomou posse como professor de fisiologia, assunto em que não estava muito à vontade, apesar da sua invulgar cultura. Depois de quatro anos como professor de fisiologia, passou a lecionar física e, em 1733, matemática. Durante o período conflituoso

---

[63] SAINT PETERSBURG ACADEMY OF SCIENCES – **Work of Leonhard Euler and Mikhail Lomonosov.**

[64] «Foundation of Saint Petersburg Academy of Sciences», pub. Academy of Sciences, 11 December 2002. LIPSKI, Alexander. ISIS, vol. 14 Dec. 1953.

a que aludimos, estabeleceram-se duas correntes de opinião: uma contrária à ocidentalização da *Academia* e à presença de docentes alemães; a outra defendia o nível científico da instituição, não importando a naturalidade dos professores.

Quando a czarina Catarina II subiu ao trono, em 1761, pôs termo à crise e procurou colocar a *Academia* no caminho do progresso. Era uma déspota iluminada e foi uma boa governante, ideologicamente próxima de muitos monarcas europeus do tempo. Empenhou-se no regresso de Euler a S. Petersburgo (durante a crise, ele abandonara a instituição e voltara à Alemanha) e conseguiu que ele voltasse e aqui passasse o resto da sua vida. Durante a sua segunda estada na Rússia, escreveu 856 trabalhos, cerca de metade da valiosa herança que deixou à humanidade.

A *Academia* foi transferida para Moscovo em 1925 e com o desmembramento da União Soviética, em 1991, passou a ser a *Rossíyskaya Akadémiya Naúk* – Academia das Ciências da Rússia. É uma instituição com pergaminhos, contando entre os seus membros com doze detentores do prémio Nobel: o primeiro foi o médico Ivan Petrovich Pavlov, que recebeu o prémio de 1904; somaram-se um em economia, um em paz, um em química e oito em física. É hoje uma instituição com 47 000 investigadores disseminados por toda a Rússia em 16 centros regionais.[65]

American Philosophical Society

No tempo em que as colónias americanas que depois da independência constituíram os Estados Unidos da América ainda estavam sob o domínio britânico, Benjamin Franklin visitava a Europa para se inteirar dos progressos científicos para os implementar na sua terra natal. Era pessoa conhecida internacionalmente pelos seus trabalhos em ciência e letras e pela dedicação ao bem-estar dos seus concidadãos. Perfilhava a ideologia maçónica, o que o aproximava dos círculos europeus das elites intelectuais do tempo. Era um americano rendido à cultura europeia: fazia parte da *Royal Society* e tomava parte nas reuniões de outras associações como convidado. Dada a sua capacidade intelectual e o seu empenho na independência das colónias onde nasceu e vivia, transportava para lá o que via útil para o desenvolvimento americano.

Em 1727, criou em Filadélfia um clube de amigos, onde se reunia para tratar de assuntos políticos, de filosofia natural e de negócios. Em 1743, junta--se com um grupo de intelectuais importantes da cidade para fundar a *American Philosophical Society* – associação destinada a abordar temas de ciências e de

<hr>

[65] SCHULZE, Ludmilla – The Russification of the St. Petersburg Academy of Sciences and Arts in the Eighteenth Century, p. 305-335.

GORDIN, Michael Dan – The Importation of Being Earnest: The Early St. Petersburg Academy of Sciences, p. 1-31.

humanidades, através da investigação, da experiência profissional e de publicações. Foi a primeira instituição erudita de nível superior da América do Norte.

O selo da *Society* é bem sugestivo dos seus propósitos de defender os valores científicos, políticos e sociais – missão importante para os norte-americanos da época: a figura de um cavalheiro bem vestido a apresentar a Minerva, símbolo do saber, um índio americano; aos pés da deusa, um telescópio, um quadrante, um globo terreste e vários livros abertos. O selo continha ainda a divisa *nullo discrimine* e a data da fundação. A fim de conciliar o seu arreigado patriotismo com a sua profunda admiração pela vida cultural europeia, Franklin empreendeu tentativas diplomáticas para conseguir um entendimento entre as colónias e a metrópole, de modo a haver igualdade social entre os dois territórios, e chegou à conclusão de que isso era uma utopia. Esta frustração poderá ser uma explicação para a divisa da Sociedade.

A *Society* foi encerrada em 1765, mas apenas por dois anos porque, em 1767, reiniciou a sua atividade e, reformada, passou a designar-se *Philosophical Society Held in Philadelphia for Promoting Useful Knowledge*, sendo eleito presidente Benjamin Franklin.

Além de Franklin, George Washington, John Adams, Thomas Jefferson e muitas outras personagens ilustres envolvidas na independência da nação foram seus membros e Francis Hopkinson, um dos signatários da Declaração da Independência dos Estados Unidos, foi eleito seu presidente.

Jefferson, um apaixonado pela ciência, serviu a Sociedade durante quarenta e seis anos. Eleito membro em 1780, fez parte do seu conselho, foi seu vice--presidente de 1793 a 1795 e presidente de 1797 a 1814. É curioso notar que, durante oito dos anos em que presidiu à Sociedade, era também presidente dos Estados Unidos (1801-1809). A instituição rendeu-lhe o seu preito de gratidão quando faleceu.[66]

A revista criada pela *Philosophical Society* para divulgar os trabalhos lidos nas reuniões dos sócios ou relacionados com a sua atividade foram as *Transactions of the American Philosophical Society* (APS) cuja publicação se iniciou em 1771. O primeiro número incluía estudos sobre o trajeto do planeta Vénus e sobre a corrente do Golfo. O primeiro trabalho pôs a Sociedade nas páginas das revistas internacionais e contribuiu muito para o prestígio científico da insti-tuição. A Sociedade constituiu diversas comissões para, a 3 de junho de 1769, observarem de várias localidades a passagem do referido planeta sobre o círculo do Sol. Os resultados foram publicados em carta de Benjamin West endereçada de Providence e dedicada a Stephen Hopkins, matemático e membro da

---

[66] BIDDLE, Nicholas – **Eulogium on Thomas Jefferson: Delivered Before the American Philosophical Society, on the Eleventh Day of April 1827**.

Sociedade. As *Transactions of the American Philosophical Society* publicaram observações de outros locais, o que deu grande prestígio à jovem revista.[67]

Instalada em edifício próprio (construído de 1785 a 1788) e localizada na capital cultural das treze colónias americanas, a *Philosophical Society* desempenhou um papel de relevo no desenvolvimento cultural americano. A sua biblioteca possui mais de 250 mil volumes, 7 milhões de manuscritos, periódicos encadernados e milhares de mapas.[68]

Química industrial

Os primeiros contactos do homem com a química foram feitos através de materiais que possuíam propriedades químicas úteis. Substâncias que ardiam facilmente usadas para aquecimento ou iluminação, materiais moldáveis usados para fabrico de utensílios domésticos, metais que podiam ser trabalhados para fabrico de uma diversidade de instrumentos de defesa, caça, amanho da terra, etc. Naquela altura, o que interessava era a química prática de interesse imediato.

O aparecimento de um outro aspeto da química que ocupou o espírito humano não demorou muito, se é que não foi simultâneo. Na verdade, o homem sente necessidade de conhecer toda a natureza e, daqui, conhecer a natureza da química. Aparentemente, este tipo de química não tem utilidade prática e, para o distinguir da química prática ou aplicada, chama-se química pura ou fundamental. As duas vertentes da química tiveram durante muito tempo desenvolvimentos independentes.

A civilização grega não se interessou pelos aspetos práticos da química, mas desenvolveu com grande profundidade tópicos de química pura, como a constituição da matéria, que persistiram durante séculos. Na Idade Média, dominada pelo cristianismo, admitia-se que o conhecimento estava todo inscrito nos livros sagrados, de modo que o estudo era a interpretação rigorosa desses livros. Foi a era da escolástica durante a qual a teologia foi o conhecimento mais respeitado.

Enquanto o conhecimento da química permanecia estagnado na Idade Média, no dealbar da Renascença irrompeu um movimento moderno que recorria a métodos de preparação de substâncias químicas destinadas a tratamentos médicos e que ficou conhecido como iatroquímica. O desenvolvimento destes métodos contribuiu significativamente para o progresso da química prática.

---

[67] WEST, Benjamin – **An account of the observation of Venus upon the sun, the third day of June, 1769, at Providence, in New England: with some account of the use of those observations.**

[68] WISSLER, Clark – The American Indian and the American Philosophical Society, p. 189-204; CHINARD, Gilbert – The American Philosophical Society and the Early History of Forestry in America, p. 444-488.

No Iluminismo, o conhecimento da natureza deixou a crença e passou a basear-se na razão, aplicada exclusivamente aos dados de experimentação dos fenómenos naturais. Os progressos da química fundamental e da aplicada foram imensos e ela deixou de estar confinada ao mero uso das substâncias tal como se encontravam na natureza, e o estudo das suas propriedades conduziu à descoberta de métodos para separar os componentes úteis do material sem interesse – este processamento recebeu o nome de tecnologia. No século XVIII, já se conhecia um grande número de tecnologias químicas usadas para diferentes fins, entre os quais a preparação de produtos cujo grande consumo aumentava exponencialmente. A resposta a esta pressão foi o desenvolvimento de métodos de produção em grande escala ou escala industrial, feita em fábricas e mecanizando a tecnologia. A industrialização resolveu o problema da procura e baixou o custo das mercadorias produzidas.

A primeira indústria química foi o fabrico de ácido sulfúrico. Em 1746, em Birmingham, John Roebuck começou a produzir ácido sulfúrico em larga escala por combustão da mistura de enxofre ou de minerais contendo este elemento, e de salitre, numa câmara de chumbo, absorvendo o trióxido de enxofre em água. O método foi sendo melhorado com a introdução das torres de Gay-Lussac e de Glover no processo de recuperação dos óxidos de azoto e foi usado até meados do século XX, data em que ainda satisfazia cerca de metade do consumo mundial. O método das câmaras de chumbo, instalado em Inglaterra de 1720 a 1746, passou para França (1766), depois para a Rússia (1805) e para a Alemanha (1810) e divulgou-se pelo mundo inteiro.

Foram também os químicos ingleses que inventaram o método de contacto. Este processo foi criado pelo comerciante de vinagre Peregrine Phillips, que o patenteou em 1831, passando, pouco e pouco, a ser o mais usado na preparação do ácido.[69]

O emprego do ácido sulfúrico na preparação de outras substâncias era, e é, de tal forma elevado que o seu consumo passou a ser um parâmetro do grau de desenvolvimento de um país. Por esta razão e pelo facto de ser das primeiras indústrias instaladas, é considerada como a pedra angular da industrialização. Nos finais da década de oitenta, a maior carência do ácido verificava-se na produção de soda, na qual era usado como matéria-prima. Cerca de sessenta por cento do ácido sulfúrico produzido e que, atualmente, ronda os 200 milhões de toneladas por ano é aplicado na preparação de fertilizantes, superfosfatos e sulfato de amónio, sendo enorme o número de indústrias consumidoras deste ácido.

O fabrico de soda foi outra indústria importante instalada ainda neste século. Por 1783, Louis XVI e a Academia das Ciências de Paris lançaram um concurso para a descoberta de um método de preparação de soda, em grande escala,

---

[69] DUECKER, Werner Wilfred; WEST, James Robert – **The Manufacture of Sulfuric Acid**. JONES, Edward M. – Chamber Process Manufacture of Sulfuric Acid, p. 2208-2210.

a partir do sal marinho. O prémio a atribuir ao vencedor era de 2400 libras. Dos trabalhos apresentados pelos vários concorrentes, o de Nicholas Leblanc foi considerado ter maior probabilidade de êxito.[70] Em 1793, o método apresentado pelo vencedor foi patenteado, tendo ele construído em Saint-Denis, arredores de Paris, uma fábrica para produção de soda, produto altamente solicitado no fabrico do sabão, vidro e papel. A soda (carbonato de sódio) era produzida por reação do cloreto de sódio com o ácido sulfúrico, originando sulfato de sódio e cloreto de hidrogénio; em seguida, o sulfato de sódio era tratado com carbonato de cálcio e carvão, produzindo carbonato de sódio, sulfureto de cálcio e dióxido de carbono. O carbonato e o sulfureto de cálcio são insolúveis em água, sendo o carbonato de sódio obtido por filtração.

A revolução que naquele tempo varria França considerou a patente para o fabrico da soda como patente pública, dando-lhe publicidade e considerando-a sem direito a indemnização. Já com Napoleão, foi atribuído ao inventor um subsídio para a recuperação da indústria, mas insuficiente para reparar os estragos causados pelos descuidos durante a nacionalização, e Leblanc, desanimado, suicidou-se em 1806. A fábrica foi, entretanto, posta a laborar e o método continuou a ser usado a partir da década de sessenta do século seguinte, em competição com o processo de amónia-soda de Solvay — de menor impacto ambiental, mais simples e mais económico. Depois da primeira guerra, foi finalmente abandonado.

Em 1865, Ernst Solvay, químico e industrial belga, desenvolveu um processo de preparação da soda a partir do sal marinho, que, de uma forma simplificada, se pode resumir em duas etapas: decomposição do carbonato de cálcio em óxido de cálcio, passagem do gás libertado por uma solução aquosa de cloreto de sódio e amoníaco que vai originar hidrogenocarbonato de sódio e cloreto de amónio; este último, por meio de óxido de cálcio, regenera o amoníaco. Mais recentemente, a soda passou também a ser produzida por eletrólise.[71]

Uma outra indústria de química inorgânica instalada no fim do século foi a do cloro. O químico escocês Charles Tennant tirou partido da propriedade do cloro como agente branqueador, para desenvolver uma tecnologia empregada na indústria têxtil, no papel e para vários outros fins. Em 1774, Carl Scheele preparou o cloro e reconheceu que este gás tinha a propriedade de descorar tintas. Em 1797, Claude Berthollet usou o cloro gasoso dissolvido em água para branquear tecidos e, em 1789, melhorou o produto branqueador, dissolvendo o cloro em solução de hidróxido de potássio, que comercializou com o nome

---

[70] BROCK, William H. – **The Fontana History of Chemistry (Fontana History of Science)**, p. 276-293.

OESPER, Ralph E. – Nicolas Leblanc (1742-1806), p. 567.

OESPER, Ralph E. – Nicolas Leblanc (1742-1806), p. 11.

[71] MACHADO, Adélio A. S. C. – Fabrico industrial do carbonato de sódio no século XIX: exemplos precoces de química verde e ecologia industrial, p. 25-30.

de água de Javel. Tennant desenvolveu um processo de preparação deste composto baseado na reação de cloro com hidróxido de cálcio, que patenteou em 1799. Com mais quatro sócios, entre os quais o químico Macintosh, construiu uma fábrica de produção de hipoclorito em St. Rollox, a norte de Glasgow – a *St. Rollox Chemical Works* –, que teve um grande sucesso, dado o volume de produção necessário para satisfazer o mercado. No primeiro ano, a fábrica produziu 50 toneladas de hipoclorito e, cinco anos depois, a produção aumentou para 9 200 toneladas. Na década de 1830-1840, a St. Rollox era a maior empresa industrial do mundo.

Esta primeira fase da química industrial resultou do desenvolvimento da ciência ou da tecnologia? A pergunta, tal como no caso da mecânica, é algo embaraçosa porque a resposta tem de ser procurada num ambiente técnico-científico nebuloso. Mas, uma vez mais, foi fruto da tecnologia. Neste século, a indústria parecia surgir sem se dar conta do seu nascimento – situação exposta por Multhauf a propósito do fabrico industrial do *sal ammoniac* (cloreto de amónio):[72] quando apareceu a primeira fábrica deste produto, conheciam-se todos os métodos para o obter e, sem que alguém desse conta, surgiu a sua comercialização industrial; um autodidata desconhecido construiu uma fábrica para produzir não um, mas dois produtos comercializáveis, fazendo um trabalho de engenharia. E acrescenta que era provável que pessoas obscuras fossem beneficiárias da ciência popular profusamente divulgada nos meados do século XVIII e se aventurasse no lançamento de uma indústria guiada ao seu espírito empreendedor.

---

[72] JONES – Chamber Process Manufacture ..., p. 2208-2210.

4. SÉCULO XVIII – O SÉCULO DAS ACADEMIAS

Graças ao número e importância das descobertas e à sua divulgação, o progresso das ciências no século XVII foi notável – em grande parte devido às associações, as principais impulsionadoras da atividade científica, que se multiplicaram por toda a parte. No fim deste século, não havia capital europeia que não tivesse uma academia ou sociedade científica, exceto Madrid e Viena. Em Barcelona, havia uma destas academias desde 1764 e nos países mais evoluídos havia várias. Na rubrica seguinte, apresentamos uma relação das principais associações estabelecidas neste século.

Em Inglaterra, por volta de 1720, havia quarenta e duas academias e seminários destinados ao ensino de estudantes dissidentes, o que quer dizer que o seu apego ao estudo da ciência foi capaz de vencer as contrariedades impostas por diferenças políticas e religiosas. É certo que, a partir de 1740, houve uma quebra financeira acentuada com reflexo na ciência e algumas instituições científicas tiveram de fechar. A crise foi vencida e o país deu ao mundo descobertas que revolucionaram a civilização.

A revolução inglesa deixou sequelas religiosas que se mantiveram durante muito tempo. Todos os que não aderiam ao *Act of the Parliament* eram perseguidos pelos anglicanos, considerados dissidentes e os filhos não podiam frequentar o ensino público. Apesar de não ser gente rica, eram pessoas interessadas no saber e, portanto, tinham de arranjar mestres privados para aprender. Depois da *Glorious Revolution* de 1688-1689, fora-lhes permitido instalar as suas próprias instituições e, assim, no século seguinte, começaram a surgir muitas academias de dissidentes – a maioria no Norte, onde se instalou a maior parte desta população.

Ao tempo, as mais prestigiadas universidades, como a de Oxford, eram constituídas por colégios, onde se ensinava a teologia e a matemática para juristas, mas não ciências baconianas. Chegou-se ao ponto de haver anglicanos a frequentar academias de presbiterianos ou de unitarianos por verem por si próprios o atraso do ensino. Acontece que os dissidentes era a população mais interessada na ciência e a mais engenhosa, o que se justifica pela revolução industrial – um dos maiores acontecimentos do século e da história, que surgiu na Escócia e nos Midlands.

Mas não foi só este acontecimento que originou um tão elevado número de academias porque este fenómeno ocorreu em todos os países civilizados.

Há uma outra faceta que nos causa maior surpresa: foi o facto de, tradicional-mente, o ensino superior estar entregue às universidades, que sempre foram as elites intelectuais das nações, e a ciência ainda se encontrar, em pleno século XVIII, confiada às academias ou às associações.

Havia o temor da Igreja, mas as convicções e o sentido de dever dos poucos que não se deixavam intimidar por ela superavam o comodismo.

Para darmos uma ideia mais completa do papel das universidades no desen-volvimento científico do século XVIII, vamos acrescentar mais algumas sociedades importantes às já acabadas de referir.

1700 – *Königlich-Preußische Akademie der Wissenschaften* – Academia das Ciências da Prússia (vd. p. 43)

1706 – *Académie des Sciences et Lettres de Montpellier*

Fundada por Louis XIV com a designação de *Royale Société des Sciences de Montpellier* como uma extensão da *Académie des Sciences de Paris* – «comme se faisent qu'un seul et même corps». A razão que levou o monarca a criar a Sociedade foi o facto de haver na região um número significativo de eruditos em ciência. Era constituída por quinze membros titulares repartidos por matemática, química, botânica e física. Fundou um laboratório de física e outro de química, sendo o abade Pierre Bertholon responsável pelos trabalhos práticos do primeiro, e Jean-Antoine Chaptal encarregado do último. A Conven-ção encerrou a Sociedade em 1793. Reabriu em 1795 com o nome de *Société Libre des Sciences et Belles Lettres* que, apesar do nome prestigiado de alguns dos seus membros como Chaptal, Cambacériès, Candolle, Barthés, não foi capaz de manter a vitalidade para progredir, devido à turbulência política e social, e cessou a atividade em 1816. Trinta anos depois, a cidade voltava a ter a sua vida cultural e científica incentivada por uma academia com a criação da *Académie des Sciences et Lettres*, com três secções de estudos: ciências, letras e medicina.[73]

1712 – *Académie Royale des Sciences, Belles-Lettres et Arts de Bordeaux*

Por 1712, um grupo de pessoas notáveis reunia-se habitualmente em Bordéus para tratar ou conversar sobre questões da atualidade. O grupo foi aumentando e uma das questões abordada foi a criação de uma academia na cidade. Nesse

---

[73] CASTELNAU, Junius [et al.] – **Société Royale des sciences de Montpellier. Société libre des sciences et belles-lettres de Montpellier.**
FAIDIT, Jean-Michel – La Société Royale des Sciences de Montpellier, p. 255-264.

sentido, formou-se uma delegação de quatro elementos do grupo para pedir os bons ofícios do duque de *La Force*, pessoa influente e próxima de Louis XIV. O rei aprovou a pretensão e, por carta real de 1713, foi criada a *Académie* destinada a ajudar a desenvolver ideias e trabalhos de investigação de académicos. O número de membros escolhidos para integrarem a Academia era de doze e o lema que traduzia os seus ideais era *Crescam et lucebo (je croirai et je brillerai)*.

Em 1715, o filósofo bordalense Mostesquieu foi eleito membro da *Académie* e escreveu notáveis trabalhos sobre direito.

Em 1793, a instituição foi extinta (como, aliás, todas as academias francesas) e renasceu em 1870 com o nome de *Académie Nationale des Sciences, Belles- -Lettres et Arts des Bordeaux* com as especialidades de direito, história, literatura, física, química, ciências naturais, geologia e medicina. A Academia manteve-se em Bordéus até ao presente com grande prestígio.[74]

1714 – *Accademia delle Scienze dell'Istituto di Bologna*

No final do século XVII, a universidade de Bolonha, uma das mais antigas do mundo, entrou em declínio. Como reação a esta contrariedade, os naturais da região criaram uma academia de influentes para assegurar a cultura da região. Foi fundada em 1690 por iniciativa de Eustachio Manfredi com o nome de *Accademia degli Inquieti*, tendo começado com o estudo da matemática e depois com o de outras disciplinas, como a anatomia e a fisiologia. A *Accademia* atravessou várias crises, que foi vencendo graças ao apoio de personalidades influentes.

No início do século XVIII, apareceu como uma instituição de prestígio nos meios culturais da cidade. Em 1711, a anexação da *Accademia degli Inquieti* e as reformas feitas deram lugar à *Accademia delle Scienze dell'Istituto di Bologna*, que, em 1714, foi instalada num dos andares do palácio Poggi; outro dos andares também era ocupado pela academia e o mais elevado era o observatório celeste. A *Accademia* desenvolveu-se muito durante o Iluminismo graças ao papa Bento XIV, que a apetrechou com equipamento atualizado. Tinha cinco cadeiras, sendo a química uma destas. No final de setecentos, a instituição alcançou grande prestígio sob a presidência de Luigi Galvani, que, em 1791, publicou o seu trabalho *De viribus electricitatis in motu musculari*, conduzindo à descoberta da pilha voltaica por Volta – também ele membro da *Accademia*. Os membros da Academia das Ciências dividem-se em duas classes: a classe das ciências físicas e a classe das ciências humanas. Cada classe subdivide-se ainda em secções

---

[74] ACADÉMIE NATIONALE DES SCIENCES BELLES LETTRES ET ARTS DE BORDEAUX – **Actes du tricentenaire de l'Académie de Bordeaux**, p. 327.

que incluem as seguintes categorias: sócios efetivos, sócios correspondentes residentes, sócios correspondentes não residentes e sócios estrangeiros.[75]

1724 – *Rossíyskaya Akadémiya Naúk* – Academia das Ciências da Rússia
(vd. p. 45)

1710-1728 – *Societas Regia Literaria et Scientiarum (Kungliga Vetenskaps--Societaten i Uppsala)*

A Academia das Ciências de Uppsala é a mais antiga associação erudita da Suécia e a sua criação é um exemplo da tenacidade de um número reduzido de pessoas, que tiveram forças para vencer os obstáculos com que se depararam para concretizar as suas iniciativas em prol da ciência. Um destes lidadores foi o jovem estudante Erik Benzelius, que, em 1679, obteve uma bolsa de estudo de três anos para viajar pelo estrangeiro para aprender maneiras, estabelecer relações com pessoas influentes e obter conhecimentos sobre a cultura da atualidade. Uma das personalidades com quem contactou e que mais o impressionou foi o matemático alemão Leibniz porque, segundo ele, o esclareceu sobre todas as questões que lhe colocou. A simpatia foi recíproca e Leibniz ficou com a ideia de que o jovem viria a ter um futuro promissor.

No regresso ao seu país, foi colocado como bibliotecário da universidade e a situação em que se encontrava não lhe permitia tomar iniciativas por carência de meios financeiros. A Suécia manteve-se em guerra durante as primeiras duas décadas do século XVIII, o rei esteve exilado durante algum tempo e o país estava num estado de pobreza extrema. O seu amigo Christopher Polhammer, engenheiro mecânico e inventor, entusiasmou-o a criar o *Collegio curiosorum* (Associação para os curiosos), onde os seus membros se encontravam com regularidade para abordar temas científicos e estabelecer relações com colegas estrangeiros. Mas, sem dinheiro, ser-lhes-ia difícil arranjar professores, quando uma desgraça o ajudou a resolver este problema: uma epidemia de cólera assolou Estocolmo e progredia na direção de Uppsala, o que obrigou ao encerramento da universidade, e Benzelius passou a dispor de um quadro de excelentes mestres.

---

[75] CAVAZZA, Marta – Bologna e Galileo, da Cesare Marsili agli Inquieti.

CAVAZZA, Marta – Accademie Scientifiche a Bologna Dal «Coro Anatomico» agli «Inquieti» (1650-1714), p. 884-921.

CAVAZZA, Marta – **Settecento inquieto. Alle origini dell'Istituto delle Scienze di Bologna**, p. 196.

BARSANTI, Giulio; BECAGLI, Vieri; PASTA, Renato – **La politica della scienza: Toscana e stati italiani nel tardo Settecento**, p. 435.

Quando o rei regressou do exílio, Benzelius procurou arranjar meios para construir um observatório astronómico, mas não conseguiu. Nesta altura, como resposta ao entusiasmo do rei, dois membros do *Collegio* publicaram dois trabalhos na revista científica mais antiga da Suécia *Daedalus Hyperboreus*, que existiu de 1716 a 1718.

Benzelius e confrades criaram a *Societas Literaria Sueciae* ou *Bokwettsgillet* – grupo ativo que, como resposta ao pedido de meios, obteve autorização para vender os canos de ferro da alimentação de água ao castelo de Uppsala, que estavam fora de uso, e isenção de porte postal para a correspondência enviada pela instituição.

Foi necessário esperar por 1728 para ver a proteção real ser concedida à *Societas*, que teve uma vida científica notável e por onde passaram, ocupando o lugar de secretário, Anders Celsius, conhecido pela escala de temperatura, e Carl Linnaeus (também conhecido como Carl von Linné), um dos maiores cientistas da Suécia e de projeção universal.[76]

1739 – *Kungliga Vetenskapsakademien* – Academia Real das Ciências da Suécia

Apesar de, em 1739, o país se debater ainda com problemas financeiros devidos às campanhas militares em que esteve envolvido, a necessidade do estudo da ciência era sentida pela classe ilustrada. O exemplo da Inglaterra e de França acentuavam a necessidade de conceder aos estudiosos as condições para se dedicarem à investigação científica. Alguns membros da excelente universidade de Uppsala decidiram fundar uma academia científica em Estocolmo, tomando como modelo a *Royal Society* de Londres e a *Académie des Sciences* de Paris. Um grupo de seis pessoas do qual faziam parte o naturalista Linné, o industrial Jonas Alströmer, o engenheiro Mårten Triewald, o político Anders Johan von Höpken conseguiu obter a sua carta real e, dois anos depois, a academia chamava-se *Kungliga Vetenskapsakademien*, tendo por lema *snille och smak* (talento e gosto) e por missão promover as ciências e a sua influência na sociedade.

A Academia Real das Ciências da Suécia contribuiu para a formação do elevado nível científico do país no período iluminista, durante o qual se distinguiram brilhantes cientistas, como o naturalista Linné e o químico Tobern Bergman, entre tantos outros, e foi este clima científico que fez despertar em Charles Guillaume Scheele as suas qualidades de investigador nato.

---

[76] LUNDGREN, Per – **Vetenskapssocietetens gård vid Sankt Eriks torg. I: Årsbok 2015**, p. 87-102.
ELLEGREN, Hans – **En akademi finner sin väg**.

1743 – *American Philosophical Society* (vd. p. 46)

1752 – *Konigliche der Gellschaft der Wissenschaften zu Gottingen*

Esta academia foi fundada na cidade universitária de Gottingen por George II de Inglaterra, príncipe-eleitor do Sacro Império Romano e duque de Brunswick-Luneburg (Hanover), Estado a que pertence Gottingen. A finalidade da sociedade era promover a investigação académica e colaborar com as instituições científicas dentro e fora da Alemanha. O lema da sociedade é *Fecundat et Ornat* (Fertiliza e Adorna). O número de lugares de membros é de quarenta na classe de física-matemática e igual número na classe de história-filosofia. O quadro dos seus membros é muito honroso para a instituição, pois nele constam setenta e quatro recipiendários do prémio Nobel. Citemos apenas um pequeno número de membros notáveis: Carl Friedrich Gauss, Johann Wolfgang von Goethe, Werner Heinsenberg Alexander e Wilhelm Humboldt. A partir de 1751, passou a ser a *Academie der Wissenschaten zu Gottingen*. A revista *Gottingische Galehrte Auzeigen* é publicada pela Academia desde 1753 e é a revista científica mais antiga da Alemanha.[77]

1754 – *Akademie gemeinnütziger Wissenschaften zu Erfurt* **– Academia de Ciências sem fins lucrativos de Erfurt**

Desde o início do século que Erfurt procurava ter uma instituição científica que cuidasse da cultura da população. Em 1754, viu finalmente realizado o seu sonho com a criação da *Churfürstlich-Mayntzisches Gesellschaft* (Academia de Ciências Úteis de Erfurt), instituída pelo arcebispo de Mainz, que designou o reitor da catedral da cidade como protetor especial para, em seu nome, proceder à instalação da sede da Academia. A divisa era *Propter fructus gratior* (mais gratificante devido ao fruto), mas a Academia manteve-se adormecida até 1775, altura em que um segundo protetor especial lhe imprimiu uma certa atividade. Contudo, foi a partir de 1918 que desenvolveu maior número de iniciativas e que melhor definiu o seu perfil, abrangendo a fundação dos departamentos: de investigação da pátria de Erfurt, economia e administração da Alemanha Central e sociedade económica associada, departamento de ciências educacionais e de estudo para jovens.[78]

---

[77] AKADEMIE DER WISSENSCHAFTEN IN GÖTTINGEN – Jahrbuch der Akademie der Wissenschaften in Göttingen.

[78] KIEFER, Jürgen D. K. – Bio-bibliographisches Handbuch der Akademie Gemeinnütziger Wissenschaften zu Erfurt 1754-2004: Aus Anlass der 250. Jahrfeier.

1759 – *Bayerische Akademie Wissenschaften* – Academia de Ciências da Baviera

A Academia das Ciências da Baviera foi criada em Munique em 1759 por Maximiliano III José da Baviera, como instituição pública destinada a incentivar a investigação científica por aqueles que mostrassem talento para esta atividade. Estava organizada em duas classes, originalmente história e filosofia (esta, além da ciência geral dos princípios e causas, abrangia a matemática e as ciências naturais). Atualmente, as duas classes são filosofia e história (que inclui as ciências sociais e humanas) e ciências matemáticas e ciências naturais.

O número de membros ordinários é limitado a quarenta e cinco e o de correspondentes a oitenta; os membros ordinários com idade superior a setenta anos deixam de contar para esse cômputo, o que eleva o total de membros ordinários para cerca de cento e vinte. Ao longo da sua história, passaram por esta Academia grande número de intelectuais notáveis que ocuparam o cargo de presidente, por exemplo Jacobi, Schelling, Liebig.

A Academia foca a sua atividade na investigação fundamental particularmente em projetos de longa duração abertos a pessoas que deem garantias de desenvolver investigação de elevado nível. O andamento destes projetos é acompanhado por comissões de membros constituídos pela Academia. Uma iniciativa notável foi a criação, em 2010, da *Junges Kolleg* (academia de jovens) destinada à formação de uma elite de jovens investigadores; o candidato a admissão tem de ter menos de trinta e quatro anos.

Várias academias estaduais de ciências alemãs estão associadas, formando a *Union der deutschen Akademien der Wissenschaften*, que atualmente tem um escritório em Mainz e outro em Berlim. O objetivo desta associação é intensificar o intercâmbio científico, conferir qualidade à investigação científica, realizar projetos de investigação conjunta e atrair os jovens para a investigação. A iniciativa data de 1893, com a associação das academias de Gottingen, Munique, Leipzig e Viena e estava institucionalizada em 1991. Fazem parte do «cartel» as academias de ciências e humanidades de Berlim-Brandenburgo, Gotingen, Heidelberg, Mainz, Dusseldorf, Leipzig, Hamburgo e Munique, sendo esta última a maior.[79]

1757-1783 – *Reale Accademia delle Scienze di Torino*

A *Accademia delle Scienze di Torino* foi criada a partir da Società Scientifica Privata Torinese, que fora fundada em 1757 por três jovens da elite intelectual

---

[79] GRAU, Conrad – Die Wissenschaftsakademien in der deutschen Gesellschaft: Das «Kartell» von 1893 bis 1940, p. 31-56.

SPINDLER, Max – **Electoralis Academiae scientiarum Boicae primordia. Briefe aus der Gründungszeit der Bayerischen Akademie der Wissenschaften.**

de Turim: o mais ativo foi Giuseppe Angelo Saluzzo de Monesiglio, militar e químico, e os outros dois foram Giuseppe Lodovico Lagrangia, o célebre matemático conhecido na história da ciência por Lagrange, e o físico e médico Giovanni Cigna. Os três encontraram-se como estudantes no seminário do iluminista técnico-científico subalpino Giambattista Beccaria, tornaram-se amigos e entusiastas do estudo da ciência...

A Società Scientifica era pequena, mas de elevado nível e com produção científica. Logo em 1759, publicou dois artigos da autoria de Lagrange: um sobre os máximos e mínimos de Fermat e outro sobre a propagação do som; com a designação de *Mélanges de Philosophie et Mathematique*, publicou mais quatro volumes que incluíam trabalhos de Euler.

Por decreto do rei da Sardenha, Vittorio Amadeo III de Saboia, em 1783, a Società Scientifica passou a *Reale Accademia delle Scienze* e reconhecida como instituição pública. Recebia uma contribuição para custear as despesas com a atividade de investigação e, em 1784, foram-lhe concedidos os estatutos e feita a eleição dos membros. Inicialmente, funcionava em casa de Monesiglio e, três anos depois, ficou concluído o edifício onde ficou instalada – o Palazzo dell'Accademia delle Scienze. As publicações da Accademia mudaram de designação para *Memorie della Reale Accademia delle Scienze di Torino*. Estava instalada uma sociedade científica que adotou com divisa *Veritas et Utilitas*, traduzindo os seus objetivos: criar conhecimento científico e dar-lhe utilidade prática.

Interrompeu a atividade em 1796 em consequência da guerra entre a Casa de Saboia e França e retomou-a em 1801, com o Piemonte ocupado por Napoleão, que introduziu algumas reformas, como a divisão em duas classes: ciências físicas, matemáticas e naturais e ciências morais, históricas e filológicas. Em 1814, regressou à posse da casa de Saboia.[80]

1779 – *Accademia Galileiana di Scienze Lettere ed Arti in Padova*

Em 25 de novembro de 1599, vinte e seis pessoas ilustres reuniram-se em casa do jovem Federico Baldissera Bartolomeo Cornaro – patrício veneziano, estudante de direito e, mais tarde, cardeal e bispo de Pádua – para fundar uma academia de ciências. A instituição foi chamada *Accademia dei Ricovrati* (abrigados) e obteve a carta de constituição em 1647.

O distintivo heráldico era baseado na alegoria da caverna de Platão: uma caverna protegida por uma oliveira e aberta nos dois extremos, um com uma cancela para a entrada da alma dos homens e a outra com uma cancela

---

[80] CIARDI, Marco – **Saluzzo di Monesiglio, Giuseppe Angelo**.

FERRONE, Vincenzo, ed. lit. – **Tra Società e Scienza. 200 anni di storia dell'Accademia delle Scienze di Torino. Saggi Documenti Immagini, catalogo della mostra (Torino, Accademia delle Scienze, 29 giugno-30 ottobre 1988)**.

para a entrada dos deuses; a entrada da caverna era encimada pela divisa atribuída a Boécio *Bipatens animis asylum* (um santuário da alma aberto nas duas extremidades); no fundo do emblema, a palavra «Ricovrati».

Muitos membros da Academia eram professores da universidade de Pádua, entre os quais Galileo Galilei, um dos seus primeiros membros. O Iluminismo modernizou a *Accademia* com as reformas introduzidas, em 1722, pelo presidente Antonio Vallisneri e, por decreto do senado de Veneza de 1779, juntaram-se a esta outras academias existentes, como as das artes e da agricultura, dando origem à *Accademia di Scienze e Lettere ed Arti*. Em 1949, passou a ter a designação de *Accademia Patavina di Scienze Lettere ed Arti* e, depois de 1997, em homenagem a Galileo – pai da ciência moderna e um dos seus membros, que ocupou a cátedra de matemática da universidade de Pádua em 1592 – mudou de nome para *Accademia Galileiana di Scienze Lettere ed Arti in Padova*: uma academia que, com os seus duzentos e cinquenta membros e muitos estudantes, é uma instituição cultural importante da cidade.

O atraso com que as mulheres começaram a fazer parte das instituições científicas foi grande e, na época, eram poucas essas associações em que as mulheres tinham assento, mas a *Accademia dei Ricovrati* abriu-lhes as suas portas. Um dos seus membros originais foi Elena Lucrezia Cornaro Piscopia, a primeira mulher do mundo a obter um diploma universitário.[81]

1763-1803 – *Kurpfälzische Akademie der Wissenschaften zu Mannheim*

A Academia de Ciências de Mannheim foi criada pelo eleitor do Palatinado Karl Theodor von der Pfalz, que exerceu um reinado importante para o desenvolvimento da região: foi um estadista atento à cultura e à educação como meios de promover o progresso das populações. Por decreto de 15 de outubro de 1763, criou a *Akademie* com sede em Mannheim, indigitou os membros constituintes e encarregou Karl Anton Hyacinth von Gallean da sua abertura. A *Akademie* foi dividida em duas secções: o Departamento de História e Ciências Naturais instalado em Mannheim e o Colégio Anatómico-Cirúrgico instalado em Dusseldorf. Em 1780, foi fundada a *Societas Metereologica Palatina* de Mannheim, a primeira sociedade metereológica internacionalmente ativa, que foi integrada na Academia, constituindo a sua terceira secção. Sob o governo de Theodor, Mannheim foi um centro cultural da recuperação alemã e alguns

---

[81] MASCHIETTO, Francesco Ludovico – **Elena Lucrezia Cornaro Piscopia (1646-1684): The First Woman in the World to Earn a University Degree**, p. 252.

MAGGIOLO, Attilio – **I soci dell'Accademia Patavina dalla sua fondazione (1599)**.

BLASUTTO, Fabio; DE LA CROIX, David; VITALE, Mara – Scholars and Literati at the Academy of the Ricovrati (1599-1800), p. 51.

GENNARI, G. – Saggio storico sopra le Accademie di Padova, p. XIII-CXV.

membros da *Akademie* foram figuras ilustres da ciência ou da literatura como Daniel Bernoulli, Nikolaus von Jacquin e Voltaire.

Após a unificação do Palatinado Eleitoral com o da Baviera, a Academia de Ciências de Mannheim tornou-se concorrente com a da Baviera e, em 7 de fevereiro de 1803, foi integrada nesta. Os relatórios de pesquisas correspondentes ao período entre 1766 e 1794 foram publicados na *Acta Academiae Theodoro-Palatinae*[82].

1764 – *Reial Acadèmia de Ciències i Arts de Barcelona*

Em 1764, um grupo de ilustrados de Barcelona reuniu-se para constituir uma corporação científica com o fim de promover o conhecimento entre eles e difundi-lo pela população da região catalã. O grupo era encabeçado por Francesc Subirás i Barra, respeitado matemático e físico espanhol e dele constavam os nomes de mais dezassete concidadãos. Deram ao grupo o nome sugestivo de Conferència Físico-Matemàtica Experimental e a aceitação que teve levou a que, no ano seguinte, o rei lhe concedesse o título de *Real*. Em outubro de 1770, a instituição recebeu a cédula real que lhe conferia a designação de *Academia de Ciencias Naturales y Artes de Barcelona*.

Os estatutos foram revistos em 1833 de modo a adaptá-los à ciência das Luzes. A *Acadèmia* estava dividida em cinco secções: ciências físico-matemáticas, ciências físico-químicas, história natural, agricultura e artes. Estes estatutos foram oficializados por ordem real de 9 de abril de 1936. A instituição tinha dois tipos de sócios – residentes e correspondentes –, podendo estes passar para a categoria de residentes caso viessem viver para a cidade. A partir de 1836, os estudos apresentados nas reuniões da *Acadèmia*, se aprovados, eram publicados nas *Memòries* – quatro anos depois, substituídas pelo *Butlletí de la Reial Acadèmia de Ciències i Arts*. Tal como acontecia com outras academias, designadamente com as academias provinciais francesas, a *Acadèmia* de Barcelona ministrava ensino superior: além de ser uma forma de dinamização da sua atividade, era uma importante fonte de receita. O selo da *Acadèmia* ostenta uma figura enquadrada por motivos relacionados com a sua missão, manejando uma peneira com a inscrição *Utile non subtile legit* (separa o útil do subtil).[83]

---

[82] WIEGAND, Hermann; KREUTZ, Wilhelm; KREUTZ, Jörg – **In omnibus veritas: 250 Jahre Kurpfälzische Akademie der Wissenschaften in Mannheim (1763-1806)**.

[83] RACAB – REIAL ACADÈMIA DE LES CIÈNCIES I LES ARTS DE BARCELONA – +250 Anys Interaccionant a la Societat.

1772 – *Académie Royale des Sciences, des Lettres et des Beaux-Arts de Belgique*

Em 1769, Cobenzl, plenipotenciário nos Países Baixos Austríacos do governo da imperatriz Maria Teresa, criou, em Bruxelas, uma sociedade literária destinada a promover a cultura da população. Três anos depois, o novo plenipotenciário, Georg Adam, dando continuidade à obra do seu antecessor, alargou o âmbito da sociedade, criando a *Académie Impériale et Royale des Sciences et Belles-Lettres de Bruxelles*, que passou a abranger também a pesquisa científica.

A *Académie* esteve inativa durante o domínio francês, ou seja, durante vinte e dois anos; foi reativada em 1816, no reinado de Guillaume I, e reorganizada depois da revolução de 1830. Leopold I atribuiu-lhe o nome atual, sendo dividida em quatro classes: classe das ciências; classe das letras e das ciências morais e políticas; classe das artes (organizada em cinco secções); e classe de tecnologia e sociedade, criada recentemente.

Desde 1832, a *Académie* edita várias publicações periódicas. Em 2018, tinha duzentos membros associados belgas e igual número de estrangeiros.[84]

1779 – Academia Real das Ciências de Lisboa (vd. p. 137)

1780 – *American Academy of Arts and Sciences of Boston*

A *Academy* teve a sua génese numa sociedade criada em 1779 por um grupo de graduados do Harvard College, no qual se incluíam John Adams e James Bowdoin e outros sessenta e dois compatriotas.

Os Estados Unidos viviam a revolução da independência e, no grupo pioneiro da instituição, encontravam-se muitos dos fundadores do país, que conheciam bem os benefícios que a ciência vinha trazer à sua jovem república. A *charter of incorporation* foi estabelecida pela legislatura de Massachusetts, em 4 de maio de 1780, e a missão da Academia foi redigida em linguagem revolucionária: «*to cultivate every art and science which may tend to advance the interest, honor, dignity, and happiness of a free, independent, and virtuous people*». Criou-se uma certa rivalidade entre esta academia e a fundada em 1743 em Filadélfia, o que foi saudável para o seu desenvolvimento, tendo-se tornado uma prestigiosa associação científica – a *American Academy of Arts and Sciences*[85].

O número de membros que constituíram a Academia desde 1780 ultrapassa os 13 500 e mais de 250 deles foram distinguidos com o prémio Nobel. Em 1781, entraram dois membros notáveis, Benjamim Franklin e George Washington, além de muitos membros honorários de prestígio mundial.

---

[84] Ch. Randorf, *Académie Royale des Sciences, des Lettres, des Beaux-Arts de Belgique*, Bruxelles, 1997 (atualizada 2022).

[85] SPENCER, Mark G. – **The Bloomsbury Encyclopedia of the American Enlightenment**.

O primeiro número de *Memoirs* foi publicado em 1786 e continha cinquenta
e quatro trabalhos originais. A *American Academy* publica várias revistas
científicas, realiza conferências, seminários, subsidia pesquisas e concede
prémios aos autores dos melhores trabalhos. Além disso, concede onze honrosos
prémios em reconhecimento da excelência da ciência, das humanidades e dos
seus ideais, um deles é o Founders Award, que homenageia indivíduos e instituições que fizeram avançar os propósitos dos fundadores da Academia.[86]

1781 – *Manchester Literary and Philosophical Society* (vd. p. 39)

1783 – *Royal Society of Edinburgh* (vd. p. 39)

1785 – *Acadamh Ríoga na hÉireann (Royal Irish Academy)*

Em 1785, o 1.º conde de Charlemont, James Caulfeil, e o químico Richard
Kirwan criaram a Academia irlandesa, que obteve a carta real no ano seguinte.
É uma instituição de caráter nacional sediada em Dublin, dedicada ao estudo
das ciências e das humanidades – missão que realiza através de reuniões entre
os seus membros, organização de encontros científicos, cursos, congressos,
conferências, concessão de subsídios à pesquisa científica, prémios aos autores
de trabalhos de nível científico elevado, publicação de trabalhos, livros e revistas.
Ao longo da sua existência, a *Acadamh* foi estudando e guardando manuscritos antigos e achados arqueológicos de elevado valor cultural e científico.
O número dos seus membros é de aproximadamente seiscentos, sendo alguns
deles membros honorários estrangeiros e um pequeno número de não académicos
que prestaram serviços relevantes à Academia. Entre os membros notáveis
contam-se William Hamilton, que foi seu presidente entre 1833 e 1846, e
Ernest Walton, laureado com o prémio Nobel da Física (1951).[87]

1799 – *Royal Institution of Great Britain* (vd. p. 42)

Esta lista de associações não é exaustiva porque, no fim do século, não havia
nenhuma capital europeia que não tivesse a sua academia, com exceção de
Madrid e Veneza. E, como vemos, em muitos países havia várias academias
disseminadas por cidades importantes dos respetivos territórios.

---

[86] WIKIPEDIA, THE FREE ENCYCLOPEDIA – **American Academy of Arts and Sciences
– Wikipedia**; AMERICAN ACADEMY OF ARTS & SCIENCES – **Prizes**.

[87] HARBISON, Peter – Royal Irish Academy, p. 948-949.

5. SÉCULO XIX – REVOLUÇÃO NO ESTUDO DA CIÊNCIA

O conhecimento compartimenta-se em disciplinas especializadas

A universidade abre as portas ao estudo das ciências naturais

Até ao século XIX, as universidades eram genericamente devotadas ao ensino de matérias científicas consolidadas pelo tempo e aceites pela geração da atualidade – era uma instituição que formava eruditos que iam ser integrados numa sociedade agrária, monárquica, regida por ideias com raízes em dogmas consagrados pela tradição religiosa; em suma, uma sociedade conservadora. O mundo novo, dinamizado pela ciência, estava em permanente mudança e tão rápida que era difícil de organizar política e socialmente. A universidade permanecera uma instituição obsoleta, incapaz de preparar os jovens para exercer uma profissão e, de uma maneira geral, dar resposta aos novos problemas da sociedade. E esta situação foi-se arrastando durante quase dois séculos, sem que ela desse conta da desatualização em que se encontrava. Uma ou outra, alertada para o atraso que se tinha instalado, ia fazendo reformas, mas eram casos pontuais.

O século XIX trouxe modificações profundas relativamente ao método que vinha sendo seguido no estudo da ciência desde o século XVII. Durante o período inicial, crucial para a implantação da ciência, as grandes conquistas estão relacionadas com as sociedades ou academias formadas por grupos de pessoas que se dedicaram à ciência, às vezes alvo de perseguição pelas conclusões a que chegaram. Todos associamos Galileo à *Accademia dei Lincei*; Lavoisier à *Académie Royale des Sciences*; Newton à *Royal Society*, que teve dificuldades financeiras para imprimir os *Principia*, e Hooke, que só conseguiu publicar *Microscopia* com auxílio desta instituição. A revolução industrial foi feita por um escasso número de pessoas – industriais, técnicos, cientistas – que se reuniam informal e regularmente uma vez por mês na *Lunar Society* de Birmingham para tratar de problemas científicos. A esta sociedade ficou ligada uma descoberta que teve uma enorme importância na civilização humana: a máquina a vapor.

O modelo da nova universidade surgiu com a criação da universidade de Berlim (1809-1812). A invasão da Prússia por Napoleão fez despertar neste país um sentimento de que a derrota fora devida ao atraso científico em que se encontrava relativamente ao inimigo. Num discurso à nação, o filósofo Johann Fichte apontou a desunião entre os alemães espalhados por territórios separados e o atraso cultural como responsáveis pelo vexame sofrido. Havia que apostar na unificação política do território das chamadas "alemanhas" e na cultura científica para se desenvolver e recuperar do atraso em que se encontrava. Para o filósofo, proclamador do nacionalismo alemão, as condições para o progresso seriam a unificação territorial e a ciência. O apelo encontrou eco na nação e a resposta foi decidida e pronta.

No domínio científico, o primeiro passo foi a reforma do ensino superior, designadamente a criação de uma universidade na capital. O projeto foi entregue ao diplomata, filósofo, linguista e educador Wilhelm von Humboldt, que lançou as bases de uma universidade diferente das tradicionais. Nesta universidade, o ensino e a investigação passaram a fazer parte das suas atribuições numa associação intíma e indestrutível – era uma mentalidade nova: o ensino voltado para a pesquisa, a sua transferência para a sociedade e o papel da universidade no novo mundo. Criaram-se laboratórios apetrechados para a realização de trabalhos práticos pelos estudantes e para a investigação pelos professores. O modelo alemão difundiu-se por toda a parte e é o da universidade atual.

O passo seguinte, decisivo para o êxito do programa de reforma empreendido, era a formação de professores, realizada com recurso à ajuda estrangeira. A Alemanha enviou jovens diplomados e talentosos para os melhores centros científicos estrangeiros; de regresso ao seu país, eles instalavam estruturas para continuar os seus trabalhos. Assim, em 1871, a Alemanha era um Estado à cabeça da ciência, particularmente da química.

Se, até então, a ciência era em grande parte fruto das associações científicas, a entrada em cena das universidades retirou àquelas a importância que tinham no desenvolvimento científico? Claramente, não. Pelo contrário. Citando o professor de física da universidade de Chicago, J. R. Platt[88] *science creates more science*, ou seja, a maior dinamização devida à participação da universidade na criação de ciência tornou as associações ainda mais necessárias. O que é útil é uma distribuição de tarefas pelas várias instituições que otimize a eficácia de ação de cada uma delas. Se a execução dos trabalhos de investigação científica foi entregue à universidade e a centros especializados, às associações disciplinares compete dar-lhes apoio: organizar encontros entre investigadores, publicar os seus resultados científicos, atrair jovens para a ciência e atribuir prémios aos melhores investigadores.

Esta redistribuição de funções demorou algum tempo sem que isso se traduzisse numa quebra de produção científica. Vejamos alguns grandes avanços da ciência que ficaram vinculados às associações: a teoria atómica de Dalton e a *Manchester Literary and Philosophical Society*, também ligada às descobertas

---

[88] PLATT, John Rader – Here and There. The step to man.

de Joule, e a monumental obra *On the equilibrium of heterogeneous substances,* publicada em New Haven pela *The Connecticut Academy of Arts and Sciences,* em 1874-1878 – a complexidade e o grande número de símbolos matemáticos tornou a impressão tão dispendiosa que foi necessário pedir dinheiro para publicar um trabalho que não era entendido.

Mesmo as academias de caráter científico mais geral podem desempenhar um papel importante, colmatando as fraturas resultantes da especialização. Efetivamente, o conhecimento é um todo fragmentado pela especialização e as partes daí resultantes necessitam de ser ligadas para se obter uma imagem mais perfeita da natureza. Na Europa ocidental, as associações que tinham atividade laboratorial abandonaram-na para se dedicarem às funções que a modernidade lhes exigiu.

A química, uma disciplina científica

O desenvolvimento científico tornou inevitável a organização do estudo da ciência em ramos de especialização que o ensino consagrou como disciplinas. Nesta época, já não era possível uma pessoa ser capaz de ter conhecimento da globalidade da ciência com a profundidade que a sua compreensão exigia. O panorama científico passou a ser um mosaico de disciplinas, cada uma delas dedicada a um conjunto específico de matérias, em número cada dia maior, por divisão e subdivisão das existentes ou criação de novas em domínios interdisciplinares.

Uma disciplina é um conjunto de matérias agrupadas pela tradição, afinidade das suas bases científicas, semelhança dos métodos e meios de estudo, partilha de instalações e de equipamento; os seus contornos vão sendo delimitados por novas descobertas, publicação de compêndios, artigos científicos, conferências, congressos, etc. Uma disciplina tem inevitavelmente alguma arbitrariedade na caraterização, mas, embora esta seja convencional, é útil na organização do ensino e da investigação.

Outro grande acontecimento do século com grande reflexo na ciência e na civilização foi a mudança da universidade, como acabámos de referir. De guardiã do conhecimento consagrado pelo tempo e de portas fechadas à modernidade, passou a instituição criadora de ciência, preparando as novas gerações de estudantes para esta atividade e abrindo as portas à difusão do conhecimento e à inovação.

Face a estas mudanças, as associações científicas adaptaram-se à nova situação sem, contudo, deixarem de ter como objetivo primordial o avanço da ciência. Cabia-lhes agora colaborar com a universidade que passara a ser o agente mais diretamente envolvido na investigação, designadamente financiando projetos científicos e didáticos, organizando encontros para discutir ciência e promovendo a sua transferência para a sociedade.

As primeiras tarefas que o homem teve de realizar para sobreviver, logo que apareceu na Terra, foram operações químicas e, ao longo da vida, a sua dependência desta arte foi cada vez maior. Nenhuma outra ciência é, portanto, tão antiga e tão próxima do homem. A revolução científica, naturalmente, não a esqueceu e os investigadores procuraram alicerçá-la na mecânica – a corrente dominante do cientificismo. Boyle foi a figura que se destacou nesta época, fez avanços significativos nesse sentido, mas não conseguiu vencer. Admitiu que a matéria era constituída por corpúsculos dispersos no vazio; ele próprio provou a existência do vazio, que foi, era e continuou a ser assunto questionável. Quanto aos corpúsculos, não conseguiu qualificá-los de modo a teorizar as suas ideias. Houve, contudo, um avanço importante relativamente à constituição da matéria: o conceito de elemento químico. Na sua obra prima, *The Sceptical Chymist,* dá a seguinte definição de elemento: *«I now mean by 'elements' as those chymists that speak plainest do by their principles, certain primitive and single bodies, or perfectly unmingled bodies; which not being made of any other bodies or of one another, are the ingredientes of which those called perfectly mixt bodies are immediately compounded, and into which they are ultimated resolved»*[89].

Este conceito de elemento é completamente diferente dos dados anteriores. Para Aristóteles ou para os spagiritas, o elemento era um padrão exterior a uma dada substância, enquanto para Boyle, pela primeira vez, ele é parte da substância em questão. Como é sabido, Lavoisier foi o investigador das bases da química e para ele, elemento é definido no seu *Traité élémentaire de Chimie* da seguinte forma: *«If we give to the name of elements or principles of bodies the idea of the last step of analysis can reach all the substances that we have not been able to decompose by any way whatsoever are elements for us: not that we can be sure that these bodies, which we have no means of separating them, they act to us like single bodies, and we must not suppose them to be compounds until the time when experiment and observation we have furnished proof»*[90].

É estranho como os conceitos de elemento químico dados por Boyle e por Lavoisier estejam separados por cento e vinte e oito anos, durante os quais a atividade de investigação desenvolvida por químicos célebres foi imensa, sendo eles aparentemente próximos. Para esclarecer a razão disso, devemos dizer que as duas definições correspondem a estados cientificamente muito diferentes. Boyle não determinou qualquer elemento, duvidando até de que alguma substância fosse formada por um único elemento ou mesmo se seria possível isolá-los por análise, dado o poder destruidor dos métodos analíticos, como a combustão. Nem deu qualquer informação sobre qual seria o número de elementos existentes na natureza. Pelo contrário, Lavoisier apresentou uma tabela com trinta e três *substances simples,* com alguns erros que foram sendo corrigidos. Boyle teve a

---

[89] BOYLE – **The sceptical chymist ...**, p. 350.

[90] Antoine-Laurent de Lavoisier, *Traité Élémentaire de Chimie*, trad. inglesa, cap. A 9.12: 173/XXVII- XXVIII, 1862.

perceção do conceito de elemento e do caminho correto que devia ser continuado, mas não foi isso que aconteceu.

Desiludidos com o fracasso de se chegar a uma teoria para a química pela via da mecânica, os químicos aceitaram as ideias dos alemães de Mainz, Johann Joachim Becker e do seu discípulo Georg Ernst Stahl. Becker admitiu que a natureza era constituída por ar, água e terra e que desta havia três variedades: *terra pinguis* – essência da inflamabilidade; *terra mercurialis* – essência da fluidez; *terra lapida* – essência da fixidez ou da inércia. Stahl seguiu as ideias do mestre e explicou que as transformações da matéria na combustão de substâncias orgânicas, a calcinação ou enferrujamento de metais eram devidos à transferência de flogisto, princípio que caraterizava a *terra pinguis*. A madeira, rica em flogisto, libertava-o para o ar, ao arder; um metal rico em flogisto, ao ser aquecido, perdia flogisto, dando óxido; este, quando aquecido e misturado com carvão, recuperava flogisto proveniente do carvão, que é rico naquele princípio. Esta foi a primeira teoria química fundamentada e sistemática que explicava as experiências conhecidas na época, o que criou à sua volta um grande entusiasmo, propagando-se rapidamente pelo mundo científico. Na realidade, a teoria permitia uma interpretação qualitativa dos fenómenos, mas era errada sob o ponto de vista quantitativo. A transformação do metal em óxido corresponde a um aumento de peso e era considerado uma perda de flogisto – tinha de se admitir que o flogisto tinha peso negativo. Numa época de crença no imaginário, esta conclusão (como o facto de o éter transportar as ondas eletromagnéticas) não causou na opinião dos cientistas um choque capaz de os fazer abandonar essa crença. Ao contrário, dominou a química durante quase um século. Está explicada a lentidão do progresso conceptual da química no período que medeia entre Boyle e Lavoisier, um tempo de retrocesso no caminho certo e de regresso à alquimia. De facto, as essências admitidas por Becker não diferem substancialmente do ar, terra, água e fogo de Empédocles, consolidadas por Aristóteles, e ainda menos do enxofre, mercúrio e sal, admitidas por Paracelsus. A época do flogisto só não foi um tempo perdido para a química pelo grande número de resultados experimentais obtidos nessa época.

Aceite a teoria de Lavoisier e as regras de nomenclatura que a acompanharam, expostas pelos autores – o próprio Lavoisier, Berthollet, Guyton de Morveau e Fourcroy – em 4 sessões da *Académie* realizadas entre abril e junho de 1787, a recém-nascida ciência progrediu a passos largos. Por 1812, encontravam-se estabelecidas: as leis da conservação da massa (Lavoisier), das proporções definidas (Proust), das proporções múltiplas (Dalton), das proporções recíprocas (Richter), e das combinações volumétricas de gases (Gay Lussac). Quer dizer que um ramo do conhecimento criticado por não fazer uso da matemática e ameaçado de nunca vir a ser uma verdadeira ciência ficou estruturado em bases quantitativas, em aproximadamente uma década. Ainda durante este período, foram enunciadas duas hipóteses importantes: a lei de Avogadro e a teoria atómica de Dalton. Na sequência da lei de Richter – lei das proporções recíprocas também chamada lei das partes proporcionais –, estabeleceu-se uma escala de quantidades equivalentes, tomando um elemento como padrão; a mais comum atribuía ao hidrogénio, o átomo mais leve, o valor 1.

Da constituição da matéria, baseada em elementos, tinha-se passado para a sua constituição em moléculas e átomos. Esta passagem originou controvérsias, querelas e confrontações que se estenderam por todo o século (como veremos adiante), sem que estas divergências tivessem interrompido o progresso científico, que continuou em crescendo sob o domínio filosófico do positivismo.

Na década de 1820-1830, o principal centro de estudos da química era dirigido por Berzelius em Estocolmo. Não dispunha de espaço laboratorial senão para receber um ou dois investigadores a trabalhar em simultâneo, a maioria suecos, de modo que, apesar do reduzido número de colaboradores, o elevado nível intelectual revelado nas suas publicações impuseram-no mundialmente como cientista de exceção. Da sua valiosa obra, trazemos à colação o hercúleo trabalho laboratorial subjacente à determinação dos pesos atómicos de cinquenta e seis elementos, os avanços dados à química básica com a representação dos elementos por letras do alfabeto na escrita das fórmulas e a teoria eletroquímica dualista da constituição dos compostos. Marcou uma era na história da química – a era de Berzelius.

Nesta altura, as transformações químicas podiam ser representadas por equações como as usadas na atualidade, pondo-se a alternativa de atribuir pesos atómicos ou pesos equivalentes aos elementos. A fórmula química da água era, em equivalentes, HO, porque o peso equivalente do O=8 e 2H=1; em pesos atómicos, H_2O, porque o peso atómico do O=16 e o do H=1. Era mau o mesmo composto ser representado por fórmulas diferentes, mas a situação era ainda pior se nos lembrarmos que o mesmo elemento podia ter pesos equivalentes diferentes, em compostos diferentes. Então, porque é que não usavam todos, desde logo, os pesos atómicos? A partir das primeiras décadas do século XIX, o movimento filosófico dominante na Europa foi o positivismo, que rejeitava a introdução da metafísica na ciência. Para os seguidores desta corrente de pensamento, que constituíam a maioria dos químicos, o átomo, cuja existência não era diretamente comprovada, não podia fazer parte da ciência, enquanto os equivalentes eram quantidades confiáveis por serem obtidas a partir das experiências. Nomes influentes da química, como Dumas, Gmelin e Berthelot, eram equivalentistas. Esta situação foi-se arrastando com consequências nefastas para a química porque não deixou enraizar o atomismo e, por meados do século, as fórmulas propostas para um composto eram numerosas. Kekulé desejou chamar a atenção para este indesejável estado da ciência, ao apresentar uma tabela com as vinte fórmulas diferentes que haviam sido propostas para o ácido acético.

Como alusão mordaz ao caos que se instalara, ocorreu o seguinte episódio. Em 1864, alguém entendeu ironizar a situação e, dizendo-se um internado em Hanwell (o maior asilo para alienados mentais de Londres), enviou uma carta ao *Chemical News*, insurgindo-se contra o desentendimento entre os químicos quanto à escrita das fórmulas dos compostos, chegando-se ao absurdo de estes apresentarem várias expressões para a constituição de substâncias simples como a água.[91]

O atomismo ia conseguir um importante triunfo por meados do século através dos trabalhos realizados por dois investigadores franceses: Auguste Lorenz e Charles Gerhardt. O primeiro identificou a formação de ácido dicloroacético e de ácido tricloroacético na reação do cloro com o ácido acético, compostos que resultavam das substituições de átomos de hidrogénio por átomos de cloro no ácido acético. Estes resultados punham em evidência a necessidade do conhecimento do arranjo dos átomos num composto e negavam a veracidade da teoria dualista de Berzelius, segundo a qual um elemento eletronegativo como o cloro não podia ocupar a posição de um elemento eletropositivo como o hidrogénio. No trabalho para o seu doutoramento, efetuado sob orientação de Dumas, Lorenz apresentou a teoria dos núcleos ou da substituição, segundo a qual um composto orgânico era formado por um núcleo central à superfície do qual estavam ligados átomos de hidrogénio que podiam ser substituídos por outros átomos, no seu caso pelo cloro. Gerhardt, igualmente aluno de Dumas, verificou que os compostos orgânicos podiam ser ordenados em séries homólogas, que explicavam as semelhanças e a regularidade das suas propriedades. Em 1853, apresentou uma teoria segundo a qual havia quatro tipos de compostos: um em que dois hidrogénios estavam ligados a um oxigénio (tipo água); um outro em que o elemento hidrogénio estava ligado ao cloro (cloreto de hidrogénio); um terceiro, em que a um azoto estavam ligados três hidrogénios (amina); e, finalmente, o tipo caraterizado pela ligação entre dois elementos hidrogénio designado pelo tipo hidrogénio. Os trabalhos destes dois excelentes investigadores conquistaram adeptos, mas não foram decisivos para impor definitivamente a teoria atómica.

Kekulé, interpretando, naturalmente, a preocupação de muitos, tomou a iniciativa de organizar um amplo congresso para se chegar a uma uniformização dos termos: átomo, molécula, equivalente atómico e base; discussão da questão de equivalentes e das fórmulas químicas; e instituição duma notação e de uma nomenclatura uniformes. O congresso decorreu entre 3 e 5 de setembro de 1860 em Karlsruhe, tendo registado a presença de cento e vinte sete químicos: cinquenta e sete alemães, vinte e um franceses, dezoito ingleses, sete austríacos, sete russos, seis suíços, três belgas, três suecos, dois italianos, um mexicano, um português e um espanhol. Os corifeus do equivalentismo não se inscreveram em reuniões dedicadas a átomos. Não houve um consenso sobre os pontos debatidos que tivesse ficado em ata, o que deu lugar a que o congresso – o primeiro de química e o primeiro congresso internacional dedicado a uma especialidade científica – tivesse sido considerado um fracasso por muitos e apenas alguns

---

[91] BROCK – **The Fontana History** ..., p. 252.

o entenderam como muito importante para o desenvolvimento da química, como de facto foi.

Acontece que, em 1858, um dos congressistas, Stanislao Cannizzaro, tinha determinado o peso molecular de vários compostos, medindo a densidade do seu vapor e, utilizando a hipótese do seu compatriota Amedeo Avogadro e conhecendo a fórmula molecular dos compostos, chegou a valores corretos para os pesos atómicos dos elementos constituintes. Para ele ficaram claras as noções de átomo e molécula. Este estudo, intitulado *Sunto* ('resumo') *di un corso di filosofia chimica fatto nella Reale Università di Genova*, foi publicado em *Nuovo Cimento* e dessa publicação foi feita uma separata no ano seguinte. Dada a pouca circulação internacional da revista, o trabalho não seria conhecido dos congressistas. Apesar de Cannizzaro ter sido um interventor ativo no decurso do congresso, o certo é que, no calor das discussões, não conseguiu aceitação para as suas ideias. Em face deste insucesso, no final dos trabalhos, o seu colega e amigo italiano Angelo Pavesi, também participante, decidiu distribuir uma cópia do *Sunto* pelos congressistas. O efeito que teve sobre alguns congressistas é narrado de forma sugestiva por Lothar Meyer, que o leu no regresso a Breslau e que aqui transcrevemos em português: «Fiquei surpreso com a clareza da escrita sobre os pontos de discórdia mais importantes. As vendas caíram dos meus olhos, as dúvidas desapareceram e um sentimento de segurança tranquila tomou o seu lugar».[92] Em 6 de julho de 1860, portanto à boca da conferência, ele escrevia a Roscoe, professor de química da universidade de Manchester: «Eu também posso vir àquele estúpido concílio de igreja em Karlsruhe para propor a eleição de um papa fórmula infalível», e acrescentava «nunca se deve aprovar que uma notação seja chamada 'teoria'».[93]

Em 1862, o convertido Meyer iniciou a escrita de *Die modernen Theorien der Chemie,* publicado em 1864, no qual os elementos são ordenados por famílias – uma primeira versão limitada da tabela periódica, apresentada por Mendeleiev cinco anos depois e que, segundo ele próprio, começou a germinar no seu pensamento em Karlsruhe. Não pode deixar de surpreender que, estando o conceito de molécula implícito na lei de Avogadro, enunciada em 1811, tenha ficado meio século esquecido por toda a comunidade química.

Durante o século, os progressos da química geral foram acompanhados de desenvolvimentos que alargaram o campo da química e os métodos de estudo.

Em 1800, Volta apresentou, na Royal Society de Londres, a pilha que ficou com o seu nome e que despertou, desde logo, o interesse de químicos e físicos por se tratar do primeiro gerador de corrente elétrica contínua capaz de alimentar circuitos elétricos, de forma a estudar a natureza da corrente elétrica e as propriedades dos condutores. Um dos investigadores que se interessou pelo

---

[92] CANNIZZARO, Stanislao – **Abriss eines Lehrganges der theoretischen Chemie**, p. 59.

[93] Carta de Meyer para Roscoe, 06/07/1860, *Roscoe Collection*, Royal Society of Chemistry.

invento foi Davy, que utilizou a pilha na decomposição dos óxidos de metais e, assim, obteve o sódio, o potássio e outros metais eletropositivos.

Davy corrigiu vários lapsos cometidos por Lavoisier e esclareceu o princípio do funcionamento da pilha, chegando à conclusão de que ela funcionava devido a reações entre os iões da solução ou do fundido e os metais dos elétrodos, enquanto Volta atribuía a origem da corrente à junção dos dois metais. Com Davy nasceu um importante ramo da química – a eletroquímica – que deu uma contribuição importante para o desenvolvimento da química ao longo do século.

Uma outra nova especialidade que trouxe à química uma dimensão nunca antes imaginada foi a química orgânica. Até 1826, o âmbito da química limitava--se ao estudo dos compostos inorgânicos, pensando-se que estes compostos orgânicos eram devidos a forças produzidas por organismos vivos, diferentes das existentes no reino inorgânico, por isso, designadas por forças vitais. Nesta data, o químico alemão Friedrich Wöhler obteve ureia a partir do cianato de amónio, provando que as forças interatómicas nos compostos orgânicos eram as mesmas que existiam nos inorgânicos. Mostrou que as forças vitais não existiam, mas mostrou, sobretudo, que para a mesma composição molecular podia haver mais do que um composto; isto é, o arranjo dos átomos na molécula era importante.

A extensão do campo de aplicação da química conferido pela química orgânica teve uma projeção extraordinária pelo número de compostos perten-centes a este domínio, pela importância destes na vida e na saúde do ser humano e ainda pelas ligações que a química estabeleceu com a biologia, a medicina e a farmácia. Foi um novo campo de investigação que ora abria as suas portas aos investigadores. O progresso científico foi notável, primeiro no estudo da estrutura dos compostos e depois na sua obtenção a partir de substâncias naturais e por meio de processos laboratoriais de síntese. A síntese orgânica veio dar à química um enorme prestígio e ajudar a Europa a ocupar uma posição de liderança mundial na ciência, na economia e na política.

Vejamos, agora, a aquisição de novos métodos de estudo. Até à década de 1830, a química era uma ciência isolada completamente separada da física. Para muitos, esta era uma verdadeira ciência, era um ramo da filosofia; ao contrário, a química era uma arte, um conjunto de técnicas. Os resultados obtidos na experimentação não eram passíveis de ser traduzidos em linguagem matemática. Esta era a convicção de Kant expressa na introdução de *Metaphysisches*, opinião partilhada por estudiosos de renome.[94] Com algum atraso, alguns químicos deram conta de que a química carecia de bases que lhe permitissem fundamentar a sua estrutura em fundamentos teóricos.

O primeiro dos novos métodos de estudo da química foi a termodinâmica de Carnot-Clausius-Kelvin, desenvolvida entre 1820 e 1850. Nesta última data, o segundo princípio, que é o princípio fundamental desta ciência, foi enunciado

---

⁹⁴ *Apud* NYE, Mary Jo – **From Chemical Philosophy to Theoretical Chemistry: Dynamics of Matter and Dynamics of Disciplines, 1800-1950**, p. 5, 32, 47.

por Rudolf Clausius e, no ano seguinte, este princípio era enunciado por Thomson de maneira diferente, mas equivalente – é o princípio indicador do sentido da evolução dos sistemas. O primeiro princípio não é senão o princípio da conservação da energia, que foi objeto de intenso estudo na década anterior para transformações de trabalho em calor. Este ramo da ciência teve um extraordinário avanço com a introdução da função entropia em 1865. A matematização deste enunciado deu-lhe uma generalização que a tornou aplicável a toda e qualquer transformação reversível de energia envolvida num processo que ocorra num sistema macroscópico.

A ligação da termodinâmica à química foi feita por Josiah Willard Gibbs, físico-matemático da universidade de Yale e que, em 1878, apresentou na The Connecticut Academy of Arts and Sciences o estudo «On the equilibrium of heterogeneous substance» de 221 páginas,[95] adaptando as funções termodinâmicas ao estudo do equilíbrio químico. É um trabalho de grande nível e de extraordinário impacto científico, reconhecido recentemente pela American Chemical Society, atribuindo a Yale o prémio *Citations for Chemical Breakthrough Award* de 2021 pelo trabalho de química ou de ciências moleculares mais revolucionário, de mais amplo escopo e de impacto de maior prazo.

A termodinâmica química aplicada ao estudo das soluções de eletrólitos deu origem à química-física – área que, em 1887, lançou a sua primeira revista como órgão de comunicação: *Zeitschrift für Physikalische Chemie*.

Por 1860, James Clerk Maxwell entregou-se ao estudo da teoria cinética dos gases. Admitiu que estes eram constituídos por partículas constituintes (moléculas) em constante movimento com deslocamentos em todas as direções e sentidos. Derivou uma equação que dá a fração molecular em função da velocidade para um gás ideal a uma dada temperatura (lei de distribuição de Maxwell). A partir desta lei deduzida da mecânica molecular, é possível obter propriedades globais como a energia interna do gás, a sua capacidade calorífica e a pressão.

Pouco tempo depois, o físico austríaco Ludwig Boltzmann retomou o assunto e deduziu a lei de distribuição. Sendo os processos da dinâmica clássica reversíveis e a entropia uma função irreversível, como relacionar esta função com a mecânica? Considerou um sistema constituído por um gás monoatómico diluído ligeiramente afastado das condições de equilíbrio, tendo verificado que, com o tempo, este tendia para a distribuição de Maxwell e que esta correspondia à probabilidade máxima do sistema – era o estado de equilíbrio ou de caos molecular. Obteve a expressão para a entropia dada pela mecânica estatística, $S=K\ln W$, sendo K uma constante e W o número de maneiras (microestados) de obter a distribuição; a expressão dá um caráter estatístico a esta função. A entropia é tanto maior quanto maior a desorganização e, como

<hr>

[95] *Transactions of the Connecticut Academy of Arts and Sciences*, 1876, 3, 108-248; 1878, 3, 343-524.

os fenómenos naturais ocorrem com aumento de entropia, eles tendem a desorganizar o universo.

Em 1860, surgiu um outro método físico-químico de investigação dos sistemas químicos – a espetroscopia: identificação de constituintes ou da estrutura de compostos por medida da emissão da radiação, quando o sistema é excitado por uma fonte de energia externa, ou pela radiação absorvida, quando é atravessado por um feixe de radiação. A resposta das substâncias em estudo denomina-se espetro, que pode ser de emissão ou absorção e tem lugar nas diferentes regiões do espetro eletromagnético.

Robert Bunsen, que tinha começado a sua vida universitária como investigador em química orgânica, foi visitar a universidade de Breslau e aí manteve contacto com o professor de física Gustav Kirchhoff, que estudava então circuitos elétricos. Bunsen estava interessado na identificação de metais através do seu espetro de emissão. Não era novidade que alguns sais metálicos davam cor à chama. Convidou Kirchhoff para regressar com ele a Heidelberg e, em colaboração, conceberam e construíram o primeiro espetrógrafo que lhes permitiu observar, pela primeira vez, a radiação emitida pelo césio e pelo rubídio na água de Carlsbad excitada na chama de um bico de Bunsen, inventado por este.

A espetroscopia nas suas diferentes especialidades alcançou uma projeção enorme no estudo de sistemas orgânicos e inorgânicos, imprimindo enormes avanços à ciência e à sociedade.

Como, neste trabalho, pretendemos privilegiar a química, a partir daqui passamos a considerar particularmente esta disciplina, apontar os seus progressos nos países de vanguarda e revisitar as principais sociedades científicas dedicadas a esta especialidade, que se estabeleceram neste século.

A química na Alemanha: a química do século XIX é alemã

Para o nacionalismo alemão, o principal instrumento para levar a bom termo o plano de unificação dos Estados e desenvolver a nova nação era formar pessoal habilitado. Só havia um caminho possível para isso: o envio dos escolares mais capazes para centros científicos de renome onde se preparariam e, no regresso ao seu país, instalariam a sua investigação em centros científicos que depois receberiam as novas gerações, desenvolvendo, assim, a ciência. Os centros de investigação mais cotados mundialmente localizavam-se em França e na Suécia.

Eilhard Mitscherlich foi um dos jovens escolhidos para se preparar no estrangeiro; esteve em Estocolmo entre 1819 e 1821 a trabalhar sob orientação de Berzelius. Antes de sair para o estágio no estrangeiro, tinha descoberto, em 1818, na universidade de Berlim, o isomorfismo, matéria a que ficara ligado sob o ponto de vista científico. No regresso da Suécia, foi colocado como professor desta universidade, tendo-se distinguido como investigador. Descobriu o polarímetro, instrumento de grande utilidade no estudo de sistemas de vários domínios da química e na indústria açucareira. Um outro alemão que esteve a fazer o doutoramento com Berzelius foi Heinrich Rose, que regressou à universidade de Berlim onde trabalhou em química analítica e mineralogia.

Justus von Liebig foi um químico que contribuiu decisivamente para a formação da famosa escola alemã do século. Depois de ter estudado química sob a orientação de Karl Wilhelm Kastner, em Bonna e Erlanger – universidades onde não havia aulas práticas de trabalhos laboratoriais –, em 1822, foi estagiar com Gay-Lussac em cujo laboratório os trabalhos práticos eram tidos como fundamentais na preparação do químico. No estágio que realizou em Paris, teve oportunidade de se dedicar à química experimental de interesse analítico, desenvolvendo equipamento de determinação de carbono e hidrogénio em compostos orgânicos, determinação que desempenhava um papel crucial no estudo deste tipo de compostos. Em 1831, inventou um aparelho para determinação do carbono em compostos orgânicos que tornava as determinações mais precisas e rápidas – o *Kaliapparat,* que passou a fazer parte do apetrechamento básico dos laboratórios químicos.

Por influência de Alexander Humboldt, foi ocupar um lugar de professor da universidade de Giesen, universidade empenhada em expandir-se através do aumento do número de alunos. Quando Liebig chegou a Giesen, tentou instalar o seu laboratório no departamento de filosofia natural, o que lhe não foi autorizado porque a química não era considerada um ramo da filosofia e, por esta razão, não podia estar sob o mesmo teto de outras especialidades como a matemática, a filosofia ou a física. O laboratório foi, então, instalado no edifício da medicina. Esta contrariedade ao projeto de Liebig é uma prova de como o idealismo absoluto tinha tomado conta do espírito alemão, incutindo--lhe a ideia de ciência da natureza expressa por Schelling na *Naturphilosophie.* As experiências eram apenas manifestações singulares da realidade e, por isso, o método experimental não podia conduzir a uma teoria sobre a natureza. Liebig comenta estas ideias, dizendo que, se elas enraizassem a química, teria morrido durante algum tempo com a «peste negra» na vida intelectual.[96]

Os laboratórios de Liebig de ensino para alunos dos cursos de graduação e as escolas de investigação para docentes e pós-graduados revolucionaram o ensino da química, constituindo a contrapartida aos seminários dos filologistas. As duas componentes da ciência geraram um corpo de cientistas particularmente bem preparados para a investigação científica.[97] Entre 1827 e 1852, o laboratório

---

[96] Justus von Liebig, *Annalen der Chemie und Pharmacie*, 34, 97, 1840.
KNIGHT, David – **Ideas in Chemistry: A History of the Science**, p. 65.

[97] MORRELL, J. B. – The Chemist Breeders: The Research Schools of Liebig and Thomas Thomson, p. 1-46.
TURNER, R. Steven – Justus Liebig versus Prussian Chemistry: Reflections on Early Institute Building in Germany, p. 129-162.

foi frequentado por setecentos e dezoito estudantes, a maioria deles alemães, mas um número significativo era de estrangeiros: duzentos de países europeus e dezassete dos Estados Unidos.

Este sucesso foi o primeiro passo de uma carreira científica repleta de triunfos, que impulsionaram a química em vários dos seus aspetos teóricos e aplicados e projetaram Liebig como a maior autoridade na química da sua geração: era um espírito multifacetado dotado de uma excecional capacidade intelectual. Em 1840, publicou dois trabalhos que documentam a diversidade de assuntos que focalizou como mestre: *Über das Studium der Naturwissenschaften und über den Zustand Chemie in Prussen* é uma crítica ao ensino na Prússia e a defesa da necessidade de a química figurar como disciplina universitária autónoma e, em *Die Organische Chemie in ihrer Anwendung auf Agricultur und Physiologie*, enaltece as vertentes da química aplicada, designadamente na agricultura e na fisiologia.

Além do elevado número de publicações de que foi autor, editou uma revista periódica que viria a manter elevado nível científico até à atualidade. O seu amigo Philipp Geiger, farmacêutico em Heidelberg, lançou, em 1824, a revista *Magazin für Pharmacie* e convidou-o para coautor. Geiger morreu em 1832 e Liebig, auxiliado por Wöhler, tomou conta da revista, imprimindo-lhe um maior pendor químico, maior exigência na aceitação dos artigos a publicar e acutilância na crítica à literatura científica publicada, mudando-lhe o nome para *Annalen der Pharmacie* e depois para *Annalen der Chemie und Pharmacie*. Ao longo do seu percurso, foi tendo designações adaptadas à orientação que ia tomando até ser integrada, em 1998, no *European Journal of Organic Chemistry*. A influência de Liebig ultrapassou a Alemanha e tomou uma dimensão mundial. Veremos, mais adiante, a ação que teve, por exemplo, na química inglesa.

Friedrich Wöhler foi outro químico notável do período dourado da intelectualidade alemã. Estudou medicina em Heidelberg e interessou-se pela química. Em 1823, foi trabalhar com Berzelius, nessa altura a maior autoridade mundial na química. Regressado à Alemanha, empenhou-se na investigação e, em 1827, isolou o alumínio por aquecimento do cloreto deste metal misturado com potássio, processo que o levou, posteriormente, a isolar o berílio e o ítrio. Em colaboração com Liebig de quem foi sempre grande amigo, ultrapassada uma fase inicial de fusão do gelo que Wöhler tinha trazido da Suécia, realizou vários estudos sobre o benzaldeído, que mostraram a formação de radicais em reações químicas. A sua descoberta que despertou maior interesse público e que teve maior reflexo científico entre os químicos foi a obtenção da ureia a partir do isocianato de amónio, descoberta já comentada anteriormente.

A estes dois mentores da ciência moderna juntou-se o terceiro, Robert Bunsen, que, após o doutoramento em física, foi especializar-se em Paris com Gay-Lussac. No regresso à Alemanha, passou por Gottingen, Marburgh e, em 1852, ocupou uma cátedra em Heidelberg, onde permaneceu até à sua jubilação.

Estes foram três exemplos de um plano que, em pouco tempo, conduziu à ocupação das cátedras de uma rede de universidades e de centros científicos por investigadores da mais elevada craveira.

A química no Reino Unido: depauperada pelas guerras peninsulares, a Inglaterra recupera o prestígio científico

Um dos países com uma tradição científica de séculos entrou no século XIX com um declínio acentuado da atividade científica. A economia do país ficou depauperada com a sua intervenção nas guerras peninsulares, o que provocou um decréscimo de atenção ao investimento no desenvolvimento da ciência. Esta situação criava um mal-estar na classe culta, que culpava a *Royal Society* de dirigir a atenção para a investigação em ciência pura, desprezando a ciência aplicada – aquilo que era de interesse mais imediato da população.

Charles Babbage, professor de matemática do *Trinity College* de Cambridge, publicou, em 1830, o livro *Reflections on the Decline of Science in England and on Some of its Causes*. No prefácio do livro, o autor critica o elitismo da *Royal Society* e a sua passividade perante a situação que se vivia, e presta homenagem a Davy e a Wollaston, dois brilhantes cientistas recém-falecidos. Quando o manuscrito do seu trabalho já ia adiantado, Babbage procura a autoridade destes dois insignes investigadores, ao referir ter tido conhecimento de que Davy estava a escrever uma publicação sobre o assunto que ia abordar no livro que estava a preparar.

As manifestações de descontentamento generalizaram-se e uma crítica publicada no *Edinburgh Journal of Science* pelo cientista escocês Sir David Brewster impressionou o Rev. William V. Harcourt, tornando-o no principal impulsionador da fundação da *British Association for the Advancement of Science,* instituída em 1831. Harcourt proferiu a lição inaugural da *Yorkshire Philosophical Society* e, perante uma audiência de cerca de duzentos homens de ciência, o orador anunciou a criação da Associação cujo principal objetivo era estabelecer uma ligação forte do interesse público à ciência: era uma associação consagrada à valorização da ciência, à sua diversificação e destinada a atrair pessoas para a atividade científica.

A Associação realizaria uma reunião anual nas várias cidades do Reino Unido e algumas em países estrangeiros, nas quais eram apresentados e analisados temas científicos coordenados por uma comissão central durante o ano e que podiam ser propostos por qualquer pessoa ou pela própria comissão. Ocuparam a presidência da Associação pessoas ilustres como William Ramsay, Norman Lockyer, John Scott Burdon Sanderson, Albert, Prince Consort, Charles Lyell, William Fairbairn, Thomas Huxley e Oliver Lodge. A Associação abrangia todos os domínios científicos, quer de ciência pura, quer aplicada. Estávamos já na era da especialização, mas Harthcourt, e como ele muita gente, considerava a especialização como sinónimo de superficialidade e de ignorância. A organização dos calendários dos encontros anuais estava a cargo de subcomissões: cada uma destas tratava de um tema específico, mudando estes temas de tempos a tempos ou mesmo de ano para ano. Por mera curiosidade, apontamos as subcomissões num dado ano: matemática e ciências físicas, química, mineralogia, geologia e geografia, zoologia e botânica, artes mecânicas. As subcomissões eram constituídas, levando em conta a componente social, a intelectualidade e a sua nobreza, posição clerical, gentileza e filosofia.

A carta de reconhecimento real foi publicada no ano da sua fundação (1831) e a sua primeira reunião fez-se em York ainda nesse ano. Os estatutos determinavam a realização de uma reunião anual em diferentes cidades do Reino Unido. Para se ter uma ideia do número de participantes, na década de 1860 assistiram às reuniões, em média, 2465 pessoas e, na década seguinte, 2362. De 1860 a 1875, a Associação ocupou um lugar de destaque e tinha delegações em várias cidades do país. Em 2009, passou a designar-se *British Science Association*.

A iniciativa de criar associações deste tipo nasceu na Alemanha, em 1822, com a fundação da *Deutscher Naturforscher und Ärzte*, que serviu de modelo à associação inglesa.

Uma carência grave impeditiva da elevação do nível da educação e do avanço da ciência era a falta de universidades modernas abertas a todos os jovens, quaisquer que fossem as suas ideias religiosas ou políticas. A Inglaterra ainda não conseguira ultrapassar os diferendos religiosos; só depois do primeiro quartel deste século é que as universidades de Oxford e de Cambridge criaram departamentos de ciências naturais; continuavam a conferir graus exclusivamente a anglicanos, o que causava um compreensível mal-estar nos não conformistas.

As reformas de Oxbridge eram muito lentas, insensíveis à urgência das medidas a tomar. Foi então que um grupo de livres-pensadores, de que faziam parte Henry Brougham, Isaac Goldsmith, James Mill e o duque de Norfolk, decidiu fundar uma universidade aberta a todos os que reunissem condições científicas para serem admitidos; uma universidade que não discriminasse as pessoas pelos seus credos político-religiosos. Contactaram o filósofo Jeremy Bentham, filósofo e causídico londrino – também ele livre-pensador – para criar a universidade de Londres, uma cidade de tradição parlamentarista e de ideologia liberal, onde viviam muitos não conformistas. Era o terreno próprio para a sementeira da liberdade que se pretendia cultivar. Bentham, como ideólogo de uma escola de pensamento que liderava o movimento de reformas liberais, não seria a pessoa mais indicada para fundar a universidade, mas tinha a seu favor o prestígio cultural, político e social e a vantagem de ter sido educado pela universidade de Oxford.

Assim, em 1826, foi criada a universidade de Londres, sarcasticamente chamada a instituição ímpia da Gower Street, rua no centro de Londres, onde fora instalada. Era a primeira universidade secular e a primeira universidade inglesa criada depois das medievas de Oxford e de Cambridge.

O reconhecimento da universidade a Bentham revela a emoção com que foi recebida a sua criação: foi ao ponto de o considerar seu fundador e de, até há pouco tempo, o seu nome ser sempre referido nas atas das reuniões de professores como «presente mas impedido de votar»; o seu nome é lembrado no hino da universidade; e o seu corpo, embalsamado e vestido com o traje que usava e com a cabeça em cera, é conservado numa vitrina da biblioteca.

Os primeiros professores vieram da Escócia: o primeiro, Edward Turner, veio de Edimburgo e o segundo, Thomas Graham, de Glasgow. Com eles veio também a cultura do associativismo, pois, em 1876, foi criada no departamento de química da universidade a *Chemical and Physical Society* que, no primeiro ano, tinha quarenta e um membros contribuintes para financiar a sua atividade e sete membros honorários.

Os anglicanos reagiram à criação da universidade de Londres, fundando, no ano seguinte (1827), o King's College de Londres com o patrocínio do rei George IV e do duque de Wellington. O departamento de química deste colégio foi instalado em 1834, quando era presidente John Frederic Daniell (inventor da pilha que ficou conhecida com o seu nome), que exerceu esta função até 1845. Naturalmente, surgiram rivalidades entre as duas instituições londrinas, respeitantes ao seu reconhecimento legal, que foram resolvidas em 1836: o King's College foi integrado na universidade de Londres, que passou a ser constituída por este colégio e pelo University College.

Estas medidas não tranquilizaram os londrinos, porque lhes pareciam demasiado lentas para recuperar do atraso em que se encontravam. Falando em 1 de novembro de 1823 a um aglomerado de pessoas que se juntou em Strand, o Dr. Birkbeck pedia mais progressos da ciência, originando um movimento que levou à fundação do Birkbeck College (1845), com carta de ratificação da universidade de Londres de 1858. Para os conservadores, *«Dr. Birkbeck was scattering the seeds of the evil»*.

A era vitoriana (1837-1901) foi favorável à promoção da ciência, especialmente depois da *Great Exhibition of the Works of Industry of All Nations*, que decorreu no Crystal Palace de Londres, em 1851, e que foi uma afirmação da Grã-Bretanha como uma grande potência mundial. Esta exposição, que teve a proteção empenhada do Prince Albert of Saxe-Coburgo-Gota, marido da rainha, foi um êxito e seria repetida de quatro em quatro anos em países diferentes. Em Londres, estiveram 14 000 expositores: cerca de metade eram ingleses, 1760 franceses e 560 dos Estados Unidos da América. O entusiasmo gerado no mundo inteiro traduziu-se nos cerca de 6 milhões de visitantes no período de 1 de maio a 15 de outubro. A indústria química esteve bem representada: num total de 1012 expositores desta indústria, 762 eram ingleses; 115, franceses; e 135, alemães e austríacos. Mas, em 1890, a indústria alemã tinha 948 firmas concorrentes com 86 inglesas. A campainha de alarme soou, uma vez mais. O príncipe tomou ou apoiou muitas iniciativas que fizeram com que a era vitoriana tivesse sido um tempo de enriquecimento cultural e de progresso.

Em 1844, começou a germinar a ideia de instalar em Londres um Colégio dedicado ao estudo da ciência e da tecnologia. As razões invocadas para o estabelecimento desta unidade eram a falta de laboratórios em Londres onde se pudessem realizar ensaios de química para o ensino, para a investigação e também para o treino de técnicos ligados à indústria, agricultura ou outros ramos de atividade. Esta ideia encarnou nas mentes de John Lloyd Bullock, químico e droguista, e de John Gardner, médico e farmacêutico – ambos mantinham relações com Liebig.

Os dois protagonistas da iniciativa elaboraram uma proposta para a criação de um Colégio para promover *«the science and its application to agriculture, arts, manufactures and medicine»*, subscrita por trinta e cinco pessoas – gente conhecida nos círculos governamentais, médicos e fazendeiros – e apoiada por sessenta outras que aderiram como sócios. Foi uma atitude tipicamente britânica a de não solicitar o apoio estatal para concretizar o seu empreendimento, naturalmente com o receio de comprometer a independência de ação e desvirtuar os seus objetivos. Pensavam os dois fundadores que as fontes de receita cobradas de patentes de invenções, licenças de utilização, quotizações dos sócios e propinas de alunos seriam suficientes para manter a instituição.

A primeira medida que os fundadores tomaram foi procurar ligar o Colégio à prestigiada *Royal Institution* cujas instalações e o nome de Faraday eram ajudas preciosas para iniciar a atividade; mas esta recusou a ideia, alegando falta de espaço. Decidiram então construir instalações próprias – cujo custo, adicionado ao do funcionamento, excedia em cerca de 30% o quantitativo proveniente das quotas dos sócios – e procurar um professor alemão para orientar a instalação. Convidaram Carl Fresenius e depois Heinrich Will, mas ambos recusaram o convite. Recorreram ao príncipe Albert, que contactou com Liebig; este não aceitou o lugar de professor do novo Colégio, mas deu o seu apoio, deslocando-se a Londres duas vezes e conseguindo que o seu melhor discípulo, August Wilhelm Hofmann, aceitasse o lugar. Nos vinte e cinco anos que Hofmann ocupou o cargo no Colégio, fez um excelente trabalho e colaborou no impulso dado à química inglesa; e, nos últimos dois anos da sua estadia em Inglaterra, foi o presidente da *Chemical Society* em cuja fundação se empenhara. O colégio foi designado por *Royal College of Chemistry*, foi orientado para o estudo da química aplicada e, simultaneamente, para a química básica.

Foi pelo *Royal College of Science* que os modelos alemães de estudo e de investigação em química entraram no Reino Unido.

Em 1853, a situação financeira do *College* era bastante má e o governo interveio para adotar um esquema de viabilização: este e a *Royal School of Mines,* que, entretanto, tinha sido criada pelo governo, foram juntos numa única instituição universitária, mantendo cada unidade a categoria que possuía. Aproximadamente meio século depois, o *Royal College of Science*, a *Royal School of Mines* e o *City and Guilds Central Technical College* foram agrupados no *Imperial College of Science and Technology*, constituindo uma das unidades da universidade de Londres e tendo passado, recentemente, a ter o estatuto de universidade independente.

A química em França: a tradição científica foi capaz de vencer o poder arbitrário dos políticos

França, berço da química, foi agitada na última década do século XVIII pela violenta revolução político-social conhecida como Revolução Francesa, que, na sua fase de radicalismo, dissolveu as estruturas de ensino e investigação científica existentes e criou outras, o que, independentemente do mérito de umas ou de outras, representa sempre uma perturbação prejudicial ao estudo e à meditação. À guerra civil seguiram-se as campanhas napoleónicas e a guerra franco-prussiana.

Mau grado a intranquilidade em que o país vivia, Gaspard Monge e Lazare Carnot criaram, em 1794, a *École Centrale des Travaux Publics*, mais tarde *École Polytéchnique*, que juntou matemáticos, físicos e químicos de elite como Cauchy, Monge, Ampère, Arago, Fourier, Fourcroy; teve um brilho extraordinário durante trinta anos, tendo depois entrado em declínio.

A tradição científica francesa fez surgir cientistas ilustres no decurso do século, os quais mantiveram o país numa posição importante na ciência mundial. Na química, sobressaíram, na primeira metade do século, Berthollet, Gay-Lussac, Dumas, Laurent, Gerhardt; e, na segunda, Wurtz, Friedel e Berthelot.

A química estava concentrada em Paris, prejudicando a província e a ciência; no primeiro período do século, havia apenas seis cadeiras de química fora da capital – Estrasburgo, Lyon, Montpellier, Toulouse, Nancy e Caen – mais umas poucas nas faculdades de medicina e de farmácia. Em 1854, o ministro concedeu alguns fundos às universidades da província, minimizando a desigualdade geográfica sem, contudo, alterar a subalternidade relativamente a Paris. Ser colocado numa universidade fora de Paris, tendo estado primeiramente aqui, era uma condenação a uma vida científica apagada e sem prestígio.

Claude Louis Berthollet participou no desenvolvimento da dinâmica química: recordemos as suas qualidades técnicas na aplicação do cloro como agente branqueador e a elegante polémica que manteve com Proust.

Joseph Louis Gay-Lussac, aluno de Berthollet, foi um cientista brilhante: dos seus estudos sobre gases resultaram as leis que tiveram uma influência enorme no estabelecimento da teoria. A sua ação estendeu-se também a aspetos práticos: concebeu a torre com o seu nome para retenção dos óxidos de nitrogénio no fabrico do ácido sulfúrico, aumentado o rendimento do processo; preparou vários compostos e deu grande desenvolvimento à titulometria.

Jean-Baptiste Dumas foi um químico de reconhecido nível científico, por vezes ensombrado por repreensível conduta profissional e más relações sociais. Dedicou-se ao estudo da química orgânica, ficando conhecido como o pai da química orgânica francesa, dado o nível científico dos seus trabalhos e à época da sua realização. Determinou densidades de vapor de muitas substâncias, o que o habilitou a corrigir os valores do peso atómico dados por Berzelius para alguns elementos. O modo triunfante como apresentou os resultados fez com que o conceituado químico sueco deixasse de ter com ele as relações habituais entre académicos. Lorent e Gerhardt foram seus orientandos e realizaram trabalho inovador como já foi dito. Dumas, tudo fazia para deixar na opinião pública a ideia de que as novidades eram obra sua; após o doutoramento, Lorent foi colocado na universidade de Bordéus e Gerhardt foi «deportado» primeiro para Montpellier e depois para Estrasburgo. Pessoas que pudessem vir-lhe a fazer sombra não podiam permanecer na sua escola de Paris.

Dumas aspirava ter um laboratório semelhante ao de Liebig e fez tudo para o conseguir. Nomeado quatro vezes pelo Ministério da Instrução Pública para elaborar relatórios sobre o ensino superior francês, não escondia o estado deplorável em que este se encontrava, referindo que se devia fazer como os vizinhos do outro lado do Canal e como os do Reno. Desesperado, resolveu fundar um laboratório privado para receber estudantes pós-graduados e teve algum sucesso durante uma década. Pelouze e Gerhardt imitaram-no, mas com resultados mais modestos.[98]

Na segunda metade do século, evidenciaram-se vários químicos franceses entre os quais destacamos Adolphe Wurtz, Marcellin Berthelot e Charles Friedel.

Wurtz distinguiu-se em síntese orgânica, tendo preparado aminas alifáticas a partir de esteres, poliálcoois e radicais mistos por ação dos metais alcalinos sobre os halogenetos de alquilo. Foi um árduo defensor da teoria atómica numa altura em que a maioria dos contemporâneos usava os equivalentes, o que beneficiou muito a química francesa, pois o todo-poderoso Berthelot, positivista extremado, opunha-se à sua alusão em qualquer nível de ensino por se tratar de um conceito metafísico prejudicial à ciência e, ainda mais, sem utilidade. Estes dois gigantes da química francesa tiveram acirradas discussões mesmo depois do congresso de Karlsruhe. A dissensão epistemológica entre equivalentistas e atomistas, no século XIX, atrasou a afirmação da teoria atómica e prejudicou muito o avanço da química.

Berthelot foi um dos grandes cientistas do século, pessoa dotada de uma inteligência superior e de uma memória prodigiosa: era conhecedor de toda a química da época, que abarcava em extensão e profundidade. Sintetizou o álcool metílico a partir do qual realizou uma série de sínteses como a do acetileno. Fez estudos de termoquímica, construindo um calorímetro, que ficou com o seu nome, e publicou uma obra de mecânica química baseada na termodinâmica. Foi uma personalidade muito influente na ciência e na educação.

---

[98] ROCKE, Alan – The Rise of Academic Laboratory Science: Chemistry and the 'German Model' in the Nineteenth Century, p. 41-64.

Friedel tirou, primeiramente, o curso de contabilidade, que nunca o entusiasmou. Frequentou um curso de cristalografia ministrado por Pasteur na Faculdade de Ciências de Paris, o que o acordou para o estudo da ciência. Foi admitido nos laboratórios de Wurtz e, em 1869, apresentou a sua tese de doutoramento sobre o estudo de aldeídos e cetonas. Iniciou estudos sobre síntese orgânica com o americano James Mason Crafts, descobrindo a ação catalítica do cloreto de alumínio na síntese de hidrocarbonetos e de acetonas. A reação de Friedel e Crafts foi uma das mais importantes da indústria química. Friedel substituiu Wurtz na cátedra da Sorbonne, recebeu a medalha Davy, galardão máximo concedido pela *Royal Society*, e o grau de doutor concedido pela universidade de Oxford.

A química nos Estados Unidos da América: o acordar tardio de um gigante

Durante a época colonial, a química nos Estados Unidos estava relacionada com a farmácia. Os droguistas eram os químicos do país e desempenharam um papel importante durante a guerra da independência, preparando os remédios que, durante o conflito, deixaram, naturalmente, de vir da metrópole. Uma situação semelhante aconteceu durante a guerra civil (1861-1865), em que eram os droguistas os principais preparadores dos produtos químicos.

A química era ensinada nos *colleges* criados a partir do século XVII por professores que tiveram uma preparação de amadores, alguns com contactos esporádicos com instituições estrangeiras, designadamente europeias. Interessava dar aos alunos conhecimentos práticos e as bases da ciência pouco interesse lhes despertavam. Estes colégios passaram a universidades depois da guerra civil e a química americana, como ciência independente, nasceu por essa altura. Contudo, é assinalável o empenho das colónias inglesas na fundação de instituições de ensino superior desde as primeiras décadas do século XVII, geralmente sob a forma de colégios que se foram desenvolvendo passando a universidades.

Ainda as colónias americanas não estavam em luta pela independência quando foi criada a primeira instituição de ensino superior nos Estados Unidos, em Cambridge (1636), com o nome de *New College*. Teve um primeiro benfeitor, o jovem puritano John Harvard cujo nome ficou para sempre ligado à instituição. Teve sempre um elevado nível de exigência na prossecução do seu lema – *Veritas* – e, em 1780, com a criação da faculdade de medicina, foi promovido à categoria de universidade: a universidade de Harvard. O seu primeiro lema foi *Veritas Christo et Ecclesia* (verdade por Cristo e pela Igreja), que, algum tempo depois, foi reduzido à forma atual. Pelos seus bancos passaram personalidades ilustres, como cinco antigos presidentes da república. De 1933 a 1953, ocupou o lugar de reitor, o vigésimo terceiro a ocupar este posto, o conhecido e respeitado químico e educador John Bryant Conant, que teve um papel brilhante na divulgação do prestígio da universidade. Coube-lhe organizar as comemorações do tricentenário da instituição.[99]

Pela ordem da data da fundação, seguiu-se-lhe a *William and Mary School*, criada em 1693 pelo monarca britânico William III para preparar ministros para a Igreja da Virgínia e para dar aos jovens uma educação cristã, tendo em vista a cristianização do Estado. A sua divisa era *Facio liberos ex liberis libris libraque* (Faço de crianças adultos livres através dos livros e da balança) e George Washington foi o seu chanceler de 1788 até à sua morte (1799).

Em 1785, o colégio foi absorvido pelo *St. John's College* – fundado pelo Estado de Maryland, aberto a alunos a partir dos quinze anos e destinado à aprendizagem das artes liberais: estudavam-se línguas, matemática, ciências e música. Tinha um *campus* em Annapolis e outro em Santa Fé e tinha como norma ter classes com poucos alunos, de modo a tornar o ensino o mais personalizado possível.

A sua divisa *Lux Vita Caritas* (Luz, vida e amor) estava de acordo com o seu lema: criar um ambiente propício para os alunos viverem a vida na sua plenitude, aprenderem a assumir responsabilidade, estudar as matérias lecionadas, treinar a mente e o caráter, explorar as suas capacidades e alcançar os seus sonhos. Houve uma mudança de mentalidade na passagem da *William and Mary School* para o *St. John's College*: a fundação da primeira tinha sido subordinada à igreja anglicana e, portanto, era seletiva nas admissões, enquanto o segundo não tinha afiliação religiosa, talvez consequência da diversidade de ideiais dos fundadores, entre os quais havia alguns maçónicos.[100]

Em 1701, em Killingworth, a *Collegiate School* foi criada por um grupo de dez clérigos, que decidiram oferecer livros para apetrechar a biblioteca do novo *college*. Este foi instalado em New Haven em 1716, o seu edifício foi concluído em dois anos, tendo ficado com o nome *Yale College*. Em 1813, com a criação da faculdade de medicina, passou a ser uma universidade na qual foram sendo instaladas outras especialidades: em 1822, a de teologia e, em 1824, a de direito. Em 1847, foram instituídos os cursos de filosofia e, em 1861, foi concedido o primeiro diploma de Ph.D. (*Philosophy Doctor*). Em 1861, a química e a engenharia química formavam a *Sheffield Scientific School*. Os cursos científicos, introduzidos em 1801 pelo químico Benjamin Silliman – o primeiro químico a usar a destilação fracionada na América – foram integrados na Scientific School em 1847. E foram estas as origens da universidade de Yale.

A grande universidade da Pennsylvania nasceu, em parte, por influência do famoso pregador George Whitefield, mas o verdadeiro fundador do colégio foi Benjamin Franklin, que, em 1749, escreveu um artigo com propostas

---

[99] QUINCY, Josiah – **The History of Harvard University**.
MORISON, Samuel Eliot – **The Founding of Harvard College**, p. 221.

[100] CALNEK, William Arthur; SAVARY, Alfred William – **History of the county of Annapolis, including old Port Royal and Acadia**.

relativas à educação da juventude, preparando-a para ocupar lugares no futuro governo da nação e para ser útil à sociedade, nos serviços públicos e nas empresas. Na realidade, o movimento para cuidar da educação dos jovens da colónia teve início em 1743 com a criação da *American Philosophical Society*, que, a partir de 1755, passou a funcionar simultaneamente como academia e como colégio; em 1765, criou a primeira escola de medicina da América do Norte – a Faculdade de Filadélfia –, o que o elevou à categoria de universidade; em 1768, foi criado o curso de botânica, ao qual se seguiram outros departamentos; em 1791, adotou o nome que presentemente detém: *University of Pennsylvania*.

Mais universidades e outras unidades de ensino e de investigação foram sendo criadas e, ao deflagrar a Guerra da Secessão (1861), havia no território duzentas e cinquenta instituições de ensino, vinte e uma das quais, universidades. Com o avanço do ensino, trataram de criar centros de produção de ciência, que implantaram nas universidades, e foi necessário recorrer ao auxílio da Europa: neste final de século, centenas de graduados americanos dirigiam-se especialmente à Alemanha para frequentar cursos de química avançada. Vinte e sete universidades alemãs acolheram estudantes estrangeiros que desejavam especializar-se em química, indo a preferência dos americanos para Göttingen e Wöhler ou Heidelberg e Bunsen; e a dos ingleses para Giessen e Liebig. Quando ocorreu esta primeira leva de emigração dos estudantes americanos, os três expoentes da química alemã eram Liebig, Wöhler e Bunsen. As teses de doutoramento de estudantes de língua inglesa orientadas por eles – divididas em partes sensivelmente iguais entre americanos e ingleses – foram distribuídas entre Liebig, 24, Wöhler, 25 e Bunsen, 14.[101]

Uma segunda fase de emigração de estudantes americanos para a Alemanha decorreu entre 1889 e 1904, tendo saído para Leipzig 44 graduados das várias universidades dos Estados Unidos a fim de trabalharem com Wilhelm Ostwald.[102] O número de estudantes desta nacionalidade era tão grande que havia na cidade lugares conhecidos como pontos de encontro dos americanos. Não pode deixar de impressionar o número de jovens interessados neste domínio da química, numa fase em que o país estava a começar a construir a sua estrutura científica, o que só mostra a clareza com que era vista a ciência. Não havia aposta entre química pura e química aplicada, porque ambas eram muito frequentadas.

O primeiro graduado que saiu da América nesta fase para se ir especializar na Alemanha foi M. Loeb. Foi para Berlin frequentar os laboratórios de August Wilhelm von Hofmann, onde realizou investigação em química orgânica sobre

---

[101] JONES, Paul R. – Contrasting mentors for english-speaking chemistry students in Germany in the nineteenth century: Liebig, Wöhler, and Bunsen, p. 14-23.

VAN KLOOSTER, H. S. – Liebig and His American Pupils, p. 493-497.

VAN KLOOSTER, H. S. – Friedrich Wöhler and His American Pupils, p. 158-170.

[102] SERVOS, John W. – **Physical Chemistry from Ostwald to Pauling: The Making of a Science in America**.

a qual publicou três artigos em revistas alemãs de elevado nível científico e obteve o grau de doutor. Mas a química orgânica desiludiu-o; teve conhecimento dos cursos de química-física em Leipzig, orientados por Wilhelm Ostwald (chegado há pouco de Riga), e resolveu ir frequentá-los. Como sabemos, Ostwald teve uma ação importante no desenvolvimento da química das soluções e, conjuntamente com Jacobus van't Hoff e Svante Arrhenius, criou a química--física. Era senhor de uma cultura invulgar, entusiasta da ciência e uma personalidade generosa e de trato agradável. Loeb foi trabalhar com ele durante o ano de 1889. Na altura, era seu assistente Walther Nernst com quem publicou alguns trabalhos. Regressou aos Estados Unidos e foi professor na *Clark University* e na *New York University.*

O segundo discípulo americano de Ostwald foi Arthur Amos Noyes, graduado com o M. Sc. (*Master of Sciences*) por Harvard. Foi o acaso que o levou para Leipzig e para a química-física. No verão de 1888, três graduados em química foram enviados pelo *Massachusetts Institute of Technology (M.I.T.)* para a Europa para fazerem estudos avançados em química orgânica. O destino era Munich, onde iam trabalhar sob a supervisão de Adolf von Baeyer. Eram eles Noyes, Millikan e Augustus H. Gil. Quando o barco em que viajavam parou em Rotterdam, onde fazia escala, os jovens foram informados de que não podiam ser recebidos nos laboratórios de Baeyer por não haver lugares disponíveis. Noyes optou para ir para Leipzig, onde o professor de química orgânica era Johannes Wislicenus. Decorridos alguns meses de trabalho em química orgânica, o jovem investigador chegou à conclusão de que com aquele professor estava a perder um tempo precioso da sua vida e mudou-se para o departamento de química-física que frequentou até ao doutoramento, em 1890.[103] Regressou ao *M.I.T.* de que foi diretor durante vários anos, onde instalou escolas de investigação de elevado nível científico – *M.I.T. Research Laboratories* – e onde ensinou em vários cursos de química sempre com brilhantismo e eficiência. Escreveu livros sobre todas as disciplinas que professou e formou discípulos que ficaram na história da ciência, como R. G. Dickinson, R. C. Tolman, e C. D. Coriell.

Em 1913, a pedido do seu amigo dos tempos de estudante, George Ellery Hale, mudou-se para Pasadena para instalar o Centro de Educação e de Investigação do *California Institute of Technology (Caltech)*, concebido por Hale e largamente desenvolvido graças à visão de Noyes. O *Caltech* tornou-se uma universidade mundialmente famosa na investigação científica.

Para se ter uma visão da distribuição das diferentes especialidades nos colégios americanos, em 1901, digamos que dos 22 440 estudantes que os frequentavam, 59,2% eram de química inorgânica, 24,1% de analítica, 12% de orgânica, 2,5% de química-física e 2,2% de agricultura. O crescimento do número de

---

[103] PAULING, Linus – Arthur Amos Noyes: Sept. 13, 1866-June 3, 1936 (A biographical memoir), p. 322-346.

químicos foi assombroso: de 0,6 por 10 000 habitantes, em 1870, passou-se para 3,1, em 1900, e para 11, em 1940.

A seleção dos bolseiros era rigorosa, ou seja, somente os melhores eram enviados para o estrangeiro e o aproveitamento era excelente. No regresso ao seu país, continuavam os estudos nas áreas das respetivas especialidades, instalavam centros de investigação e, com as condições de trabalho concedidas, o nível científico desses centros ultrapassava, em pouco tempo, o dos estrangeiros onde tinham estado. À semelhança da Alemanha, no início do século, os Estados Unidos, no final do século, instalaram uma rede de escolas de química em todo o país, seguindo um projeto algo idêntico e importando ciência de países estrangeiros.

Hoje, os Estados Unidos ocupam na química um lugar destacado do resto do mundo como mostram as avaliações mundiais das universidades. Por exemplo, as listas de 2012 a 2023 da *Times Higher Education World Reputation* mostram que, nos 100 primeiros lugares, estão 37 universidades dos Estados Unidos da América, 19 da Grã-Bretanha, 17 da Europa Continental, 14 da Ásia, 8 da Oceania e 5 do Canadá.[104]

[104] MORGAN, John – **Times Higher Education Reputation Rankings**.

6. SOCIEDADES DE QUÍMICA DO SÉCULO XIX

Edinburgh University Chemical Society

A primeira sociedade de química foi criada em Edimburgo, possivelmente em 1785, e era constituída pelos alunos de Black que seguiram as suas aulas entre 1789 e 1780. A Sociedade chegou a ter cinquenta e nove membros, dezanove dos quais eram licenciados em medicina pela universidade de Edimburgo; destes, três eram escoceses, três eram ingleses e treze eram irlandeses. Como se explica a predominância de irlandeses? Quando Black tinha doze anos, foi para Belfast para estudar latim e grego e, desde então, ficou ligado à Irlanda, onde era muito estimado. É isto que justifica o maior número de membros daquela que foi chamada *Black Students Society*. Black admirava Newton e aderira à química do flogisto, razão por que demorou a aceitar a teoria de Lavoisier; foram os seus alunos que a adotaram antes de o mestre o ter feito, ainda que este se não tenha oposto a esta opção.[105] Kendall esclarece a data da criação da sociedade escocesa e conclui ser a mais antiga do mundo.[106]

Chemical Society of Glasgow

É possível que tenham existido duas sociedades de química em Glasgow, se bem que não seja conhecida a duração da sua coexistência. Sir William Ramsay, professor na universidade desta cidade, informa no seu livro *The Life and Letters of Joseph Black, M. D.* que o seu avô, William Ramsay of Camlachie tinha sido presidente da *Chemical Society of Glasgow*, fundada em 1798.

Forsyth J. Wilson[107] afirma ter chegado ao seu conhecimento um livro de registos e uma carta de Sir William Ramsay encontrados na *Chemical Society*

---

[105] PERRIN, C. E. – A Reluctant Catalyst: Joseph Black and the Edinburgh Reception of Lavoisier's Chemistry.

MORRISON, Carole A.; CAMPBELL, Eleanor E. B. – Celebrating 300 years of chemistry at Edinburgh.

[106] KENDALL, James – The University of Edinburgh.

[107] WILSON, Forsyth J. – The Chemical Society of Glasgow: Minute Book of 1800-1801, p. 451-459.

of Glasgow: os registos do livro iam de 8 de outubro de 1800 a 20 de março de 1801; e a carta informava ter sido o avô de Sir William o primeiro presidente desta Sociedade, fundada em 1798. Com estes dados, esta teve, pelo menos, a duração de três anos.

Ramsay refere-se novamente ao avô paterno na sua alocução na cerimónia da entrega do prémio Nobel em 1904: diz que ele se entregava a manufaturas de química, continuando a tradição familiar de tinturaria, e cita vários produtos químicos descobertos por ele. O avô materno era médico e autor de vários manuais de química para o estudo da medicina, por conseguinte, ele nasceu num ambiente familiar muito relacionado com a química. No livro da sua autoria sobre Joseh Black, refere-se uma vez mais à *Chemical Society* e à presidência do seu avô.[108] A existência da Academia é confirmada por outros autores.

Chemical Society of Philadelphia

Antes da química lavoisiana, a universidade da Pennsylvania tinha, no ramo científico, cursos de astronomia, botânica, matemática, física e história natural. O interesse desta universidade pela química surgiu em 1765 com a criação do curso de medicina no *College of Philadelphia*, hoje universidade de Philadelphia. A cadeira foi entregue a John Morgan, antigo aluno de Black que sabia bem o papel da química em medicina, o que o obrigou a ensinar esta ciência no curso recém-criado.

Um aluno finalista, John Penington, foi atraído pela química e estabeleceu, em 1789, uma sociedade que propiciasse aos alunos de medicina o conhecimento desta ciência. A sociedade desapareceu dois anos depois sem deixar história; no entanto, o interesse pelas associações de química não desapareceu e, em 1792, foi criada a *Chemical Society of Philadelphia*. Um dos fundadores foi James Woodhouse, que convidou Benjamin Rust, seu antigo professor da universidade da Pennsylvania, para o acompanhar neste ato; a estes dois juntaram-se alguns médicos e químicos locais e criaram esta sociedade de química que, apesar de ter um âmbito regional, desempenhou uma ação importante no desenvolvimento da química.

Além dos sócios da região, tinha como sócios correspondentes pessoas de lugares distantes dos Estados Unidos e até da Europa. Um exemplo da internacionalização da Sociedade foi a escocesa Elizabeth Fulhame, que se notabilizou pelas suas ideias originais sobre catálise e fotorredução. O prestígio que tinha nos Estados Unidos fez com que fosse eleita sócia honorária da sociedade. Foi autora de *An essay on combustion, with a view to a new art of dying and painting. Wherein the phlogistic and antiphlogistic hypotheses are proven erroneous*, publicado em 1794. Pelo seu título, não surpreende que as ideias do livro

---

[108] RAMSAY, William – **The Life and Letters of Joseph Black, M. D.**, p. 110.

tivessem gerado comentários favoráveis de alguns e críticas de outros, pois, na época, a teoria de Lavoisier lutava para se impor e a do flogisto procurava sobreviver. Passada uma fase de admiração, Mrs. Fulhame caiu no esquecimento, tendo a sua imagem sido avivada no início do século XX por J. Mellor.[109]

A Sociedade atraiu para a química muita gente que assistia às reuniões e também contribuiu para difundir a química de Lavoisier nos Estados Unidos. Em 1796, instalou um laboratório para a prática da química, onde se realizaram análises químicas de minerais, rochas e solos e se fizeram experiências de química básica. Em 1801, alguns dos seus membros aperfeiçoaram as técnicas de análise por aquecimento com maçarico – método de análise muito em uso naquele tempo. No ano seguinte, a Sociedade pulicou o livro *Memoir on the Supply and Application of the Blow-Pipe* da autoria de Robert Hare, que descreve e ilustra a alimentação do maçarico com ar e com oxigénio e as temperaturas conseguidas com diferentes misturas gasosas.

As sessões da Sociedade eram semanais, os seus sócios eram cerca de setenta, reunindo a maioria dos químicos e médicos da região. Na fundação e durante a sua existência, foi apoiada pelos políticos, salientando-se entre eles Thomas Jefferson cuja dedicação à ciência alcançou foros de reputação mundial.

A *Chemical Society of Philadelphia* teve apenas quinze anos de existência, mas a cidade não ia ficar sem a sua sociedade porque, em 1813, dois estudantes da universidade da Pennsylvania, Thomas Dupré e George Ferdinand, organizaram a terceira sociedade de química de Filadélfia, que era também a terceira do país: *The Columbian Chemical Society*. Esta tinha uma influência territorial e intelectual maior do que a anterior, quer no país quer no estrangeiro, e tinha como membros honorários cientistas de vários países: Estados Unidos, Grã-Bretanha, França e Espanha. Tal como a sua antecessora, o laboratório de que dispunha tinha uma atividade notória. No primeiro ano, publicou o único número de *Memoirs of the Columbia Chemical Society,* um volume de duzentas e vinte e uma páginas contendo vinte e seis trabalhos, nove dos quais da autoria dos seus membros.

Teve uma vida curta de apenas três anos e, desta vez, o interregno até a cidade ter uma nova sociedade de química ia ser mais longo do que nos casos anteriores e ela iria surgir integrada num esquema mais adaptado ao tempo. Em 1899, foi criada na cidade uma delegação da *American Chemical Society*, que se iniciou com 83 sócios e, dezassete anos depois, tinha 5000.[110]

[109] MELLOR, J. W. – History of the water problem (Mrs. Fulhame's theory of catalysis), p. 557-567.

[110] MILES, Wyndham D. – Early American Chemical Societies: 1. The 1789 Chemical Society of Philadelphia; 2. The Chemical Society of Philadelphia, p. 95-113.

A química nos cafés e clubes de Londres

Na sociedade londrina de setecentos, enraizou-se o hábito de usar clubes, tavernas e cafés como locais de encontro para conversar sobre assuntos de interesse profissional e comercial, para a habitual cavaqueira com os amigos ou simplesmente para tomar uma bebida. Este hábito foi trazido da Turquia, sendo a *Angel Inn* de Oxford a primeira *coffee house* em território britânico, instalada em 1650. Em 1652, a *Pasqua Rosee* foi a primeira a abrir em Londres, na St. Michael's Alley – Cornhill; a partir desta data, tiveram uma imensa proliferação numa cidade em crescimento populacional explosivo e fonte de ideias progressistas. Charles II considerava-as locais perigosos de política e de conspiração e, em 1675, emitiu a *Proclamation of the Suppression of Coffee Houses*, mas, a avaliar pelo ritmo com que se multiplicavam, não teve efeito.

Artistas, poetas, livreiros, artesãos, comerciantes tinham em agenda reuniões em *clubs* ou em *coffee houses*. Mais para o final do século, o hábito estendeu-se a cientistas ou a admiradores da ciência. O que já foi dito sobre o entusiasmo despertado pela ciência leva a imaginar que, por essa altura, o seu fervilhar transvazava os muros da *Royal Society* e da *Royal Institution* e passara para sociedades menos formais, mais familiares e mais acessíveis aos novos que ainda não eram conhecidos.

Uma curta pausa no trabalho parece ter ficado a fazer parte dos hábitos dos cientistas: veja-se o *tea* ou *coffee break*, que reúne diariamente os investigadores e professores dos centros científicos e que figura nos programas de encontros e congressos. Recordo, a este propósito, o meu antigo professor Ruy Couceiro da Costa, diretor do Laboratório Químico da universidade de Coimbra, que, no final da tarde, ia com os colaboradores tomar café a um dos cafés da Baixa da cidade – uma meia hora de cultura e agradável convívio. Só mais tarde, vim a saber que se tratava de um hábito com raízes antigas e mundiais e a compreender o alcance destas tertúlias.

A primeira sociedade científica deste tipo, em Londres, era constituída por um grupo de pessoas que se juntavam quinzenalmente na famosa *Chapter Coffee House*. Interrogavam-se alguns se o grupo tinha relações com a Sociedade Lunar e outros imaginavam relações com a Sociedade de Química de Edimburgo. Naturalmente, estava intelectualmente ligada a qualquer delas ou a ambas, mas sem qualquer dependência externa. A ciência não respeita fronteiras e não aceita a subordinação.

A Sociedade teve a sua primeira reunião em 1 de dezembro de 1780, usando o nome de *Philosophical Society*, mas considerando o local das reuniões, era conhecida por *Chapter Coffee House Society*. Este café ficava na Paternoster Row, nas imediações da catedral de S. Paulo e daqui a designação de *Chapter House*. Embora não tivesse no nome nada que a pudesse identificar como uma sociedade de química, na prática, funcionava como tal. O último secretário, Dr. Hamilton, assinava as atas das reuniões como sociedade de química.

A vaidade ou o desejo de afirmar a dedicação exclusiva aos interesses da química ia ao ponto de, em 21 de janeiro de 1785, um dos membros ter desejado apresentar uma comunicação sobre astronomia, o que, após discussão entre os membros presentes, o autor não foi autorizado a fazer. A partir de novembro de 1784, a Sociedade passou a reunir-se na *Baptist's Head Coffee House*.

O pouco que se sabe sobre o funcionamento da Sociedade é dado pelos professores que assistiam às suas reuniões como convidados. Um destes visitantes, John Playfair, professor de filosofia natural da universidade de Edimburgo, foi a Londres no início de 1782 para se inteirar da vida cultural da cidade, lá permaneceu alguns meses, visitou a *Chapter Coffee House* e assistiu a uma reunião.[111] No relatório da sua missão, diz ter sido recebido pelo Dr. B. Vaughan que o apresentou ao velho geólogo Whitehurst, a Keir e a Crawford. Na reunião, tratou-se de química, designadamente das experiências de Torbern Bergman sobre o ferro. A pesquisa de elementos estranhos no ferro era importante porque, no final do século, os industriais de tecelagem estavam a substituir os teares de madeira por teares de ferro e era necessário conhecer a qualidade do ferro a usar, concretamente os seus teores em carbono e fósforo. Bergman, que se notabilizara em química analítica, tinha estabelecido métodos para executar a análise destes elementos.

A sessão terminou com a advertência dos cuidados a ter com as teorias e raciocínios obtidos por analogia e, a este propósito, foi contada a seguinte anedota: «um selvagem americano que, acidentalmente, tinha adquirido uma certa quantidade de pólvora foi mostrá-la ao chefe da tribo, que, depois de a examinar atentamente, concluiu tratar-se de sementes e logo foram buscar terra para a semear na esperança de uma boa colheita». A anedota é uma advertência contra explicações dadas simplesmente com base na analogia.

Foi uma Sociedade de curta duração, mas útil para a química da Grã-Bretanha, porque fazia a ligação entre Londres, onde se discutiam as teorias da química, e os Midlands em plena efervescência industrial. Um dos membros que desempenhou um papel importante na atividade da Sociedade foi o português João Jacinto de Magalhães, antigo frade de Santa Cruz de Coimbra que viveu grande parte da sua vida em Inglaterra e que se dedicava à construção ou aperfeiçoamento de instrumentos. Tinha uma rede de relações estreitas com os cientistas da época que tornaram Jean-Hyacinthe de Magellan muito conhecido nos meios científicos ingleses e franceses e muito influente e ativo na divulgação das novidades da química experimental, especialmente na relacionada com a indústria e a medicina.

Uma outra sociedade fundada em Londres, em 1794, pelo médico irlandês Bryan Higgins, foi a *Society for Philosophical Experiments and Conversations*

---

[111] LILLYWHITE, Bryant – **London Coffee Houses: A reference book of coffee houses of the seventeenth, eighteenth and nineteenth centuries**, p. 153.

destinada à realização de experiências, mas a maior enfâse era dada às *minutes,* exposições sobre aspetos da química. A sociedade foi dissolvida em 1796.

Outros lugares de reunião de associações científicas eram os clubes onde os membros tomavam uma refeição, geralmente o jantar, à qual se seguia a discussão científica. Havia em Londres muitos *dining clubs* pelos quais passava muito da vida intelectual da cidade a ponto de se dizer, no início do século XIX, que a cultura de Londres era a cultura de clubes. Realmente, no final do século haveria, aproximadamente, uns 3000 clubes e sociedades, uma dúzia destas exclusivamente dedicadas à química.

Dos vários clubes onde havia reuniões de química salientava-se o *Chemical Club*, que tinha poucos sócios, mas alguns deles foram expoentes da química de então. Tinha quinze membros entre os quais figuravam Humphrey Davy e William Hyde Wollaston, que viriam a ser os dois maiores expoentes da química inglesa da primeira metade do século. O *Chemical Club* existiu entre 1808 e 1826, mas a sua vivência foi muito ativa. As reuniões eram normalmente na última terça-feira de cada mês, e por isso, era chamado *Thuesday's Club*.

Depois do jantar, seguia-se a apreciação de temas de química. Cada membro podia convidar uma pessoa para assistir às reuniões, o que acontecia com frequência. Quando alguém importante estava na cidade vindo de algures do Reino Unido ou do estrangeiro era frequentemente convidado pelo clube a participar nos trabalhos. Era uma forma de se ficar a saber o que se passava pelo mundo no respeitante à química, de conferir nível científico às reuniões e de ampliar a rede de contactos. Dentre os convidados a assistir às sessões do *Club* estão Berzelius, Dalton, Candolle, Arago e Gay-Lussac. Em 1812, Berzelius visitou Londres, onde esteve alguns meses e assistiu à reunião do *Club* de 18 de julho desse ano. Entretanto, foi descoberta a preparação do tricloreto de azoto, que foi assunto discutido numa reunião do *Club*, tendo Marcet comunicado imediatamente ao químico sueco o que se passou nessa reunião. O simples facto de ter participado uma vez nos trabalhos do *Club* levou aquele sócio a sentir a obrigação de informar o visitante do assunto tratado numa das reuniões seguintes.

O *Club* tinha uma organização administrativa muito simples cujos encargos se resumiam praticamente ao pagamento das refeições ao tesoureiro que tomava nota das despesas.[112]

---

[112] LACEY, Andrew – The Chemical Club: An Early Nineteenth Century Scientific Dining Club, p. 263.

LEVERE, Trevor Harvey; TURNER, Gerard L'E – **Discussing Chemistry and Steam: The Minutes of a Coffee House Philosophical Society 1780-1787**, p. 16.

Associações Assistentes

Face ao formigueiro das pequenas associações especializadas que emergiam por toda a cidade, a atitude da *Royal Society* foi de alguma indiferença. A maioria dos seus membros opunha-se à divisão da instituição em grupos especializados e, como forma de atualização de associativismo, arranjou a solução de criar as *Assistant Associations* – associações consagradas a especialidades científicas sob patrocínio do presidente da *Royal Society*: na altura, Joseph Banks.

Em 1808, um grupo constituído pelos químicos Davy, Hatchett, Brande e Cavendish, o médico William Babington e os cirurgiões Everard Home e Benjamin Brodie foi recebido por Banks para lhe pedir a formação de uma destas associações destinada ao estudo da bioquímica. A proposta foi aceite em 27 de abril de 1809, ficando Hatchett como presidente, Brande como secretário e Banks como patrono.

Este tipo de associações não teve êxito porque os seus membros o eram também da *Royal Society* e este conflito de interesses ofuscava a sua atividade.

Société d'Arcueil

Claude Louis Berthollet – um aderente à teoria de Lavoisier que colaborou com ele nas regras da nomenclatura – criou, em 1806, uma sociedade privada constituída por catorze pessoas que se reuniam quinzenalmente na vila de Arcueil, nos arredores de Paris, para tratar de temas de química. Ao regressar com Napoleão das campanhas africanas, Berthollet instalou-se nesta vila com o auxílio do imperador, numa propriedade vizinha da de Laplace, e aí fundou *«une Société de quelques personnes qui cultivent les différentes branches de la Physique et de la Chimie, s'est formée en vue d'accroître les forces individuelles par une reunion fondée sur une estime réciproque et sur des rapports de goût et d'études, mais en évitant les incovéniens d'une association très nombreuse»*.[113]

O nível científico da *Société d'Arcueil* era garantido pelos seus membros: Laplace, C. L. Berthollet, os filhos de Berthollet, Biot, Gay-Lussac, A. Humboldt, Thénard, Augustin de Candolle, Collet-Descotils, Bérard, Chaptal, Dulong, Poisson e Malus.

A Sociedade publicou três volumes das *Memoires de physique et de chimie de la Société d'Arcueil* correspondentes às atividades de 1807, 1809 e 1817, contendo um grande número de comunicações de Berthollet, trabalhos importantes de Thénard sobre éteres e de Gay-Lussac sobre as leis de misturas gasosas. A Sociedade foi dissolvida em 1822, ano em que Berthollet morreu, mas, apesar da sua curta vida, foi importante sob o ponto de vista científico.

---

[113] LEMAY, Pierre – Berthollet et la Société d'Arcueil, p. 191-193.

Esta foi a primeira associação francesa de química, o que é de estranhar se compararmos a data do seu aparecimento na pátria-mãe da química com o bulício que se verificou em Inglaterra na parte final de setecentos. A razão prende-se com a agitação política e social ocasionada pela Revolução Francesa (1789), que suspendeu o estudo da ciência e que eclodiu exatamente no ano em que foi publicado o *Traité élementaire de chimie*. Aliás, a *Sociedade de Arcueil* foi fundada logo no início do império napoleónico – acontecimentos praticamente concomitantes.

Sociedades nacionais de química do século XIX

A divisão da ciência em especialidades incrementou a necessidade de uma maior ação das associações, seguindo a lei da ciência de que o progresso arrasta consigo o aumento de todos os meios que produzam mais e maiores avanços. As universidades tornaram-se os locais privilegiados de pesquisa científica com laboratórios equipados para o efeito, cabendo-lhes a preparação de investigadores e a organização de uma estrutura adequada a uma maior eficiência do trabalho. As associações passaram a colaborar com as universidades com o mesmo espírito com que o vinham fazendo, mas alargando a sua ação em qualidade e quantidade. Estas passaram a ser o registo das descobertas, o meio de as divulgar rapidamente e a afirmação do mérito científico da própria sociedade.

De um escasso número de sociedades de química de âmbito regional criadas na viragem do século e acabadas de referir, passaram a aparecer sociedades nacionais em todos os países. Bolton[114] enumerou as sociedades de química em atividade em 1900, especificando os países, a data da fundação, o número de membros de cada uma delas, as publicações que editavam e o nome da pessoa que presidia aos seus destinos. Segundo o autor, existiam cinquenta e seis sociedades de química nos doze países que considerou, quarenta e sete delas pertencendo a países europeus que representavam 75% dos países mencionados. Os 27 377 membros que faziam parte das cinquenta e seis sociedades constituíam 90% das sociedades europeias. A distribuição de sociedades por países era muito variável, por exemplo: uma, na Rússia; sete, na Áustria; nove, na Grã-Bretanha; e dez, em França e na Alemanha.

No fim do século, havia onze países com a sua sociedade nacional de química, os quais estão mencionados no quadro seguinte:[115]

---

[114] BOLTON, Henry Carrington – **Chemical Societies of the Nineteenth Century.**

[115] COOKE, Helen – A historical review of the chemistry periodical literature until 1950.

País	Sociedade	Ano de fundação
Grã-Bretanha	*Chemical Society of London*	1841
França	*Société Chimique de Paris*	1857
Alemanha	*Deutsche Chemische Gesellschaft zu Berlin*	1867
Rússia	*Russian Chemical Society*	1868
Estados Unidos	*American Chemical Society*	1876
Japão	*Tokyo Chemical Society*	1878
Dinamarca	*Kemisk Forening – Danish Chemical Society*	1879
Suécia	*Svenska Kemisamfundet*	1883
Bélgica	*Association Générale des Chimistes Belges – Association Belge des Chimistes*	1887
Finlândia	*Finska Kemistsamfundet*	1891
Noruega	*Norwegian Kjemisk Selskap*	1893

Uma vez formadas, estas sociedades trataram logo de criar as suas revistas periódicas como se mostra a seguir:

Sociedade	Revista	Ano
Chemical Society of London	*Journal of the Chemical Society*	1857
Société Chimique de Paris	*Bulletin de la Société Chimique de Paris*	1858
Deutsche Chemische Gesellschaft zu Berlin	*Berichte der deutschen chemischen Gesellschaft*	1869
Russian Chemical Society	*Journal of Russian Chemical Society*	1868
American Chemical Society	*Journal of the American Chemical Society*	1879
Tokyo Chemical Society	*Journal of the Tokyo Chemical Society*	1880
Kemisk Forening – Danish Chemical Society	*Kemisk Maanedsblad*	1925
Svenska Kemisamfundet	*Svensk Kemisk Tidskrift*	1899
Association Générale des Chimistes Belges – Association Belge des Chimistes	*Bulletin de l'Association Belge des Chimistes*	1887

Os países escandinavos tardaram a ter uma revista de química própria e somente em 1947 fundaram a *Acta Chemica Scandinavica* organizada e gerida durante cinquenta e três anos pela Dinamarca, Finlândia, Noruega e Suécia.

Damos, a seguir, um pequeno apontamento acerca da fundação das sociedades de química criadas neste século e que alcançaram uma dimensão que lhes deu uma posição de relevo na química.

Chemical Society of London

Em 1841, foi fundada em Londres a *Chemical Society of London* – a primeira sociedade de química de âmbito nacional a ser constituída, abrangendo todos os químicos do país e, naturalmente, também aberta a químicos estrangeiros.

A iniciativa pertenceu a Robert Warrington, que começou a sua vida profissional como assistente da universidade de Londres e, ao fim de três anos, abandonou a carreira académica para ir ocupar um lugar numa fábrica de cerveja, tornando-se um dos químicos mais conhecedores dos processos de fabrico desta bebida. Anos depois, exerceu a profissão de químico na *Society of Apothecaries*; em 1845 (data da chegada de Hofmann a Inglaterra), integrou a comissão instaladora do *Royal College of Chemistry*; foi o autor da *British Pharmacopoeia*; e tinha relações cordiais com os académicos Thomas Graham e William Brande, com o industrial Warren De la Rue, e com o consultor de química Lyon Playfair.

Em 23 de fevereiro de 1841, Warrington organizou uma reunião de químicos para tratar de fundar uma sociedade de química de caráter nacional.[116] Sendo a primeira deste tipo consagrada a esta especialidade, não era a primeira sociedade setorial de ciências, pois em Londres tinham sido constituídas quatro outras dedicadas a outros tantos ramos científicos: *Linnean Society* (1788), *Geological Society* (1807), *Royal Astronomical Society* (1820) e *Zoological Society* (1826).

No referido encontro de fevereiro, os presentes concordaram nas linhas gerais de funcionamento da futura sociedade: haveria reuniões periódicas para apresentação de comunicações e discussão de descobertas anunciadas, que seriam publicadas pela sociedade nos *Proceedings* ou nas *Transactions*. Decidiram ainda organizar uma biblioteca e um museu de preparações químicas, comprar aparelhos de uso corrente e instalar um laboratório de investigação.

A reunião destinada à fundação da *Chemical Society of London* realizou-se em 30 de março desse mesmo ano (1841): compareceram setenta e sete químicos; Thomas Grahame foi eleito presidente e Robert Warrington, secretário. A carta de reconhecimento real foi-lhe concedida em 1847.

---

[116] STEPHEN, Leslie; LEE, Sidney – **Dictionary of National Biography**.
MOORE, Tom Sidney; PHILIP, James Charles – **The Chemical Society, 1841-1941: A historical review**, p. 13.

Na fase inicial, o projeto da Sociedade era o avanço da química no setor manufatureiro – naquela altura, a indústria mais valorizada neste país. Entretanto, a Sociedade foi sendo cada vez mais atraída para a investigação da química fundamental e a química prática foi ficando mais esquecida, o que criou um certo mal-estar entre os interessados nos aspetos aplicados da ciência. A solução encontrada para aliviar a tensão entre os que desejavam dedicar-se ao avanço da fundamentação científica e os que pretendiam dedicar-se à química aplicada, que se intensificara no século anterior, foi a criação do *Institute of Chemistry* (1877) e da *Society of Chemical and Industry* (1881) – ambos cuidando dos interesses da indústria.

No início, as comunicações lidas nas sessões da Sociedade eram publicadas nas *Memoirs and Proceedings of the Chemical Society*, que tinham uma aparição irregular. Em março de 1848, William Thomas chamou a atenção dos colegas para a necessidade de a publicação das comunicações ser mais rápida e eficiente, tendo-se decidido que a revista fosse trimestral e que, além dos trabalhos da sociedade, contivesse também resumos de importantes trabalhos de investigação estrangeiros. No ano seguinte, o órgão de comunicação da Sociedade passou a designar-se *Quarterly Journal*, a ser trimestral e a ter, de facto, uma periodicidade regular. O primeiro volume continha vinte e nove trabalhos de químicos ingleses e os resumos de trabalhos da autoria de Wöhler, Gay-Lussac, Gerhard, Laurent, Gmelin e Liebig. A partir de 1863, a revista da Sociedade passou a ser mensal e a ter o nome de *Journal of the Chemical Society (London)*.

A Sociedade teve uma ação tão importante no desenvolvimento da química que a coloca, desde o início, entre as sociedades mundiais de química de vanguarda. Em 1980, a reorganização das associações inglesas de química reuniu a *Chemical Society, Faraday Society, Royal Institute, Chemical Society for Analytical Chemistry* numa única unidade, a *Royal Society of Chemistry*, que tem cerca de 50 000 sócios espalhados pelo mundo.

Société Chimique de Paris

Como era habitual, França respondeu à Inglaterra, criando em Paris a sua sociedade de química. A origem desta sociedade esteve num grupo de três jovens investigadores de química que se reuniam a partir de 1857, num café de Paris, para discutir assuntos de química e conversar sobre temas culturais que levavam para os encontros. Um dos componentes do grupo era Jacques Arnaud, de origem italiana, que fazia investigação no laboratório de Chevreul; outro era Anton Rosing, norueguês que trabalhava com Dumas; e o terceiro era Aimé Girard, francês que também trabalhava com Jean-Baptiste Dumas. Cada um exercia as funções de presidente da Sociedade durante um mês em regime de rotatividade, enquanto os outros exerciam os cargos de secretário e de tesoureiro, por seis meses.

Na reunião de 18 de dezembro de 1858, presidida por Girard, foram aprovadas as seguintes propostas: criar uma revista de química, procurar um lugar para instalar a sede e estabelecer uma lista de sócios a convidar. Logo nessa sessão, foram nomeados vinte e cinco novos sócios, entre eles Henri Sainte-
-Claire Deville, Louis Pasteur, Auguste Cahours e Paul Dehérain. Dumas foi eleito por aclamação presidente da sociedade que se haveria de designar *Société Chimique de Paris* e Pasteur e Cahours, vice-presidentes.[117]

Esta reunião transformou um grupo de três jovens que iniciavam a sua carreira científica numa sociedade de vinte e oito cientistas de nomeada reputação, alguns deles de topo mundial, e foi satirizada por Gustave-Augustin Quesneville na sua *Revue Scientifique et Industrielle,* particularmente a eleição de Dumas para presidente por aclamação, quando o regulamento obrigava a que este ato fosse praticado por eleição. Quesneville comparava-a à conhecida fábula de La Fontaine, *La Génisse, la Chèvre, et la Brebis, en société avec le Lion.* Como sabemos, este comeu a presa inteira perante os consortes quedos e emudecidos. E, noutro número da revista, o mesmo autor assemelhava a citada reunião ao 18 de brumário, que deu o poder a Napoleão Bonaparte, apelidando-a de *18 brumaire chimique.*

Jean-Baptiste Dumas, o químico mais influente em França, não se dedicou à Sociedade, pois a química orgânica ocupava-lhe o tempo e, a partir de 1859, fazia-se substituir nas reuniões por Pasteur, vice-presidente, terminando o seu mandato em 1861. Mas não foi este o tipo de comportamento comum à maioria dos presidentes que se lhe seguiram, pois todos eles foram de grande dedicação aos interesses da Sociedade. De 1857 a 2007, a Sociedade teve setenta e cinco presidentes, personalidades de grande prestígio mundial que a engrandeceram. Lembremos alguns deles: Pasteur e Wurtz foram eleitos três vezes cada um; Berthelot fez cinco mandatos ao fim dos quais foi eleito presidente honorário, passando a representar a Sociedade em reuniões internacionais. Três dos presidentes não eram franceses de nascimento: dois já foram citados e o terceiro foi Roberto Duarte Silva, natural de Cabo Verde, e cuja *alma mater* foi a Escola Politécnica de Lisboa.

A divulgação científica através de uma revista periódica foi uma das obrigações assumidas pela Sociedade na primeira reunião e, em 29 de maio de 1858, Rossing foi encarregado de avançar com o projeto de lançamento de *Repertoire de Chimie Pure* cujo redator seria Wurtz e de *Repertoire de Chimie Appliquée* redigido por Barreswill. Em novembro deste ano, foi editado o *Bulletin de la Société Chimique de Paris*, que, em várias séries, acompanhou a atividade da Sociedade.

Com o decorrer dos anos, a Sociedade foi estabelecendo delegações em várias cidades: Lyon (1898), Lille e Toulouse (1902), Marselha e Montpellier

---

[117] LESTEL, Laurence – The Société Française de Chimie (1857-2007) as a Place for Thinking Chemistry in France.

(1905). A implantação das delegações em várias cidades levou à mudança de designação, em 1906, para *Société Chimique de France* e, em 1983, por fusão com a *Société de Chimie Physique*, passou a designar-se *Société Française de Chimie*, tendo retomado a designação de *Société Chimique de France* em 2009.

Deutsche Chemische Gesellschaft zu Berlin

A fundação da Sociedade de química alemã aconteceu numa data em que a química deste país tinha passado para a liderança mundial desta ciência e a atividade de investigação era pujante. Estavam lançadas as bases da indústria química sintética, que iria reforçar a hegemonia alemã como potência científica na segunda metade do século. Mesmo nestas condições, o facto mais relevante para a fundação da Sociedade de química foi a vinda de August Wilhelm Hofmann de Inglaterra, em 1868. Além desse seu papel decisivo, este brilhante investigador foi presidente da instituição por nove vezes, entre 1868 e 1892.

Em 1859, o governo prussiano tinha aprovado a criação de um instituto de química de Berlim cuja construção só começou em 1865, precisamente o ano em que Hofmann regressou ao seu país. Dois anos antes, fora-lhe oferecida uma cadeira neste instituto, mas ele ainda se encontrava em Londres e recusou o convite. Ao regressar, foi ocupar uma cadeira na prestigiada universidade de Berlim, onde instalou a sua investigação que tanta influência tivera na química inglesa e iria ter igualmente na alemã. Quando Hofmann deixou a presidência e esta passou para Emil Fisher, a Sociedade era a maior do mundo.[118]

No final de 1867, Carl Martius (que acompanhou Hofmann de Londres para Berlim) e o seu colega Hermann Wichelhaus elaboraram os estatutos da Sociedade de química que pretendiam fundar modelados pelos da *Chemical Society of London* e entraram em contacto com Adolf von Baeyer e Carl Scheibler, que concordaram com a ideia. Pediram a Hofmann que convocasse a reunião preparatória para 11 de novembro, mas ele recusou-se a assinar a convocatória pelo facto de ser um recém-chegado à universidade e por haver colegas mais antigos a quem cabia, portanto, essa missão. Assim, o convite para a reunião foi assinado por dez eminentes figuras da química alemã e a proposta foi subscrita por aproximadamente cem químicos presentes na reunião. Baeyer presidiu à reunião, Hofmann foi indigitado para presidente da Sociedade e para vice-presidentes: Baeyer, Rammelsberg, Magnus e Barwald. A resolução da reunião foi formalizada em 15 de janeiro de 1868. A edição do órgão de comunicação científica – *Berichte der deutschen chemischen Gesellschaft* – foi entregue a Hermann Wichelhaus, aparecendo o primeiro número ainda em 1868.

---

[118] JOHNSON, Jeffrey Allan – Between Nationalism and Internationalism: The German Chemical Society In Comparative Perspective, 1867-1945, p. 11044-11058.

Estava estabelecida a *Deutsche Chemische Gesellschaft zu Berlin* (DChG), a terceira grande sociedade nacional de química pela data do seu aparecimento porque, em importância científica, estava à frente das congéneres europeias então existentes. No primeiro ano, foram apresentadas nas reuniões da Sociedade noventa e sete comunicações, que ocuparam duzentas e oitenta e duas páginas de texto da revista. No final do ano, o número de associados era de duzentos e setenta e cinco.

O extraordinário desenvolvimento da química orgânica na Alemanha foi acompanhado, na segunda metade do século, por uma impressionante rede de fábricas de síntese de compostos químicos, que gerou a revolução industrial e teve reflexos na vida da Europa e na de todo o mundo.

Em 1887, foi criada na Alemanha a *Verein Deutscher Chemiker* (VDCh), que, à semelhança da outra sociedade de química, lançou a sua revista periódica *Angewandte Chemie*. A diferença entre as duas sociedades residia nos filiados: enquanto a DChG era constituída por académicos interessados na química pura, a VDCh era a preferida pelos químicos que trabalhavam na indústria.

American Chemical Society

Ainda antes de alcançarem a independência política, os Estados Unidos da América já estavam despertos para a cultura, em virtude de haver pessoas da metrópole que a transportavam para a colónia e pessoas da colónia que vinham à metrópole em busca dela. A atenção dedicada à educação, cultura e ciência fora uma constante na vida daquele território e naturalmente que, com a independência, a vida intelectual adquiriu maior expressão. Depois da guerra civil, a preparação científica ganhou foros de campanha nacional a demonstrar a consciência do valor que a ciência tinha na promoção social e económica e a posição que o país queria ocupar no novo mundo. É neste ambiente de certa efervescência intelectual que nasceu a sua Sociedade de química.

Em 1870, havia setecentos e setenta e quatro químicos no país, o equivalente a 0,6% de 10 000 habitantes, valor que duplicou nos vinte anos seguintes. De 1889 a 1904, quarenta e quatro estudantes pós-graduados frequentaram o laboratório de química-física de Ostwald, em Leipzig, o que nos dá uma ideia da dimensão da educação científica neste nível mais elevado. Neste domínio científico, havia outros bons centros europeus e neste final de século, embora a química-física registasse o maior crescimento, não era aquele que tinha mais cientistas. A dimensão dos setores da química ordenava-se do modo seguinte: química inorgânica > química analítica > química orgânica > química-física.

No verão de 1874, um pequeno grupo de químicos decidiu comemorar o centenário da descoberta do oxigénio por Joseph Priestley. Em 1 de agosto de 1744, no seu laboratório de Calm (Inglaterra), este químico efetuara a célebre experiência de fazer incidir por meio de uma lente de doze polegadas a luz do

Sol sobre um fragmento de óxido vermelho de mercúrio: libertou-se um gás ao qual chamou «ar deflogisticado», que veio a ser a chave para resolver o enigma da química. Infelizmente, o flogisto foi uma teoria que Priestley abraçou desde o início da carreira e defendeu enquanto foi vivo.

Os Estados Unidos, última morada de Pristley, nunca o esqueceram porque, além do seu valor científico, apoiou ideologicamente a sua libertação do domínio britânico. O local da homenagem seria a casa onde passou os últimos dez anos da sua vida, em Northumberland, Pennsylvania, e o organizador da comemoração foi Henry Carrington Bolton da universidade da Colúmbia. Enviou a todos os colegas do país uma circular assinada por trinta e cinco químicos, marcando uma reunião para os dias 31 de julho e 1 de agosto de 1874: o primeiro dia seria destinado a prestar homenagem a Priestley e o segundo seria dedicado à formação de uma sociedade de química semelhante à inglesa. Teria significado simbólico comemorar o dia da descoberta do oxigénio com a criação da sociedade e ligar este acontecimento ao nome de um cientista tão admirado por todos.

Estiveram em Northumberland setenta e sete congressistas, representando diversas especialidades e dezasseis Estados. A maneira como apresentámos a organização do evento dará ideia de que ele teria o clímax na fundação da sociedade de química e que Bolton seria um dos apoiantes. Primeiro, Bolton opunha-se à sua criação e só presidiu à primeira sessão do primeiro dia, sendo substituído por Charles F. Chandler, seu colega da universidade da Colúmbia que dirigiu as atividades do resto do primeiro dia e do dia seguinte. Quando, na tarde do último dia, o professor Frazer apresentou, de forma explícita, a proposta da criação da Sociedade, levantou-se um coro de oponentes. Compreende--se agora a razão da substituição de Bolton, um oponente, por Chandler, um tenaz defensor da formação da Sociedade. O *New York Daily Graphic*[119] descrevia a reunião de Northumberland em termos químicos, dizendo que os químicos americanos eram moléculas que não dispunham de afinidade para formarem um corpo. Realmente, vários deles pronunciaram-se contra a formação de uma sociedade nacional. J. Lawrence Smith era dos mais ativos opositores, dirimindo vários argumentos contra a proposta: o território era demasiado extenso para ter uma única sociedade; o número de químicos não era suficiente para poder constituir uma sociedade; invocava a história, afirmando que a América era um país defensor da descentralização e contra a centralização; e chamava a atenção para o facto de os químicos dos países pioneiros da formação de sociedades de química preferirem apresentar os melhores trabalhos nas prestigia-das *Royal Society* ou *Académie des Sciences*.

Os oponentes achavam que a melhor solução era dotar a *American Association for the Advancement of the Science* (AAAS) de condições necessárias para satisfazer os interesses da química, criando uma secção desta especialidade. Esta Associação tinha sido criada em 1848 na *Academy of Natural Sciences*,

---

[119] *New York Daily Graphic*, August 6, 1874, p. 252. (**falta o título do artigo**)

tinha estado adormecida durante a guerra civil, mas foi reativada em 1866, passando a funcionar normalmente. Todavia, o grau generalista da instituição não substituía a *American Chemical Society*, como estava a acontecer no resto do mundo.

A pessoa mais empenhada na criação da Sociedade e que liderava o grupo de New York era o professor da School of Mines da universidade de Colúmbia, Charles F. Chandler: no dia 27 de março de 1876, enviou a todos os químicos profissionais um convite para uma reunião a ter lugar no dia 6 de abril às oito horas da tarde no College of Pharmacy da New York University *«for organizing the American Chemical Society»*.[120] A reunião contou com trinta e quatro químicos e a discussão foi viva, dividindo-se, como seria de esperar, os presentes em dois grupos: um defendia a ideia de que AAAS era a instituição adequada para o desenvolvimento da química e, portanto, não seria necessário fundar a Sociedade; e um outro entendia ser necessário criar uma sociedade consagrada exclusivamente à química. O primeiro grupo era constituído pela velha-guarda do pós-guerra civil, na faixa etária dos 50-60 anos, de espírito prático e generalista e o segundo incluía químicos mais novos interessados na investigação da química fundamental.

Depois das várias intervenções, Charles F. Chandler e William H. Nichols fizeram a proposta de criação da *American Chemical Society*, que foi aprovada por maioria de votos. E, assim, foi constituída uma instituição de portas abertas para os que viviam na área (*residents*) ou fora dela (*non residents*).

Para minimizar o descontentamento dos oponentes, elegeram para presidente John W. Draper, filósofo, médico, cientista e fotógrafo, professor da universidade de New York, pessoa conhecida e respeitada por cientistas e leigos. Pelo que fez pela Sociedade, cabia a Chandler a honra de ser o primeiro presidente, mas ele entendeu que, nas circunstâncias em que a Sociedade foi criada, era necessário um presidente que ninguém pudesse contestar. A instabilidade da situação refletia-se no número de adesões: 192 sócios ao fim do primeiro ano; 247, em 1881; 167, em 1889. As coisas não corriam de feição. Chandler foi eleito presidente em 1881 e em 1889 e, no seu segundo mandato, principiaram as discussões sobre a criação de secções locais nas principais cidades. Foi uma reviravolta na adesão à Sociedade que, em 1901, tinha 1850 membros e, em 1910, cerca de 5000.

A sua primeira revista foi *Proceedings of the American Chemical Society* (1877-78), logo seguida do *Journal of the American Chemical Society*, que se iniciou em 1879. Mas até o lançamento da revista não foi pacífico. Em 1879, Ira Remsen, fundador da química na Johns Hopkins University, deu início à publicação da revista *American Chemical Journal*, que editou durante trinta e cinco anos e, oponente à fundação da *American Chemical Society*, hostilizava

---

[120] BOHNING, James J. – Opposition to the formation of the American Chemical Society, p. 92.

o seu jornal, apontando aos alunos, nos seminários, os defeitos que lhe encontrava e, batendo com um exemplar que tinha sobre a secretária, dizia: *«that purport to be the official organ of American chemistry»*.[121]

Estava estabelecida aquela que viria a ser a maior sociedade de química do mundo, que comemorou os seus cento e vinte cinco anos de existência em 2001, contando com trinta e duas divisões técnicas, aproximadamente 163 mil sócios e 186 secções em todos os 50 estados do país.

Chemical Society of Japan

Em 1878, um grupo de aproximadamente vinte escolares entusiastas da investigação química reuniram-se para organizar uma sociedade que contribuísse para o avanço do conhecimento desta ciência. Fundaram a *Chemical Society*, que, passado pouco tempo, adotou o nome de *The Tokyo Chemical Society* e, em 1921, passou a designar-se *The Chemical Society of Japan*.[122]

Vinte anos depois da fundação da sociedade nacional de química, foi criada no Japão a *Society of Chemical Industry of Japan* para dar apoio à indústria porque, no século XIX, a química prática era como que um receituário, um conjunto de práticas e métodos químicos consagrados pela experiência, independente e receosa da convivência com a química investigativa focada no estudo dos princípios básicos da ciência. Em 1948, as duas sociedades formaram uma só, adotando a designação que lhe foi atribuída em 1921.

Atualmente, a *Chemical Society of Japan* tem cinco divisões, sete sucursais, 21 000 membros e edita livros e várias publicações periódicas como: *Bulletin of the Chemical Society of Japan*; *Bioscience, Biotechnology, and Biochemistry*; *Chemistry Letters*; *The Chemical Record, Chemistry & Chemical Industry*; e *Newsletters*.

Revolução da química industrial

Na segunda metade do século, o grande desenvolvimento estrutural da química orgânica foi acompanhado por um desencadear de processos de síntese orgânica que deram a este campo da química uma extensão sem limites e a possibilidade de preparação de compostos novos ou desejados.

Fittig (1864), Wurtz (1869), Friedel e Crafts (1877), Schotten e Baumann (1884), Sandmeyer (1884), Sabatier e Senderens (1897), Grignhard (1900)

[121] NOYES, William Albert; NORRIS, James Flack – Biographical Memoir of Ira Remsen (1846-1927), p. 248.

[122] SUGA, Hiroaki – **President Message**.

descobriram sínteses que marcaram a tecnologia e a ciência da segunda metade do século e até mesmo a história da civilização.

Em 1856, William Henry Perkin, o jovem investigador assistente de A. W. Hofmann no Royal College of Science, procurava obter a quinina a partir da anilina extraída do alcatrão da hulha. Nas férias da Páscoa daquele ano, no laboratório que tinha em sua casa, fez uma das experiências do seu plano de investigação, oxidando a anilina com dicromato de potássio. Obteve um precipitado de cor acastanhada, o que o levou a considerar o ensaio como falhado. Ao limpar o vaso da experiência com álcool etílico, verificou a formação de um líquido de cor púrpura a que chamou púrpura de anilina e mais tarde malvaína. Submetida aos testes de avaliação das suas propriedades como corante para têxteis verificou que satisfazia os requisitos para o efeito.

Perkin deixou o College para explorar comercialmente o invento, tendo instalado uma pequena indústria em Greenford Green (próximo de Londres), que conservou durante vários anos, acabando por a vender para se dedicar à investigação.

Os tecidos tingidos com malvaína fizeram o fulgor da moda de Londres e Paris de fins da década de cinquenta e início de sessenta com a participação e divulgação da Rainha Vitória, ao visitar a *London International Exhibition on Industry and Art* de 1862, trajando um vestido de seda de cor púrpura. Estimulados pelo êxito alcançado pela malvaína, houve uma corrida aos corantes, que passou de Inglaterra para França – país que abandou a corrida logo em finais da década de sessenta.

Foi preparado um outro corante de tipo diferente quanto ao grupo cromofórico, fazendo reagir o ácido nitroso com anilina, originando sais de diazónio. O processo de diazonização tinha sido descoberto por Peter Griess por investigação realizada no Royal College of Science sob a orientação de Hofmann.

Na altura em que a Alemanha tinha formado um número de químicos qualificados superior à capacidade de absorção do mercado, muitos foram trabalhar para Inglaterra e Heinrich Caro foi um deles: estava ligado à tinturaria têxtil e trabalhava na firma Roberts Dale and Co. de Manchester. Em 1864, conjuntamente com Carl Martin, fez reagir os sais de diazónio com aminas aromáticas, obtendo dois azocompostos que designou por amarelo de Manchester e castanho de Manchester. Os corantes azoicos eram excelentes por não necessitarem de mordentes para serem aplicados e foram ultrapassando os corantes da anilina. Em 1902, representavam cerca de metade dos corantes do mercado cujo número era aproximadamente de seiscentos e oitenta e um.

Em meados da década de sessenta, Manchester era a cidade dos têxteis: atraíra químicos alemães para trabalhar e fundar empresas prósperas e produzia tecidos e corantes para tingimento.

Mas, pelos anos de 1880, os ventos começaram a mudar: apesar de a Inglaterra ser rica em carvão, de produzir têxteis a nível mundial e de ter grande capacidade de financiamento, a modernização alemã ultrapassara a Inglaterra no que respeita às condições de desenvolvimento industrial e os alemães qualificados que trabalhavam em Inglaterra regressaram ao seu país de origem, onde instalaram a indústria dos corantes com o conhecimento que traziam, ultrapassando, assim, a indústria inglesa.

O desenvolvimento prodigioso da indústria de produtos de elevado valor acrescentado – a química fina – foi possível graças à colaboração entre a indústria, a ciência e a tecnologia concentradas em poderosos laboratórios de apoio às firmas industriais. A ciência e a tecnologia foram-se aproximando uma da outra e, nesses laboratórios, realizava-se investigação científica dedicada à especialidade relacionada com a atividade da firma, tratando igualmente de todos os requisitos do mercado dos produtos fabricados. Surgiu então uma outra especialização: a engenharia química, que se integrou nas firmas e as dotou dos meios necessários à comercialização. Além disso, criaram-se instituições para a formação de técnicos, como as *Technische Hochschulen*.

Na fase de fulgor da indústria dos corantes, foi sintetizado o indigo, um corante importante que era extraído da *Indigofera tinctoria*. Adolph von Baeyer iniciou os estudos desta síntese em 1865 e nela trabalhou dezassete anos, sendo a investigação custeada pela BASF (Badische, Anilin & Soda Fabrik) – uma firma constituída em 1865, em Mannheim, para produzir corantes de anilina e fabricar soda. O custo da investigação conduzida por Bayer ascendeu a vários milhões de marcos, mas ele conseguiu sintetizar o indigo a partir do ácido cinâmico, em 1880, e depois a partir do o-nitrotolueno. Em 1890, a BASF produziu o primeiro indigo e o processo foi aperfeiçoado sete anos depois, conferindo à firma a primazia do fabrico deste corante.

O indigo é um pó azul-escuro, insolúvel na água e nos *alcalis,* muito usado na tinturaria. Por meados do século passado, a produção tinha alcançado as 50 000 toneladas de pasta. É o corante utilizado no fabrico dos *blue jeans*, usados atualmente em todo o mundo.

O ímpeto industrial estendeu-se a outros setores, como a indústria farmacêutica e a perfumaria, e a química do fim do século XIX era um frondoso ramo do conhecimento impulsionador do desenvolvimento e do bem-estar da sociedade.

SEGUNDA PARTE

O ASSOCIATIVISMO EM PORTUGAL

O Iluminismo e a ciência em Portugal: D. João V, um tímido mecenas das ciências

Como vimos, a nova ciência entrou nos países mais avançados pelas associações científicas, enquanto em Portugal ela entrou pela universidade. Quer dizer que, naqueles países, o estudo das ciências naturais se iniciou no século XVII, ao passo que, em Portugal, foi o Iluminismo tardio de fins de setecentos que reformou a universidade para o estudo das ciências experimentais.

Apesar de, antes da reforma, o país ter estado alheio aos movimentos culturais que perpassavam pelo mundo fora, havia naturalmente uma elite que os acompanhava e que desejava juntar-se-lhes, não o podendo fazer nem sequer manifestar essa vontade. A Inquisição vigiava tudo e todos, detinha um poder discricionário e absoluto, tornando-se, de facto, numa ameaça temível. E as novas ideias, que contrariavam as verdades reveladas, ou quem tinha a ousadia e as interrogar eram um mal a eliminar.

Os inconformistas, que não eram suficientemente numerosos para constituírem associações e terem força para defender as suas ideias, procuraram refúgio no estrangeiro, de onde faziam chegar, por formas diversas, as novas ideias ao país. É oportuno recordar aqui o nome de alguns destes famosos emigrantes.

João Jacinto de Magalhães abandonou a vida conventual no Convento de Santa Cruz de Coimbra e partiu para França, onde viveu alguns anos. De lá, foi para Inglaterra para se dedicar à construção de aparelhos científicos e ao aperfeiçoamento de outros existentes no mercado e passou a assinar Jean-Hyacinthe de Magellan. Estabeleceu relações com grande número de cientistas da segunda metade do século XVIII e foi membro da *Royal Society* e sócio correspondente da *Académie des Sciences*. Forneceu vários aparelhos científicos a Portugal, particularmente aquando da reforma pombalina.

Outra figura importante obrigada a deixar a sua pátria foi Jacob de Castro Sarmento, que nasceu com o nome de Henrique. Médico diplomado pela universidade de Coimbra em 1717, depois de alguns anos de exercício da medicina e alvo de perseguição pela Inquisição por ser cristão-novo, emigrou para Londres. Não ficou ressentido com o seu país por ser obrigado a emigrar e procurou ajudá-lo a modernizar-se cientificamente. Em 1731, traçou «um plano para a instalação dum horto botânico em Coimbra». Admirador de Newton, escreveu o livro *Theorica verdadeira das marés, conforme à Philosophia do incomparavel cavalhero Isaac Newton* (1737),[123] que ajudou a divulgação desta teoria em Portugal. Encorajou o país a estudar a composição química das águas medicinais – recurso importante dada a abundância destas águas em Portugal. Em apêndice à *Materia Medica* (1735), editou o título *Sobre a Natureza, Contentos, Effeytos, e Uso prático, em forma de bebida, e banhos das Agoas das Caldas da Rainha* (1753).[124] Fez uma carreira profissional notável, foi docente na universidade de Aberdeen e membro do Real Colégio dos Médicos e da *Royal Society*.

O maior impacto produzido pelas ideias de um estrangeirado foi o *Verdadeiro método de estudar, para ser útil à República e à Igreja: proporcionado ao estilo e necessidade de Portugal* de Luís António Verney. Bacharel pela universidade de Évora, foi para Roma para preparar o doutoramento e não mais regressou ao país. A sua ida para o estrangeiro teria sido por indicação de D. João V, que o encarregou de conhecer os avanços das ciências na Europa. Em 1746, publicou o *Verdadeiro método de estudar* no qual faz uma crítica cerrada à escolástica e ao ensino em Portugal. A obra consta de dezasseis cartas (capítulos) «escritas polo[sic] R. P. * * * Barbadinho da Congregasam de Italia, ao R. P. * * * Doutor na Universidade de Coimbra».[125] A máscara onomástica do autor revela o receio de represálias que o livro podia originar. A 1.ª edição foi impressa em Valensa e foi feita uma segunda no ano seguinte. O autor inicia o texto dirigindo-se aos «Reverendíssimos Padres Mestres, da Venerável Religiam da Companhia de Jesus. No Reino e Domínios de Portugal». Cada uma das cartas é dedicada a um tema, desde I – Língua Portuguesa ao XVI – Regulamento Geral dos Estudos, sendo a décima carta dedicada à física. Todo o livro revela uma impressionante atualização de conhecimentos da ciência moderna e veio causar, de facto, uma onda de críticas e agudizar as divergências entre os «antigos» e os «modernos».

As ideias sobre cidadania e a educação em Portugal no começo do século XVIII não agradavam ao jovem médico António Nunes Ribeiro Sanches, que exerceu a profissão em diversas terras do país.[126] Temia a Inquisição pelas suas ideias e por ser judeu. Resolveu emigrar e, depois de ter visitado várias cidades, foi parar a Leiden, onde passou quase dois anos a trabalhar com

---

[123] SARMENTO, Jacob de Castro – **Theorica verdadeira das mares: Conforme à philosophia do incomparavel cavalhero Isaac Newton; ... Illustrado tudo com variedade de figuras, ... A que se ajunta, como introducçam no principio, huma breve relaçam da vida, e descubrimentos deste immortal, e illustre philosopho: ... pelo Dr. Jacob de Castro Sarmento, ...**

[124] SARMENTO, Jacob de Castro – **Sobre a Natureza, Contentos, Effeytos, e Uso prático, em forma de bebida, e banhos das Agoas das Caldas da Rainha.**

[125] VERNEY, Luís António – **Verdadeiro método de estudar: Para ser utilà republica, e à igreja : proporcionado ao estilo, e necesidade de Portugal.**

[126] SANCHES, António Nunes Ribeiro – **Relações de um Penamacorense na Europa Esclarecida do Séc. XVIII.**

Boerhaave, a maior autoridade mundial na medicina daquela época. Entretanto, a imperatriz da Rússia pediu a este médico e químico holandês que lhe indicasse dois dos seus melhores discípulos para ficarem ao seu serviço. Ribeiro Sanches foi um dos escolhidos e partiu para a Rússia, onde viveria durante cerca de quinze anos, exercendo a sua profissão de médico reputado em Moscovo e S. Petersburgo. Em 1757, deixou a Rússia e foi para Paris, onde residiu o resto da vida.

Foi membro da *Royal Society*, da Academia de S. Petersburgo, da *Académie des Sciences de Paris* e da *Academia Real das Ciências de Lisboa*.

Atento ao que se passava em Portugal, aplaudiu a reforma dos estudos menores em Portugal (alvará de 28/6/1759) e congratulou-se com a queda dos jesuítas, no ano seguinte. Enviou para Portugal os seus melhores escritos sobre educação: *Cartas sobre a Educação da Mocidade*, onde expõe as suas ideias sobre o ensino – do primário ao universitário.[127] Ofereceu ao ministro D. Luís da Cunha os seus préstimos para colaborar na reforma da universidade, particularmente da medicina e para isso foi-lhe concedido um subsídio. Escreveu, então, o trabalho *Método para aprender e estudar a Medicina*, datado de 26 de março de 1761.[128]

O monarca praticou atos em benefício da cultura, mas sem dimensão para o podermos considerar um reformador cultural.

Protegeu os oratorianos na sua confrontação feroz com os jesuítas. Não tomou partido na disputa, é certo, mas instalou os oratorianos na Casa das Necessidades, dando-lhes um laboratório bem equipado para o estudo da física e uma biblioteca com valioso acervo. Não quer dizer que a Congregação do Oratório pudesse ser considerada uma organização virada para a ciência; o catolicismo e a religiosidade faziam dela uma instituição cujo objetivo era formar católicos virtuosos, mas era mais aberta a novas ideias do que a dos inacianos.

Apoiou a cultura como a criação da Biblioteca do Palácio Real de Mafra e dotou-a de um espólio riquíssimo de documentos raros dos séculos XV ao XVIII. Mandou construir a Biblioteca Geral da Universidade, tão bela sob o ponto de vista arquitetónico como rica na documentação que passou a guardar. Em 1720, fundou a Real Academia de História que, nos seus cinquenta e seis anos de existência, despertou o interesse para o estudo da história moderna e abriu caminho ao aparecimento de outras sociedades.

Mas estas realizações não erradicavam o mal enquistado no país e atitudes de sentido oposto, como o indeferimento do pedido de alguns dissidentes da hierarquia para introduzir a filosofia moderna nos cursos do Colégio das Artes em Coimbra, dão dele uma ideia contrária: em perfeita consonância com o reitor, José Veloso, um alvará régio proibiu expressamente o ensino de Descartes,

---

[127] SANCHES, António Nunes Ribeiro – **Cartas sobre a educação da mocidade**.

[128] SANCHES, António Nunes Ribeiro – **Método para aprender e estudar a Medicina**.

Newton e outros filósofos.[129] A universidade era um apoio da religião e muitos professores eram clérigos cuja maior aspiração era conseguir uma conezia, através da instituição.

No seu reinado, a Inquisição continuou o seu sinistro trabalho: em 19 de outubro de 1739, garrotou e queimou, em auto de fé, o talentoso dramaturgo, poeta e advogado António José da Silva, *o Judeu,* formado em Coimbra, o que mostra que o rei não tinha a ideia de que a liberdade de pensamento era essencial à ciência ou, pior ainda, que desconhecia o papel que esta estava a ter na evolução da sociedade.

Em pleno Iluminismo, o rei não foi capaz de segurar os emigrados – pessoas com uma visão clara do futuro, espíritos abertos e realizadores de ações concretas. Não lhes deu condições para aqui poderem trabalhar e expressar livremente as suas ideias. Faltou-lhe convicção acerca do papel da ciência no desenvolvimento da civilização e conhecimento do nosso atraso relativamente aos outros países.

D. João V erigiu monumentos sumptuosos de utilidade cultural indiscutível, mas deixou o encargo de elevar o nível cultural dos seus súbditos ao seu sucessor. Ou não entendeu a época em que viveu ou não teve pulso suficientemente forte para expulsar os jesuítas das salas de aula.

A reforma da universidade

Como já dissemos, o estudo das ciências naturais foi introduzido em Portugal pela reforma universitária de 1772, que ficou conhecida como reforma pombalina, em homenagem ao ministro de D. José I, Sebastião José de Carvalho e Melo, marquês de Pombal, o verdadeiro mentor e executor da reforma. Até esta data, a universidade e toda a educação eram dominadas pela Igreja – autointitulada defensora da ortodoxia religiosa, combatendo ideias novas consideradas ameaças à humanidade – e permaneceram sempre fiéis aos mandamentos dos textos sagrados. A universidade portuguesa, como em todo o mundo católico, era uma instituição obediente à religião, de portas fechadas à ciência experimental.

A reforma foi uma verdadeira revolução cultural quer dentro quer fora da universidade. Da velha universidade, uma das mais antigas da Europa, o marquês fez uma universidade nova, pujante, cultora da nova ciência, dinamizadora da vida do país. Bacon, Galileo, Newton e Locke destronaram São Tomás e Pedro Lombardo e a estéril dialética escolástica – discussão pormenorizada das verdades das escrituras que encerravam todo o saber – acabou. Em sua substituição surgiram as ciências experimentais que conduzem ao enunciado das leis que regem a natureza e rasgam os caminhos do progresso. Era um mundo novo que começava.

A reforma pombalina teve lugar numa época em que o número das universidades europeias que tinham iniciado o estudo das novas ciências era reduzido,

---

[129] CARVALHO, Rómulo de – **A Física Experimental em Portugal no Século XVIII**, p. 1-96.

e os seus autores levaram o programa a um nível de atualização que foi ao ponto de incluir matérias que só mais tarde vieram a constituir disciplinas científicas correntes. É o caso da química: Lavoisier iniciava os seus trabalhos quando o marquês entregava os novos estatutos à universidade de Coimbra. O acaso pode dar lugar a falsas conclusões se não for identificado. A coincidência da inclusão de uma cadeira de química no curso filosófico da universidade de Coimbra no momento em que Lavoisier iniciava a investigação das bases desta ciência não é sinal de atualidade; é, simplesmente, obra do acaso.

A metodologia de ensino proposta na reforma ainda hoje tem atualidade. O estudo como passatempo de ricos e ociosos deu lugar ao trabalho sério e disciplinado e o aproveitamento passou a ser avaliado. Entendia-se que a universidade não se destinava simplesmente a formar profissionais competentes, mas homens que, além do seu saber, eram respeitadores do dever cívico e moral.

O empenho pessoal que pôs na construção das instalações necessárias ao funcionamento da reforma foi tal que os cinco anos em que Pombal ainda esteve no governo quase chegaram para completar o programa traçado e, sobretudo, foi tempo suficiente para a reforma se afirmar.

O marquês secularizou o ensino, expulsando do país a Companhia de Jesus e afastando os oratorianos do ensino, atualizou a universidade com a excelente reforma que lhe impôs, mas era um déspota defensor da monarquia absolutista e a sua governação centralista e regalista gerou muitos descontentamentos e contribuiu para aumentar o número de intelectuais que se refugiaram em países estrangeiros.

O rei morreu em 1777 e a sua sucessora despediu imediatamente o valido de seu pai, incriminando-o por vários atos censuráveis cometidos em nome do soberano. A perseguição movida ao marquês fez nascer no espírito de muitos a ideia de anular as medidas tomadas por ele, o que fez temer que a reforma da universidade fosse abandonada, o que felizmente não aconteceu.

Muitos exilados regressaram ao reino com uma nova mentalidade formada na convivência tida nos centros culturais europeus que frequentavam. Logo após a queda do marquês, Portugal ficou com uma universidade atualizada e com um escol de intelectuais defensores da tolerância de ideias e da promoção do avanço do país através da educação e da ciência. Dois destes intelectuais tiveram um papel importante no associativismo: D. João Carlos de Bragança, 2.º duque de Lafões, e José Correia da Serra, o abade Correia da Serra.

Desgostoso com a política do marquês, D. João de Bragança abandonara o país, foi viver para Inglaterra, integrando-se na vida cultural britânica e foi eleito membro da *Royal Society*. Correu mundo, fez um périplo pela Europa para se inteirar da vida intelectual dos vários países, combateu na guerra dos sete anos sob a bandeira austríaca. Regressou a Portugal em 1779.

José Correia da Serra obteve o doutoramento em direito canónico em Roma e aí recebeu as ordens de presbítero. A sua insaciável vontade de saber e a sua elevada capacidade intelectual arrastaram-no para o estudo da filosofia natural, fazendo dele um respeitado cientista no domínio da geologia e, particularmente, no da botânica. Apresentou várias comunicações à *Royal Society* da qual era membro. Quando vivia em Roma, encontrou-se com o duque de Lafões, que o convidou a acompanhá-lo na visita de estudo que estava a fazer e que durou cerca de um ano; e estabeleceu-se entre eles uma amizade para a vida inteira.

Correia da Serra regressou a Portugal em 1777 e foi viver para o Palácio do Grilo, em Lisboa, propriedade do duque, que regressou dois anos mais tarde. A sua oposição ao regime político e o desejo de mudança tornaram-no alvo de perseguição permanente do intendente da polícia Pina Manique, o que o levou a fugir apressadamente do país em 1795. Dois anos depois, foi nomeado secretário da embaixada em Londres e, pouco depois, passou para a embaixada de Paris, onde esteve onze anos. Em 1812, foi nomeado ministro plenipotenciário nos Estados Unidos, tendo visitado, no ano seguinte, Thomas Jefferson, um dos *founding fathers* do jovem país em quem deixou uma impressão tão favorável que o convidou várias vezes para Monticello, residência do presidente na Virgínia. Jefferson era um acérrimo defensor do regime republicano, maçon e dado ao estudo da ciência.

A intervenção da maçonaria no progresso da ciência oitocentista

Uma corrente cultural que emergiu no Iluminismo nas primeiras décadas do século XVIII e que viria a influenciar a vida dos povos por séculos foi a maçonaria – uma ideologia de cariz social com fins filantrópicos cujo objetivo primordial era conceder ao homem maior perfeição intelectual e moral. O ideário da maçonaria opunha-se a qualquer tipo de opressão e exigia aos seus seguidores um espírito de liberdade, igualdade e fraternidade – qualidades dificilmente encontradas no homem comum, sujeito à multiplicidade de interesses que o rodeia. Não passa de um ideário a perseguir.

A maçonaria não é uma religião nem é um regime político, pois deixa a cada um a liberdade de opção nestes campos. A sua ação deve restringir-se apenas a zelar pelo respeito dos valores em que se afirma. Também não é ateísta por acreditar na existência de uma força superior que governa o universo: para alguns, o Grande Arquiteto do Universo, para outros, o Deus da Bíblia, o Deus de Abraão, etc.

Na medida em quem o homem é um ator da vida quotidiana repleta de ações políticas, sociais, económicas e religiosas, é difícil cumprir os ideais que a maçonaria lhe impõe. Na verdade, vamos encontrar estes ideais quando o homem participa na fundação de corporações científicas de promoção do conhecimento, mas deixamos de os ver na participação nas guerras, como a da independência dos Estados Unidos, na Revolução Francesa ou, mais ainda, na constituição de partidos políticos cujo objetivo é a conquista do poder. E se, no primeiro exemplo, a sua ação é de interesse social indiscutível para toda a humanidade não o é nas demais. Por vezes, a sua ação está sujeita à influência de forças que a desviam dos seus princípios e a tornam arma de defesa de interesses injustos e prejudiciais à sociedade que se propõe defender.

A maçonaria moderna iniciou-se em Inglaterra com a reunião de quatro lojas londrinas, no dia de S. João Baptista (dia de festa dos maçons ingleses) de 1717, na Goose and Gridiron Tavern para constituir a *Grand Lodge of England*, a primeira grande loja do mundo. A ideologia propagou-se rapidamente por toda a Europa e colónias britânicas da América. O movimento chegou a Portugal em 1727 trazido por William Dugood, que fundou uma loja somente com estrangeiros à qual o povo chamava Loja dos Hereges Mercadores.

A Inquisição perseguia os maçons e continuou a fazê-lo no tempo do marquês de Pombal, mas agora com menos determinação por ter sido, entretanto, transformada em Tribunal do Santo Ofício. D. Maria I, profundamente religiosa, perseguia a maçonaria, principalmente através da polícia, mas com isso não evitou a proliferação de lojas de ritual inglês ou francês. Em 1801, foi criada a grande loja portuguesa – o Grande Oriente Lusitano cuja função era organizar a maçonaria portuguesa de compromisso inglês e francês. Após o governo de Pombal, a maçonaria estava ativa em Portugal e era seguida por grande parte da elite intelectual.

Academia Real das Ciências de Lisboa

Após a queda política do marquês de Pombal, o espírito era propício a instalar em Portugal instituições científicas que a juventude esclarecida tinha encontrado no estrangeiro, nomeadamente uma academia de ciências. Na época, esta era a instituição que fazia e divulgava a nova ciência e foi isso que aconteceu: em 1779, o professor de história natural e de química da universidade, Domenico Agostino Vandelli, foi visitar o seu antigo aluno Luiz António Furtado do Rio de Mendonça e Faro, 6.º visconde de Barbacena, para tratar da criação em Lisboa de uma «sociedade económica organização muito em voga na Espanha, inspirada na congregação de ciências prevista para Coimbra nos estatutos pombalinos». O visconde prometeu-lhe interessar a rainha nesse projeto.[130]

Luiz António Furtado foi um jovem que despertou a atenção do marquês de Pombal pela sua inteligência e, não o querendo perder para o escol intelectual que desejava formar, ordenou-lhe que se inscrevesse na universidade recém--reformada. O jovem matriculou-se em 30 de outubro de 1772, onde se formou em filosofia natural (1773) e em medicina (1778), tendo-se também doutorado por estas Faculdades. Durante os estudos, estabeleceu-se uma amizade natural entre Vandelli e o seu aluno.

---

[130] RAMOS, Luís de Oliveira – **D. Maria I**, p. 102.

A rainha encarregou o duque de Lafões, acabado de regressar do exílio, de estudar o projeto, o que ele fez conjuntamente com o seu amigo Correia da Serra, que, como dissemos, já vivia no palácio do duque. Por aviso régio de 24 de dezembro de 1779, era criada a *Academia Real das Ciências de Lisboa*.

Foi o abade o principal relator do projeto de estatutos. No dia 12 deste mês, Vandelli tinha recebido uma carta de Correia da Serra a comunicar-lhe que a rainha tinha aprovado «o que queriam».

No diálogo (acima referido) com o visconde de Barbacena, ao dar o exemplo de Espanha, Vandelli referia-se às associações criadas naquele país por Carlos III por influência de figuras públicas espanholas: as *Reales Sociedades Económicas de Amigos del Pais* cuja missão era criar condições para que o país se pudesse desenvolver através da economia e eliminar os obstáculos que se opusessem a este meio. Nessa altura, a fisiocracia era considerada a fonte mais importante de criação de riqueza e estas associações eram suas defensoras, mas procuravam também estimular o comércio e a indústria. A primeira a ser criada, em 1765, foi a *Real Sociedad Bascongada de los Amigos del País* e, dez anos depois, a *Real Sociedad Económica Matritense de Amigos del País,* em Madrid. No final do século, existiam sessenta e três destas sociedades, distribuídas pelas principais regiões espanholas, havendo também sociedades semelhantes na Irlanda e na Suíça. Como mostram os seus trabalhos, Vandelli era um fisiocrata convicto e era uma associação deste tipo que pretendia instituir. A Academia acabada de fundar não estava, verdadeiramente, no seu horizonte.

Há quem veja na rapidez com que foi instalada a Academia uma réplica do novo reinado à reforma do ensino feita por Pombal, até porque, como citam os defensores desta ideia, o plano dos estatutos previa uma ação escolar: «A academia podia receber vinte e quatro alunos, moços nobres de doze anos para cima e a criação de gabinetes destinados à observação e à experimentação».[131] Estes programas nunca foram realizados e talvez não tivessem em vista competir com a reforma universitária no que respeita ao ensino, mas sim preparar os nobres para ocuparem lugares de direção, dando continuidade à mentalidade do *ancien régime*: os filhos tinham obrigação de continuar o modo de vida dos pais.

Não é surpresa o empenhamento posto na constituição de uma academia por um grupo de intelectuais acabados de regressar à sua pátria (que tinham deixado descontentes com a governação), entusiasmados com uma Europa onde a ciência fremia e com a vivência em associações existentes em todas as cidades e regiões por onde tinham andado e às quais pertenceram. A *Academia Real das Ciências de Lisboa* foi modelada na academia das ciências parisiense, mas, ao contrário desta, não havia pagamento de salário aos membros que a constituíam.

---

[131] CARVALHO, Rómulo de – **A actividade pedagógica da Academia das Ciências de Lisboa nos séculos XVIII e XIX**, p. 15.

Fizemos referência ao envolvimento de grande número de intelectuais com a maçonaria e, por isso, justifica-se perguntar que influência teve esta organização na fundação da Academia. Em resposta, citamos Oliveira Marques, que classificou a Academia como a primeira organização para-maçónica portuguesa. E, em defesa desta afirmação, aponta o número de maçons que intervieram na sua fundação e na fase inicial do seu funcionamento. Na verdade, o duque de Lafões e o abade Correia da Serra eram maçons; ambos pertenceram a uma loja fundada em Lisboa em 1794, tendo o abade sido eleito o 2.º grande vigilante do Grande Oriente Lusitano, na eleição de dignitários de 1821. Na defesa da sua tese, Oliveira Marques junta ainda alguns argumentos dúbios, como sejam os critérios usados para os membros diretivos: a eleição por um período de três anos; a divisão da instituição em três classes correspondentes às virtudes da sabedoria, vigilância e beleza; ainda o facto de os secretários, desde a fundação até ao Vintismo, serem quase todos maçons – José Correia da Serra (1780-1795), Francisco de Borja Garção Stockler (1795-1803), José Bonifácio de Andrada e Silva (1810-1814); e de, até 1820, 13,6% dos sócios correspondentes também serem maçons. Estes factos mostram a ideologia da maioria dos fundadores e os números revelam a atração que os maçons tinham por novos instrumentos de progresso.[132] Já o primeiro secretário, o visconde de Barbacena, não seria maçon, a avaliar pelas decisões que tomou nas funções governamentais que exerceu.

Domingos Vandelli, um outro membro fundador da Academia que partilhava a ideologia maçónica, foi perseguido na sequência da primeira invasão francesa. Em setembro de 1810, foi detido numa operação policial conhecida como *setembrizada* e que teve por finalidade expulsar do território nacional os judeus, hereges e maçons que tivessem apoiado a tropa napoleónica. Portugal estava a defender-se da terceira invasão francesa e a maioria das detenções foi feita nos dias 10 e 13 de setembro, tendo os presos sido levados para a ilha Terceira na fragata Amazona. O que se passou a seguir com Vandelli ilustra a solidariedade maçónica, que não conhecia fronteiras. A 26 de setembro, os presos chegaram ao seu destino e, no dia 10 de dezembro seguinte, Sir Charles Stuart, o ministro plenipotenciário inglês, endereçou ao Secretário da Regência um pedido de transferência do naturalista português para Inglaterra, em nome do governo de Sua Majestade. A carta esclarecia que o pedido de libertação tinha partido do presidente da *Royal Society*. A resposta favorável foi dada a 21 de dezembro e Vandelli foi para Inglaterra, onde esteve dois anos, tendo depois regressado a Lisboa. Em 1797, Stuart tinha vindo para Portugal como comandante de um exército inglês de reforço à defesa do país e por cá ficou alguns anos, chegando a chefiar o governo. Não há dúvida sobre a forte influência da ideologia maçónica na constituição da Academia e o espírito universalista que a caraterizava.

---

[132] MARQUES, António Henrique de Oliveira – **História da Maçonaria em Portugal**, p. 53-59 e 298.

A primeira reunião da Academia realizou-se a 16 de janeiro de 1780 para discussão do projeto de estatutos e indicação dos dirigentes. Como estava expresso no art. 1.º, estava consagrada «à glória e felicidade pública, para adiantamento da instrução nacional e perfeição das ciências e das artes e o aumento da indústria popular».

A missão a que a Academia se propunha tem valor intemporal e traduz-se no selo (onde figura de Minerva com as armas reais na sua égide) e na divisa: *Nisi utile est quod facimus, stulta est gloria* (verso de Fedro que significa 'se não for útil o que fizermos, a glória será vã'). A criação da Academia foi recebida com satisfação por toda a sociedade culta, como foi documentado na alegoria de Vieira Lusitano alusiva a este ato, publicada no primeiro número do *Jornal Enciclopédico* (1799)[133] e na qual se vê a luz da razão a iluminar D. Maria ladeada pelo duque de Lafões. Foram publicados os números correspondentes aos anos de 1779, 1788-1793 e 1806.[134]

A Academia foi organizada em três classes: Ciências de Observação, Ciências de Cálculo e Belas-Letras. Cada classe tinha oito sócios efetivos; além destes, havia a categoria de sócios correspondentes nacionais e estrangeiros, sócios honorários e sócios supranumerários. Nessa sessão, foram aprovados os órgãos dirigentes: presidente, João Carlos de Bragança; secretário, Luís António Furtado; vice-secretário, José Correia da Serra; diretor das Ciências de Observação, Domenico Vandelli; diretor das Ciências de Cálculo, Pedro José de Almeida; e diretor das Belas-Letras, João Carlos de Bragança. Em 1852, o número de classes foi reduzido para duas: Classe de Ciências e Classe de Letras, cada uma delas dividida em seis secções.

A primeira reunião da Academia formalmente constituída teve lugar em 4 de julho de 1780, tendo o oratoriano Teodoro de Almeida pronunciado a lição inaugural, que ficou recordada pelo desagrado geral causado ao apelidar Portugal como o país da ignorância. Tinha regressado do exílio em França onde se tinha refugiado no tempo do marquês de Pombal e o ressentimento fê-lo transvasar das normas da razoabilidade. Muitos dos presentes sentiram-se, naturalmente, ofendidos com o qualificativo generalizado a todos os portugueses.

Nessa altura, a Academia era composta por doze sócios honorários, vinte e seis efetivos repartidos pelas três classes, trinta e oito livres ou supranumerários e oitenta e oito correspondentes. Dos doze sócios honorários, seis eram nobres titulados, quatro eram membros do clero e um era fidalgo. Três deles pertenciam ao exército e quatro à oficialidade da casa real.

Em 13 de maio de 1783, D. Maria I concedeu à Academia a distinção de instituição de utilidade pública, ficando ela própria e o príncipe consorte como

---

[133] Jornal Enciclopédico dedicado á Rainha N. Senhora, e destinado para instrucção geral com a notícia dos novos descobrimentos em todas as sciencias, e artes.

[134] DIAS, Eurico Gomes – O esplendor do *Jornal Encyclopedico* na imprensa periódica portuguesa entre os séculos XVIII-XIX, p. 211-230.

seus protetores. Daí por diante, a Academia ficou autorizada a usar a designação de «Real» – título que só lhe foi retirado com a implantação da República.

Nos primeiros anos, a Academia era mantida por dádivas de Lafões. O decreto de 18 de novembro de 1783 concedia à Santa Casa da Misericórdia de Lisboa autorização para realizar uma lotaria anual no valor de 360 mil cruzados, sendo a cada prémio deduzida a importância de 12 por cento que revertia para um fundo dividido em partes iguais pelo Hospital de S. José, pela Real Casa dos Expostos e pela Academia Real das Ciências de Lisboa. Este financiamento manteve-se até 1797 e, com a interrupção da lotaria nesta data, o príncipe regente, D. João, concedeu-lhe a dotação de 4800 mil reis, em 1799, por intermédio do Cofre do Rendimento do Subsídio Literário. As cortes de 1823 reduziram a dotação para metade, mas, meses depois, foi reposta a verba usual e, em 27 de outubro de 1834, passou a ser de 6000 mil reis. Estas verbas e a oscilação a que foram sujeitas pelos liberais dão-nos ideia da exiguidade dos recursos atribuídos à Academia e do desprezo da maçonaria pelos ideais e pelo valor da ciência – envolvida que estava nas disputas partidárias e triunfante no domínio político.

O liberalismo não chegou ao país com um programa de desenvolvimento no qual a educação e a ciência tivessem um papel fundamental. Na verdade, a Constituição de 1822 assegura: «Em todos os lugares do reino, onde convier, haverá escolas suficientemente dotadas em que se ensine a mocidade portuguesa, de ambos os sexos a ler, escrever e contar e o catecismo das leis religiosas e civis» (art. 237.º); e «Os atuais estabelecimentos de instrução pública serão novamente regulados, e se criarão outros onde convier, para ensino das ciências e artes» (art. 238.º). E se aos vintistas a educação e a ciência merecem apenas estas pobres e descoloridas ideias, na Carta constitucional de 1826, a direita liberal limita-se a prometer que «A Instrução Primária é gratuita a todos os Portugueses» (art. 145.º, § 30.º).

Uma vez instituída, a Academia lançou-se imediatamente e com determinação na execução dos seus planos de ação, focada em diferentes assuntos e seguindo várias vias. A sua atividade repartia-se por: reuniões quinzenais dos confrades nas quais eram discutidas as memórias por eles apresentadas; criação de comissões para o estudo de assuntos importantes para a população; formação de comissões científico-técnicas para resolver problemas que, esporadicamente, lhe eram apresentados pelo governo; concursos de estímulo ao estudo de questões de interesse nacional; concessão de prémios aos autores dos melhores trabalhos postos regularmente a concurso; e atividade editorial intensa para publicação de obras da Academia e de autores que não estavam ligados à instituição.

Entre 1779 e o início do século seguinte, a atividade desenvolvida no âmbito da Classe de Letras foi intensa e contribuiu para a historiografia portuguesa, tornando a Academia o centro de excelência da língua e da história nacional. Em 1788, foi publicado o primeiro tomo de *Memorias da Agricultura* e o segundo foi publicado três anos depois. Estes dois volumes contêm os temas sobre agricultura apresentados nos concursos publicados pela Academia. De 1789 a 1815, foram publicados os cinco volumes que constituem a série das *Memorias Economicas* para as quais contribuíram os professores universitários Vandelli, Andrada e Silva, Dalla Bella, Monteiro da Rocha, Vicente Seabra, entre outros. Nestas, são apresentados os entraves que as estruturas vigentes colocavam ao desenvolvimento económico e social. O interesse histórico desta obra é tal que o Banco de Portugal procedeu à sua publicação em 1990. Em 1792, iniciou-se a publicação das *Memorias da Litteratura Portugueza*, que foram sendo dadas à estampa nos vinte anos seguintes. No entender de alguns autores, é a publicação mais importante da Academia, porque contém os melhores trabalhos historiográficos publicados em Portugal na transição do século XVIII para o seguinte, constituindo pontos de partida para a historiografia científica marcada pelas Luzes.

Além das *Memorias*, por iniciativa da Academia iam sendo impressas coleções de trabalhos sobre temas específicos: entre 1790 e 1824, foi impressa a *Collecção de livros ineditos da historia portuguesa dos reinados de D. Affonso V, a D. João II*;[135] foram escritos alguns da *Collecção dos principaes auctores da historia portugueza*; e, em 1797, saiu o primeiro (e único) tomo do *Diccionario da Lingoa Portugueza*.[136] A Academia publicava também livros de outros autores como, por exemplo, a *Vida do Infante D. Duarte* de André de Resende (1739), *O Soldado Practico* de Diogo do Couto (1790) e muitos outros.

A atividade editorial era facilitada pela posse de tipografia própria, que a Academia perdeu logo após a implantação da República. Em 1894, o escritor Joaquim Teófilo Braga foi eleito vice-presidente da Academia e, possivelmente devido ao seu modo autoritário e convencido de ser superiormente dotado, não foi reeleito, o que ele considerou uma ofensa. Quando chefiou o Governo Provisório, não perdeu tempo para atacar a Academia, extinguindo a tipografia e distribuindo o pessoal pela Casa da Moeda. A decisão foi tomada em 2 de dezembro de 1910 e publicada no Diário do Governo do dia seguinte. O decreto foi assinado por ele, por António José de Almeida e por Bernardino Machado.

Teófilo era uma personagem que reagia imponderadamente a tirar desforço de qualquer ação que ele considerasse ofensiva. Em 1907, juntou um grupo de membros descontentes com a Academia Real das Ciências de Lisboa e fundou a Academia das Ciências de Portugal que iniciou as suas atividades em 22 de abril de 1908, e conseguiu a aprovação oficial dos estatutos em 27 de outubro de 1910, ou seja, semanas depois da revolução da qual saiu o Governo Provisório cuja chefia lhe foi entregue. A sua intenção, ao formar uma academia concorrente com partidários do republicanismo, era enfraquecer a mais antiga, fundada pela monarquia, mas esta foi-se adaptando ao novo regime, foi seguindo o seu

---

[135] SERRA, José Correia da – **Collecção de livros ineditos da historia portuguesa dos reinados de D. Affonso V, a D. João II.**

[136] ACADEMIA REAL DAS SCIENCIAS DE LISBOA – **Diccionario da lingoa portugueza.**

caminho, ao passo que a de inspiração republicana foi declinando e acabou por encerrar em 27 de março de 1925. Em sua substituição foi criado o *Instituto de Portugal*, que, por sua vez, foi extinto a seguir à revolução de 1926.

A Academia e a ciência na fase inicial

Coube à Academia a missão de preparar pessoal qualificado para a atividade de investigação, uma vez que a reforma universitária era tão recente que a sua ação neste domínio era ainda pouco significativa. O primeiro pensionário enviado ao estrangeiro para se atualizar cientificamente foi José Bonifácio de Andrada e Silva, formado em leis e bacharel em filosofia pela universidade de Coimbra. Terminados os seus estudos, foi eleito membro da Academia em 1789 e, no ano seguinte, foi estudar filosofia para França e Alemanha com o patrocínio do duque de Lafões de quem era protegido. Começou por estudar mineralogia e química em França; passou para a Alemanha, onde estudou mineralogia em Freiburgo; depois, continuou os seus trabalhos em Itália, Dinamarca e Suécia. A sua missão durou dez anos e deu-lhe a oportunidade de contactar com grandes nomes da ciência europeia da época e de evidenciar as suas qualidades intelectuais, colaborando em descobertas científicas e inscrevendo o seu nome nos meios científicos. Em 1868, na 5.ª edição do seu livro *The System of Mineralogy*, o mineralogista norte-americano James Dwight Dana atribuiu a uma granada de ferro e cálcio que descobriu o nome de *andradite* em homenagem a Andrada e Silva. No seu regresso a Portugal, em 1800, foi criada na universidade a cadeira de Metalurgia para ser regida por ele. Mas como, para lecionar uma cadeira, era exigido o grau de doutor, o príncipe regente D. João concedeu-lhe a graça e a mercê especial do título de doutor em filosofia natural e, gratuitamente, as insígnias doutorais. Exerceu vários cargos e as funções de professor de 1801 a 1814, tendo regressado ao Brasil (de onde era natural), em 1819, onde teve uma participação importante na independência do país. Andrada e Silva levou consigo dois naturalistas para se familiarizarem com as técnicas de exploração mineira.

Outras missões levadas a cabo pela Academia foram o reconhecimento do território das colónias e das suas riquezas: limites das fronteiras territoriais, geologia, fauna, flora, riquezas naturais e vida da população. Cabia a estas missões enviar amostras do reino mineral, vegetal e animal destinadas ao Gabinete de História Natural da Academia para serem estudadas e catalogadas.

O Secretário de Estado D. Martinho de Mello e Castro, que tinha transitado do governo do marquês de Pombal para o de D. Maria, foi um dos impulsionadores dessas viagens de reconhecimento.

Uma destas viagens foi efetuada por Alexandre Rodrigues Ferreira, que percorreu durante quase dez anos (1783-1792) várias capitanias do norte do Brasil acompanhado por dois desenhistas e um jardineiro. Alguns reconhecimentos eram feitos por pessoas que estavam nas colónias a ocupar vários cargos e que eram encarregadas de desempenhar simultaneamente as funções de reconhecimento, como aconteceu em Cabo Verde com João da Silva Feijó (1783-1796), em Angola com Joaquim José da Silva e dois dos seus ajudantes (1783-1806), em Goa e em Moçambique com Manuel Galvão da Silva (1783-1793).

No começo do século XIX, uma questão que se revestia de grande interesse era o estudo de quinas usadas no tratamento de doenças que originavam febres intermitentes, como é o caso da malária. Naquela época, revestia-se de atualidade a análise química de vegetais que apresentavam propriedades curativas, com o fim de conhecer o composto responsável pelas propriedades farmacológicas, chamados princípios ativos ou princípios imediatos. As quinas vinham merecendo a atenção de químicos e médicos, mas, apesar disso, no final da primeira década do século, ainda se desconhecia o seu princípio ativo.

Um médico que vinha usando a quina no tratamento de doentes com paludismo nos hospitais militares de Lisboa era Bernardino António Gomes, formado em medicina e bacharel em filosofia, pessoa com notáveis qualidades de investigador. A prática clínica atraiu-o para a investigação da identificação do princípio febrífugo das quinas, já chamado cinchonino por se poder encontrar na casca da cinchona, planta da família *Rubiaceae* que cresce nas regiões tropicais, podendo atingir cinco a quinze metros de altura.

Gomes usou quatro quinas diferentes para o seu estudo: uma proveniente do Peru, considerada clinicamente como a mais eficaz; outra casca era brasileira, de aspeto semelhante à anterior; e duas outras eram provenientes do Rio de Janeiro. Delineou o seu método analítico tendo em conta os resultados obtidos por Andrew Duncan, médico escocês,[137] e por Louis Nicolas Vauquelin, químico e farmacêutico francês.[138] Ambos tinham estudado as especificidades das quinas, mas não tinham identificado o princípio responsável pelas suas propriedades antipiréticas.

Após uma série de dissoluções e de cristalizações, o médico português conseguiu obter «finíssimos e mui pequenos cristaes brancos filiformes de cinchonino». Não encontrou o composto nas amostras provenientes do Rio de Janeiro. Os resultados foram apresentados, em coautoria, numa comunicação à Academia de Ciências de Lisboa na sessão de 7 de julho de 1810: «Ensaio sobre o cinchonino e sobre a sua influência na virtude da quina, e d'outras cascas»; o artigo passou a ser conhecido a partir desta data, mas só foi publicado

---

[137] DUNCAN JR., Andrew – Letter from Andrew Duncan, M. D. F. R. S. E. containing Experiments and Observations on Cinchona, tending particularly to show that it does not contain Gelatine, p. 225-228.

[138] VAUQUELIN, Louis Nicholas – Expériences sur les diverses espèces de Quinquina, p. 113-169.

na revista da Academia em 1812.[139] A revista justificou o atraso da publicação com a falta de papel, que só se resolveu recorrendo ao emprego de papel selado para a impressão – e lá estão as folhas encimadas por um selo de quarenta reis. Atente-se na data e ficamos a saber que, naquela época, o país estava envolvido nas guerras peninsulares, que o levaram a um estado de penúria extrema.

A comunicação de Bernardino Gomes foi publicada em inglês no *The Edinburgh Medical and Surgical Journal*[140] e no *Medical and Physical Journal*,[141] passando a ser conhecida pela comunidade científica mundial. E, apesar de não ter identificado o cinchonino nem o princípio febrífugo mais ativo das quinas, o trabalho de Gomes ainda é atualmente referido na história da preparação da quinina.[142]

Havia muito tempo que o governo da coroa vinha inquirindo sobre as propriedades farmacológicas das quinas brasileiras com o fim de poderem vir a substituir a quina peruana. Além disso, representavam uma economia para o país e a importação da quina do Peru era difícil, dadas as más relações com a Espanha ao tempo. Por carta régia de 22 de setembro de 1804, o físico-mor do reino ordenava que todos os hospitais averiguassem se as quinas brasileiras tinham ou não a mesma «virtude» da quina do Peru. Um dos médicos que colaborou neste inquérito foi Bernardino Gomes, interessado na química de fármacos vegetais, e a pergunta que lhe foi feita deve ter despertado o seu espírito de investigador para o estudo das quinas. A iniciativa não deve ter originado respostas que levassem a uma conclusão segura porque, por aviso régio de maio de 1811, o Secretário de Estado dos Negócios da Guerra e da Marinha dirigiu à Academia das Ciências de Lisboa o pedido de nomeação de uma comissão para proceder à análise das quinas para uso dos hospitais militares.

A comissão indigitada pela Academia era constituída por Bernardino António Gomes, José Bonifácio Andrada e Silva, Francisco Mendo Trigozo e João Croft.[143] Foi pedido o Laboratório Químico da Casa da Moeda (do qual era diretor Andrada e Silva) para realizar as experiências que fossem necessárias. Em 6 de julho – ia decorrido cerca de um mês após a formação da comissão – Andrada e Silva deu os trabalhos por terminados e disso informou a Academia.

---

[139] ACADEMIA REAL DAS SCIENCIAS DE LISBOA – *Memorias de Mathematica e Physica da Academia Real das Sciencias de Lisboa*, p. 202-217.

[140] GOMES, Bernardino António – An essay upon Cinchonin, and its Influence upon the Virtue of Peruvian Bark, and olher Barks, p. 420-431.

[141] Gomes, Bernardino António – An essay upon Cinchonin, and its Influence upon the Virtue of Peruvian Bark, and olher Barks, p. 295-306.

[142] Seeman, Jeffrey I. – The Woodward–Doering/Rabe–Kindler Total Synthesis of Quinine: Setting the Record Straight.
SMITH, Aaron C.; Williams, Robert M. – Rabe Rest in Peace: Confirmation of the Rabe–Kindler Conversion ofd-Quinotoxine Into Quinine: Experimental Affirmation of the Woodward–Doering Formal Total Synthesis of Quinine.

[143] **Assembleia extraordinária do dia 30 de Maio de 1811, fls. 38 e 38v.**

Na sessão ordinária de 20 de julho, a comissão apresentou a comunicação, «Experiencias Chymicas sobre a Quina do Rio de Janeiro comparada com outras» da qual sublinhamos a conclusão que as amostras analisadas eram de uma «quina verdadeira» que continha: «Alem dos Saes Neutros, e o Tanino com algum Acido (ou seja Galhico ou outro análogo); a Resina, o Extractivo, o Cinchonino, que se apresenta depois de ter passado por um maior gráo de calor, e que talvez seja a baze do Acido Quininico, a mucilagem e a parte colorante cuja natureza nos vegetais ainda he pouco conhecida.».[144]

Segundo o relatório da comissão, da qual Bernardino Gomes fazia parte, as quinas provenientes do Rio de Janeiro continham cinchonino. Mas, segundo as análises feitas por este – apresentadas na comunicação de 7 de julho de 1810, publicadas em revistas do Reino Unido e nas *Memórias* em 1812, passando a fazer parte da história do estudo da quinina –, as ditas amostras não continham este alcaloide. Ou fosse na sequência do pedido de esclarecimento da contradição dos resultados analíticos dirigido a Bernardino Gomes pela Academia ou por iniciativa própria, em 18 de janeiro de 1813, este enviou uma carta ao secretário da Academia, esclarecendo todos os passos do método analítico que seguiu e que o levaram à conclusão da ausência de cinchonino nas referidas amostras. Na dita carta, afirma ainda que o precipitado que era referido na comunicação da comissão não era devido à presença de cinchonino e sugeria que a publicação desta comunicação fosse acompanhada da sua carta como dissidente dos seus colegas de consórcio.[145]

A sugestão não foi seguida e, em vez disso, foi inserida na página 107 do texto uma nota de rodapé que diz o seguinte: «Em repartição dos trabalhos para esta Analyse; as Experiências que dizem respeito à existência de *Cinchonino* forão privativas do Sr. José Bonifacio de Andrada, que ao tempo em que esta Memoria se redigio não as tinha podido ultimar, principalmente por se terem demorado as cristalizações em consequência da humidade da atmosfera». Esta nota pode ter leituras diversas, que vão desde o autor principal pretender ilibar Gomes da responsabilidade dos resultados, como este desejava, à afirmação de superioridade de que os resultados eram exclusivamente da sua lavra. Qualquer que seja a interpretação que se lhe dê, é uma nota infeliz num trabalho de colaboração, agravada pela confissão de ter apresentado as conclusões sem ter terminado as experiências.

Tudo leva a crer que Gomes e Andrada tinham más relações pessoais, facto que transparece em várias ocasiões apontadas por J. A. T. Rebelo da Silva; Gomes não esteve presente na reunião em que foi constituída a comissão nem na distribuição das tarefas de cada membro nem na sessão de apresentação dos

---

[144] ACADEMIA REAL DAS SCIENCIAS DE LISBOA – **Memorias de Mathematica e Physica da Academia Real das Sciencias de Lisboa**, p. 96-118.

[145] FERRAZ, Márcia Helena Mendes – **As Ciências em Portugal e no Brasil (1792-1822): O texto conflituoso da química**, p. 118.

resultados. Foi pena que este trabalho que honra a Academia e a ciência tivesse ficado manchado por arrufos e disputas de saber entre os seus confrades.

O isolamento, pela primeira vez, do cinchonino por Bernardino Gomes originou uma azeda e desagradável contenda entre o autor e o *Jornal de Coimbra*, que se prolongou durante sete anos. Não se tratou de uma polémica científica rica porque a revista só pretendia denegrir e apoucar o trabalho do inventor. O redator do jornal mais diretamente envolvido na contenda era José Feliciano de Castilho, professor de medicina da Universidade. Como o cinchonino não era o único alcaloide presente numa dada quina e, por outro lado, nem todas as variedades destas plantas continham este composto, não é de estranhar que surgissem dados discrepantes entre investigadores, circunstância que proporcionava argumentos para alimentar discussões entre contendores polemistas, como é o caso presente.

A descoberta de Bernardino Gomes foi publicada no *Investigador Portuguez em Inglaterra* e este artigo deu ensejo a que Feliciano de Castilho tivesse publicado no seu jornal «Memorias sobre as Quinas geral; e ensaio em particular de algumas mais usadas, comparando a Brasiliense, Analysada em Notas pelos Redactores do Jornal de Coimbra».[146] Este artigo veio despoletar uma série de réplicas e tréplicas entre Bernardino Gomes e o jornal. As questões fundamentais levantadas por Castilho eram radicais, mas não fundamentadas. Segundo Castilho, não eram credíveis as experiências feitas por Gomes para poder concluir a existência de cinchonino nas quinas que analisou. As referidas experiências não iam além das efetuadas por Duncan e este não disse ter descoberto o cinchonino, que agora Gomes, no seu trabalho, se propunha purificar. No espírito de Castilho, pairava o ceticismo quanto à eficácia das quinas brasileiras no tratamento das febres intermitentes colhido da sua experiência como médico do Hospital Real da Universidade.

Bernardino António Gomes respondeu às críticas com altivez, azedume e contundência – traços do seu caráter: numa primeira nota de cinco páginas sem título;[147] e numa segunda nota de duas páginas intitulada «Segunda e última Replica aos senhores Redactores do Jornal de Coimbra», publicada dois meses depois da primeira.[148]

Os redatores do jornal não se deram por vencidos e refutaram a descoberta de Gomes com as tréplicas: «Resposta dos Redactores do J. C. às reflexões do Senhor Bernardino Antonio Gomes sobre o cinchonino publicadas no Numero Antecedente p. 291»; «Resposta à Replica 2.ª e ultima do sr. B. A. Gomes»,

---

[146] CASTILHO, Feliciano de – Memorias sobre as Quinas geral; e ensaio em particular de algumas mais usadas, comparando a Brasiliense, Analysada em Notas pelos Redactores do Jornal de Coimbra, p. 90-102.

[147] GOMES, Bernardino António – Chymica, p. 291-296.

[148] GOMES, Bernardino António – Segunda e última Replica aos senhores Redactores do Jornal de Coimbra, p. 447-449.

publicadas respetivamente nos números XI e XII do vol. II do *Jornal de Coimbra*. Este volume continha cinco artigos dedicados à contestação da descoberta do cinchonino por Bernardino António Gomes. Para aumentar o alarde, o *Investigador Portuguez em Inglaterra* aliou-se ao *Jornal de Coimbra*, publicando os mesmos artigos.

Como Castilho não tinha formação em química, supunha-se que quem estava por detrás das respostas do *Jornal de Coimbra* fosse o professor de química da universidade Thomé Rodrigues Sobral, que, apesar de não ter conhecimento atualizado da teoria, tratava de muitos casos de grande utilidade prática para a química e era amigo dos redatores do jornal. Uma questão subjacente à discussão era a natureza do princípio das quinas. Para Gomes, era um composto químico que existia na planta, como aliás pensavam todos aqueles que se dedicavam a este tipo de investigação – já nessa altura um campo importante aberto à ciência. Para Sobral, o princípio febrífugo das quinas era «uma propriedade nova, e resultante da união chimica natural dos differentes princípios que as compõem, do que um princípio *sui generis* distincto de outros princípios»[149] – e esta era também a ideia veiculada pelo *Jornal de Coimbra*.

Thomé Sobral tinha tido contacto com o pedido de análise das quinas brasileiras feito à universidade e cuja execução lhe foi entregue. A falta de resultados levou o vice-reitor a informar a entidade governamental superintendente que os dados obtidos por Sobral tinham desaparecido no incêndio da sua casa ateado pelas tropas francesas e que ele iria continuar os estudos solicitados à universidade.

A descoberta de Bernardino Gomes tem interesse científico por se tratar da descoberta de um dos alcaloides das quinas, mas relativamente pouco interesse clínico, porque a ação farmacológica destas plantas é devida à quinina, que esteve perto de ser identificada pelo investigador português, mas que não foi. Além da sua maior eficácia curativa é mais abundante do que a cinchonina. A quinina foi descoberta em 1820 por Pierre-Joseph Pelletier e Joseph Bienaimé Caventou e usada universalmente no tratamento das febres intermitentes; era extraída das quinas até à sua síntese química, em 1944.[150]

Uma outra comissão científico-técnica designada pela Academia por solicitação governamental teve como incumbência a uniformização de pesos e medidas.

Já nos referimos à atenção que no século XVIII era prestada à agricultura, dado o papel que tinha na economia do país, mas um dos problemas com que se debatia era a não uniformidade das medidas. A diversidade dos seus nomes e dos seus valores era enorme, fruto da tradição e dos costumes de cada região: o alqueire, uma medida de volume de cereais, variava de uma região para a outra, o mesmo acontecendo com o almude, medida de líquidos, e com muitas

---

[149] SOBRAL, T. R. – Memória sobre o princípio febrífugo das quinas, p. 126.

[150] WOODWARD, R. B.; DOERING, W. E. – The total synthesis of quinine, p. 849-850.

das demais medidas usadas na época. Isto dificultava as trocas comerciais dos produtos agrícolas e impedia a fixação uniforme de limites de terras em unidades familiares.

Assim, por portaria de 17 de outubro de 1812, foi criada a «Comissão para Exame dos Forais de Melhoramentos da Agricultura» e, por aviso de 5 de dezembro de 1812, o governo ordenava à Academia que indicasse um grupo de sócios para integrarem a referida comissão e elaborarem uma proposta de uniformização de pesos e medidas de «base sólida e permanente».[151] A Academia indicou quatro sócios aos quais o governo acrescentou o nome do lente de física, Constantino Botelho Lacerda. Na sua reunião de 2 de fevereiro de 1813, a comissão deu por terminados os estudos e aprovou a proposta a enviar ao governo.

Lembremos que, em 1791, França tinha aprovado o sistema métrico, o mais simples e racional e, portanto, parece estranho que a comissão não o tivesse adotado para Portugal. Houve duas razões para não o ter feito. A primeira e mais importante era a dificuldade que a população iria sentir para passar das medidas tradicionais relacionadas com a dimensão de partes do corpo humano – pé, braça, palmo, polegada, côvado, etc. – para o sistema métrico; a segunda era o facto de, naquela altura, não ser avisado forçar o povo a aceitar um sistema francês. Por isso, a comissão optou por propor um sistema de medidas semelhante ao convencional, mas de unidades bem definidas. A unidade de comprimento foi a *mão-travessa* definida como a centésima milionésima parte do comprimento do arco do meridiano terrestre; dez mãos-traversas era a *vara* (igual ao metro); 10 000 mãos-travessas era uma *milha*. O *palmo* podia continuar a ser usado, mas, em vez de ser a distância entre a extremidade do dedo polegar e a extremidade do dedo mínimo com a mão completamente aberta, no novo sistema, passou a ser a quinta parte da *vara*.

A unidade de volume para líquidos e sólidos era a *canada*, que corresponde a uma mão-travessa cúbica e que, no sistema métrico, corresponde ao decímetro cúbico. Dez canadas era o *alqueire* e 1000 canadas era o *tonel*.

A unidade de massa era a *libra*, que corresponde à massa de água contida numa canada; dez libras era uma *arroba* e 1000 libras era uma *tonelada*.

As unidades de medida passaram a ter valores determinados e delas foram feitos padrões de metal – para aferir as medidas usadas correntemente pela população – e distribuídas trezentas cópias pelas povoações mais importantes do reino. Este sistema metrológico foi aprovado por aviso régio em 1814, desconhecendo-se o impacto que teve na prática, pois o clima de guerra em que se vivia não era apropriado para mudança de hábitos. Em 1852, com D. Maria II, foi adotado o sistema métrico: além de rigoroso era uniforme, no país e no estrangeiro.

---

[151] IPQ – INSTITUTO PORTUGUÊS DA QUALIDADE – **A reforma de D. João VI**.

A metrologia passou a ser cada vez mais importante na vida da sociedade e, em 20 de maio de 1875, vários países assinaram a Convenção do Metro, que criou três organizações internacionais: Conferência Geral dos Pesos e Medidas (CGPM), Bureau Internacional de Pesos e Medidas (BIPM) e Comité Internacional de Pesos e Medidas (CIPM). Em 1960, o sistema métrico passou a designar-se Sistema Internacional de Unidades (SI), posteriormente adotado pelo nosso país com sete unidades básicas: ampere, A, (corrente elétrica); kelvin, K, (temperatura); segundo, S, (tempo); metro, m, (distância); quilograma, kg, (massa); candela, cd, (intensidade luminosa); mol, mole, (quantidade de substância).

Uma outra comissão que deu grande prestígio à Academia na época áurea desta agremiação foi a criação e a participação no lançamento da *Instituição Vacínica*. A varíola era uma doença que vitimizava muita gente em todo o mundo. Em 1729, o médico britânico, Edward Janner, descobriu a vacina eficaz contra este flagelo. Desde logo se iniciou a sua aplicação num clima de dúvida, como sempre acontece na fase de ensaio de qualquer medicamento cujo êxito é sempre ensombrado por acidentes devidos a causas externas à terapia ou, mais raramente, desencadeados por ela, mas suficientes para causar dúvidas na população.

A vacina chegou a Portugal em 1804, mas manteve-se no esquecimento durante as invasões francesas e não foi praticamente aplicada durante este período. O número de mortes e deformações em adultos e crianças era muito elevado. Bernardino António Gomes expôs a situação numa sessão da Academia, enaltecendo a importância da vacinação. Desta intervenção nasceu a ideia da criação da *Instituição Vacínica*, o que aconteceu nesse ano.[152] Foi criada uma comissão constituída por Bernardino Gomes, Francisco Elias da Silveira, José Feliciano de Castilho, José de Freitas Soares, José Monteiro da Cunha, Francisco Soares Franco e Francisco de Melo Franco. A comissão elaborou o «Regulamento da Instituição Vacínica» – e foi bem acolhida pelos médicos que desejavam colaborar com o empreendimento que se estendia a todo o território. O diretor da comissão era nomeado por vontade do próprio, manifestando o desejo de prestar este serviço. Eram tarefas duras, porque ele tinha de dirigir pessoalmente as sessões de vacinação, examinar os vacinados e participar nas reuniões periódicas previstas no regulamento. A presidência tinha a duração de um mês. O primeiro diretor foi B. A. Gomes, que exerceu estas funções de 7 de julho de 1812 a 30 de setembro deste ano, período mais longo do que era exigido pelo regulamento. Compreensivelmente, quis ser ele, como figura principal, a pôr o projeto em andamento.

A Instituição Vacínica foi um êxito pelo número de pessoas tratadas. Durante o tempo em que Bernardino Gomes esteve à frente da comissão, foram vacinadas cento e noventa e cinco pessoas e o ritmo foi aumentando, alcançando

---

[152] SUBTIL, Carlos Lousada; VIEIRA, Margarida – Os primórdios da organização do Programa Nacional de Vacinação em Portugal, p. 167-174.

a cifra próxima de 20 000 pessoas em 1916. Nesta altura, os meios disponíveis começaram a ser escassos para satisfazer a procura, o número de pessoas medicadas começou a decrescer acentuadamente e, em 1820, o número de vacinados era cerca de um terço dos que o foram em 1816. Face às dificuldades sentidas, a comissão de vacinação apresentou a situação à Comissão de Saúde Pública das Cortes de 1821, dando-lhe conhecimento da verba necessária para alargar a vacinação a todo o país – seis contos de reis – e obteve como resposta que era preferível continuar o que vinha sendo feito: conceder, anualmente, à comissão um conto em vez de lançar um plano de vacinação nacional. A Instituição Vacínica espalhou o bem pela população do país e ainda teve a virtude de se integrar na Junta de Saúde Pública do Reino em 1835.

Além da atividade desenvolvida por iniciativa dos seus membros e das tarefas que lhe eram solicitadas por organismos exteriores, a Academia realizou um trabalho notável em prol da ciência, através de concursos para a apresentação de propostas para solução de problemas de interesse científico cultural ou económico. Por via de regra, todos os anos eram anunciados os temas dos concursos, que tinham a duração de um a três anos e aos quais qualquer pessoa podia concorrer independentemente da sua qualificação académica. O autor da proposta aprovada em primeiro lugar recebia como prémio uma medalha de ouro no valor de 50 000 reis. Havia ainda o prémio *Acessit* a que correspondia a uma moeda de prata. Não podiam concorrer a estes convites os sócios honorários ou efetivos. De 1780 a 1800, o período mais ativo de lançamento destes concursos, foram atribuídos trinta e quatro prémios e, posteriormente, os concursos foram-se espaçando.

Como ilustração dos temas dos concursos, transcrevemos alguns deles. Prémio atribuído em junho de 1780: «Hum Exame dos Principios Fysicos e circunstanciais, que constituem a fertilidade dos Terrenos dando-se dedução de regras fáceis para distinguir as diferentes espécies dellas, conhecer as que são uteis, e emendar as estéreis». O concurso foi ganho *ex aequo* por um corregedor, membro correspondente da Academia, e por um médico. Na mesma data, foi atribuído o prémio a outro concurso intitulado: «Determinar exacta ou aproximadamente a lei do movimento dos corpos projecteis, por um meio resistente de forma que possão desejar-se regras fáceis para a prática da Ballistica». O vencedor foi um professor de física aplicada da universidade de Copenhaga. Em maio de 1794, foi atribuído o primeiro prémio de um concurso na área da química que tinha como título: «Como anualmente se importa dos países estrangeiros huma grande quantidade de potassa para Portugal, pede-se huma demonstração comprovada com experiências, de utilidade que nos pode resultar, a potassa no Reino, ou nas Conquistas, queimando as lenhas, cujo transporte for difícil, ou dispendioso, ou com outras economias semelhantes. Dando-se juntamente o melhor methodo de purificar o que destes modos se fizer, a fim de ser própria aos uzos para que nas artes se emprega». O autor do trabalho vencedor, Vieira Goulart, foi um bacharel em filosofia e jornalista interessado na química prática, que desempenhou diversas funções administrativas em Portugal e no Brasil e que escreveu, em 1798 e 1800, memórias sobre nitreiras naturais e artificiais da capitania de São Paulo. O concurso de maio de 1785, «Huma tragédia portuguesa», foi vencido por Tereza Josefa de Mello Breyner com o trabalho «Osmia», drama de uma mulher que põe em causa as restrições impostas ao género feminino. Os temas mais vezes levados a concurso eram sobre agricultura, particularmente sobre o cultivo da batata e a criação do bicho-da-seda.

De 1798 a 1812, assim como entre 1822 e 1851, não houve registo de prémios, o que se compreende pela instabilidade política e social em que o país se encontrava mergulhado. No tempo de maior acalmia política que o país viveu na segunda metade do século, os concursos voltaram, abrangendo um leque mais largo de aspetos científicos e incluindo temas de ciência básica, como se pode ver pelos assuntos propostos para os anos de 1863 e de 1865. Na primeira destas datas, as ciências físicas propuseram os seguintes pontos: I – Discutir e provar, quaes são as industrias chimicas, que convem estabelecer em Portugal; II – Estudar a atomicidade dos elementos e compostos chimicos, suas causas e suas influências nas combinações; III – Fazer um estudo sobre a synthese dos alkaloides orgânicos; IV – Determinar as causas e o modo de formação dos eolithos. As ciências histórico-naturais apresentaram a concurso nesse ano: «Apresentar um estudo sobre a doença das laranjeiras». O pedido feito em 1865 era a apresentação de um tratado de geometria.

O lançamento de desafios, pedindo a contribuição de todos para a solução de problemas de interesse público e varrendo uma grande diversidade de áreas, cota-se como uma iniciativa valiosa por dar a conhecer a Academia e a sua utilidade institucional, atrair pessoas para a comunidade científica e aproveitar valores exteriores à instituição. Nesta primeira fase, a Academia foi o centro científico mais importante do país.

A *Academia Real das Ciências de Lisboa* e as invasões napoleónicas

Como acabámos de ver, a atividade da Academia no período que medeia entre a sua fundação, 1779, e os anos 1812-1814 foi notável pelo número de trabalhos realizados em diferentes domínios importantes para a ciência e para a vida do país. Como acabámos de referir, os trabalhos mais relevantes produzidos nesta fase foram: estudos da história, língua e literatura; reconhecimento dos territórios, riquezas naturais e vida das populações das colónias; melhoria dos métodos de cultivo agrícola, de enxugo de pântanos e de plantação de floresta e olival; investigação de propriedades farmacológicas de plantas e dos princípios ativos; e criação da Instituição Vacínica.

E estas ações da Academia são tanto mais assinaláveis quanto é certo que foram executadas em tempo de guerra quando não havia serenidade para o trabalho, particularmente para o trabalho mental, nem recursos, mobilizados para as operações militares.

Na viragem do século, a disputa pela hegemonia entre a França e a Inglaterra, que se vinha arrastando há muito tempo com a Revolução Francesa, tomou foros de luta armada principalmente com a ação expansionista de Bonaparte. Como a Inglaterra dispunha da frota mais poderosa do mundo, Bonaparte pretendeu formar um império continental e isolá-lo da influência inglesa, fechando todos os portos à marinha britânica. Esta contenda criou sérios problemas a Portugal porque as duas potências eram importantes para a sua economia e vida cultural. O comércio e a afinidade da cultura francesa sempre tiveram muito peso na vida dos portugueses; as trocas comerciais com a Inglaterra tinham igualmente muito peso e, além disso, tínhamos uma aliança muito antiga com este país. A posição geográfica e os nossos portos eram uma mais-valia para os ingleses.

Em 1793, o príncipe regente D. João enviou um exército em auxílio dos espanhóis que, com a anuência inglesa, combatiam a França revolucionária e regicida no Roussilhão. A guerra durou dois anos e terminou com a derrota de Espanha e do seu aliado. A Espanha, que, entretanto, mudara de aliado, invadiu Portugal pelo Alentejo, em 1801, pelo facto de o país não ter cumprido o bloqueio continental imposto por Napoleão, numa guerra curta e desastrosa que ficou conhecida como Guerra das Laranjas. O duque de Lafões, marechal do exército português, caiu em desgraça com esta derrota.

Nos finais de 1807, Portugal foi invadido pelos exércitos de Napoleão e de Espanha, sob pretexto de não ter acatado as ordens de Napoleão relativas ao bloqueio continental. A invasão deu início a uma guerra que duraria seis anos e deixaria o país economicamente arruinado e socialmente esfrangalhado.

Para evitar ser capturada pelo invasor, a conselho dos ingleses e pressionada por alguns portugueses, a família real fugiu para o Rio de Janeiro de onde exercia as suas funções governativas, assegurando a autonomia do reino. Antes da partida, o príncipe regente constituiu um Conselho de Regência que o substituía no governo do país e ordenou a todos os súbditos para receber as tropas francesas porque elas vinham numa missão amigável. Esta ordem foi um anestésico que imobilizou muitos daqueles que se opunham frontalmente à invasão, tornando possível a entrada no nosso território de um exército que a penosa jornada, feita sob forte intempérie, transformara em hordas de maltrapilhos, famintas e saqueadoras, cuja força estaria ao alcance de qualquer pequeno exército organizado.

O comandante-chefe do exército invasor, general Junot, fez o percurso até Lisboa sem hostilidade, exceto uma ou outra resposta violenta de populações ultrajadas por desmandos da soldadesca tresmalhada que se entregava ao saque e à violação. Em Abrantes, recebeu as boas-vindas do general Oliveira Barreto que, em nome do Conselho de Regência, lhe garantiu que iria ser bem recebido pelas populações, pedindo-lhe respeito por pessoas e bens na sua viagem até à capital. Junot respondeu ao servil general com troça provocante que *«il venait fermer les ports du royaume à l'Angleterre, et meme defendre, au besoin, le Portugal contre elle»*. Ambos estavam a ser hipócritas porque conheciam o tratado que antecedeu a invasão, assinado em Fontainebleau, de acordo com o qual o território português seria repartido entre França e a Espanha. O peso dos apoiantes de França junto do príncipe era bastante maior do que os que apoiavam os ingleses. O conselheiro mais importante do príncipe era D. Pedro de Almeida Portugal, 3.º marquês de Alorna, diretor da classe de ciências exatas da Academia e oficial-mor honorário da Casa Real. O marquês era influenciado pelo conde de Novion, um emigrado francês da confiança do príncipe D. João, e pelo 2.º conde da Ega, Aires José Maria Saldanha Sanches.

Dias antes da chegada de Junot, a família real, a corte e um número de pessoas notáveis que ninguém sabe ao certo, mas que se aproximaria das 15 000, embarcavam rumo ao Brasil, em 27 de novembro, numa frota constituída por dezassete embarcações, escoltada por quatro naus da marinha inglesa.

Em 29 de novembro, o general francês recebeu em Sacavém uma deputação dos generais portugueses e uma outra dos representantes das instituições lisboetas, que incluía a Casa dos Vinte e Quatro e a Academia Real das Ciências de Lisboa. No dia seguinte, Junot entrava em Lisboa escoltado pela Guarda Real da Polícia comandada pelo conde de Novion.

Uma vez instalado, o general francês tratou imediatamente de impor medidas de ocupação territorial efetiva como conquistador. Do tempo em que estivera em Portugal como embaixador, ficou a conhecer o poder da aliança trono-altar, por isso obrigou a hierarquia da Igreja a pronunciar-se a favor da sua vinda. Fez pressão para se encontrar com o Cardeal-Patriarca de Lisboa, mas este, desculpando-se com a idade e com a saúde, enviou-lhe uma delegação que o foi cumprimentar em seu nome. O comandante francês insistiu em ter uma reunião com o cardeal e, em 8 de dezembro, encontraram-se para assinar uma nota pastoral de paz e concórdia. O inquisidor-mor e bispo do Algarve e o bispo do Porto emitiram pastorais idênticas. A resistência natural da Igreja contra os franceses foi atenuada em 1801 com a assinatura da concordata por Napoleão e pela Santa Sé. Apesar disso e da posição tomada pela hierarquia, o clero próximo do povo nunca deixou de incitar à revolta.

Junot não tardou em destruir a estrutura militar, enviando para França uma legião constituída pelos melhores soldados e comandada pelo marquês de Alorna, e dissolveu o Conselho de Regência, declarando-se governador de Portugal em nome de Napoleão. Organizou uma lista de catorze personalidades notáveis, representando o clero e a nobreza para irem a Bayone declarar a sua fidelidade ao imperador francês. Dessa lista constava o bispo de Coimbra e reitor da universidade, D. Francisco de Melo Pereira Coutinho. Iniciou a pilhagem de tudo o que os soldados encontravam de valor monetário, artístico, histórico e cultural – e não eram atos isolados e ocasionais, mas procurados nas devassas a que permanentemente se entregavam como se se tratasse de bandos de salteadores. O roubo foi de tal modo programado que trouxeram consigo o cientista Etiénne Geoffroy Saint-Hilaire, que selecionou milhares de exemplares museológicos de animais e vegetais que foram levados para França e que fazem parte do *Cabinet de Lisbonne* do *Muséeum National d'Histoire Naturelle* de Paris.

O titubeante príncipe regente declarou guerra a França em 10 de junho de 1810 quando as sublevações populares já estavam a surgir por todo o país e estava prestes o desembarque do exército inglês que vinha expulsar os franceses do nosso território. Incompreensivelmente, a polémica Convenção de Sintra autorizou que o invasor derrotado no campo militar levasse consigo o avultado saque que viera fazer a Portugal. A família real levara consigo o tesouro em cofre; os franceses levaram todo o ouro e prata a que puderam lançar mão. Ficou um país económica e socialmente destruído, que viria a sofrer mais duas invasões sem que nenhuma delas tivesse chegado a Lisboa, mas que trouxeram ao país mais destruição, pobreza e sofrimento.

Como dissemos, os trabalhos da Academia durante a guerra com os franceses foram muitos e de bom nível científico, o que significa que a instituição não abandonou as suas obrigações para se envolver nas lutas armadas ou políticas. Isto não quer dizer que, pontualmente, alguns membros se tivessem comportado com isenção política.

O caso mais falado foi o do secretário da Academia, Francisco de Borja Garção Stockler: além de fazer parte de uma deputação que foi cumprimentar o general francês ao chegar à capital, foi o principal promotor da eleição de Junot como sócio correspondente da Academia, ato publicitado pela *Gazeta de Lisboa*, na altura ao serviço dos franceses. Foi também acusado de ter arregimentado um grupo de sócios do qual faziam parte ele próprio, Domingos Vandelli e Joaquim de Foyos para lhe ir entregar o título de sócio honorário. Na *Gazeta de Lisboa* de 7 de abril de 1808, lê-se que esta comissão tinha apresentado a Junot «general em chefe, Governador de Portugal e duque de Abrantes, o diploma de sócio honorário que este havia preferido ao de presidente». O duque de Lafões, presidente perpétuo, tinha morrido em 10 de novembro de 1806 e a Academia esteve sem presidente até 9 de abril de 1810, data em que D. João VI indicou o nome do sobrinho, D. Pedro Carlos de Bourbon e Bragança, para o lugar.

Logo que os franceses foram expulsos do território nacional, a Academia condenou os atos do seu secretário, que foi demitido de funções por decreto real de 1809. Na verberação contra ele, José Acúrsio das Neves referiu-se à Academia como «um corpo sem alma».

O novo secretário da Academia, João Guilherme Christiano Müller recusou publicar a explicação do seu antecessor por achar que isso era inconveniente e Stockler embarcou para o Brasil para explicar a D. João VI a sua atitude, que considerava ter sido tomada na defesa da Academia. O monarca não teria gostado do seu comportamento, mas anulou o decreto que o afastava do exercício de cargos públicos e nomeou-o professor de matemática da Academia Real da Marinha e deputado da Junta da Direção da Academia Militar do Rio de Janeiro.

Do Brasil, Stockler procurou defender-se das acusações que lhe eram feitas através de cartas, o que provocou a ira de José Martins da Cunha Pessoa: numa carta publicada no *Investigador Português em Inglaterra*, repudiou a atitude de Stockler de procurar defender-se fora do país. Em resposta, Stockler remeteu Pessoa para a leitura das atas das sessões, onde não encontraria nenhuma decisão da Academia a propor Junot para presidente e atribuiu ao infeliz conde da Ega a ideia do convite feito ao militar francês.

Regressado a Portugal, quis reatar relações com a Academia na qual entrara em 1787: dois anos depois, passara a sócio efetivo e exerceu o cargo de vice--secretário e depois de secretário de 1795 a 1808. Enviou, por três vezes, trabalhos para serem apreciados e publicados, mas foram sempre recusados, o que levou Stockler a entregar o seu cartão de sócio.

Os outros acompanhantes de Stockler e o mentor do ato não foram esquecidos: Vandelli, um dos sócios fundadores da Academia, diretor da classe de ciências naturais, foi preso e deportado para os Açores; e o conde da Ega, sócio honorário da Academia, fugiu para França, foi julgado por traição à pátria, mas, por influências políticas e o empenho da marquesa de Alorna, foi ilibado da pena de morte e regressou a Portugal pouco antes de morrer. Não sabemos se frei Joaquim de Foyos, um dos sócios fundadores da Academia e diretor da classe de Belas-Letras, foi incomodado por ter feito parte da delegação que convidou Junot para presidente.

Os invasores não mostraram hostilidade que tivesse influência nos trabalhos da Academia e os episódios pessoais que ocorreram durante as invasões francesas não permitem concluir que a instituição tivesse apoiado formalmente a vinda dos franceses, porque mesmo os maçons que perfilhavam as ideias da Revolução Francesa sentiam o seu orgulho nacional ferido. As nefastas consequências da guerra para a Academia resultaram da exaustão dos recursos, da destruição da economia do país e da falta de horizontes para a sua recuperação.

Os sentimentos deixados na Academia pelos franceses estão patentes no discurso histórico proferido pelo secretário, João Guilherme Christiano Müller, na sessão de 24 de junho de 1810, em que assinalou a dedicação dos sócios que continuaram a apresentar as suas memórias «num quadro de tempos humilhantes e desastrosos para a sofredora humanidade»; sublinhou o trabalho feito pelas oficinas tipográficas, que não tiveram qualquer folga neste período; regozijou-se com o facto de a Academia ter superado as dificuldades pois «jamais renunciou à sua dignidade e negligenciou o seu Destino»; referiu-se a alguma conflitualidade interna, considerando o inimigo como responsável por «homenagens indignas e aviltantes»; e reservou para o fim a aclamação do príncipe Pedro Carlos para presidente da Academia.

Este discurso traduz o estado de espírito de quem acabava de sair vencedor de uma situação muito delicada para o futuro do país e da Academia, mas não deixa de dar uma visão geral da reação desta instituição às invasões: a prioridade dada ao trabalho relativamente às opções ideológicas.

No seu discurso inaugural de 1818, José Bonifácio de Andrada e Silva elogiou o esforço dos confrades para extirpar de entre eles as mais pequenas raízes de discórdia e para manter a união e a amizade, rematando com o prenúncio que os tempos que se viviam lhe permitia adiantar: «se na nossa corporação tivesse por acaso deixado abrolhar a discórdia, por mais pequena e fraca que ella fosse a princípio, tudo teria sido discórdia e confusão; e a Academia já teria desaparecido».

A ciência e a cultura no Liberalismo

No que concerne à ciência, a universidade não estava a ser capaz de cumprir o espírito da reforma. Poucos docentes estavam preparados para fazer pesquisa científica e sem esta fonte vivificadora não podia haver ciência. Uma boa parte deles eram clérigos regulares ou seculares e, por isso, também não estariam mesmo vocacionados para essa função. Ficaram-lhes tão arreigadas as ideias do passado que os educaram que dificilmente adeririam à nova filosofia. As três décadas de atividade não deram à universidade o progresso necessário nem apontavam para um caminho certo. A reforma era atual, mas não houve preparação adequada de professores capazes de a cumprirem e estavam a comprometê-la.

Após as invasões francesas, o país estava em ruínas e sem qualquer perspetiva de recuperação. O quadro da situação era negro: o dinheiro entesourado tinha sido levado pela família real; os franceses saquearam tudo o que encontraram com valor monetário, cultural ou artístico; o rei ausente tomava medidas que beneficiavam o Brasil com prejuízo dos interesses da metrópole; o governo era exercido pelos ingleses; e o exército estava subordinado ao inglês cujos oficiais recebiam ordenados mais elevados do que os dos portugueses.

O descontentamento da população era enorme. A primeira manifestação de revolta eclodiu em 1817 liderada por Gomes Freire de Andrade, grão-mestre da maçonaria, que pretendia colocar um rei no trono, expulsar os ingleses do território nacional e dar condições para que o país pudesse progredir como nação independente. A conspiração custou-lhe a vida e a mais onze portugueses. A execução do general deu origem à criação do Sinédrio, associação secreta encabeçada por Fernandes Thomas que tinha por fim preparar a inevitável revolta. A associação foi congregando descontentes e a revolta eclodiu no Porto, em 24 de agosto de 1820, teve a adesão de Lisboa em 15 de setembro, e ficou na história como a revolução de 1820 ou o vintismo.

O vintismo era o liberalismo extremista de raiz francesa e, para se poder implantar no país – apesar de tudo fiel ao rei e à casa de Bragança –, teve de manter uma monarquia com um rei reduzido a uma figura simbólica.

Os vencedores formaram a Junta Provisional do Governo Supremo do Reino, para tratar da administração, e a Junta Provisional Preparatória das

Cortes, para preparar a constituição. Esta, concluída em 1822, entregou o poder legislativo às cortes eleitas pelo povo por sufrágio direto entre todos os varões que possuíssem rendimentos para poder viver e soubessem ler e escrever. Ficavam, pois, fora de escrutínio as mulheres, os frades, os criados, os desempregados e os vadios. Ao rei cabia-lhe fazer executar as leis aprovadas nas cortes, podendo, em casos excecionais, exercer o direito de veto.

O liberalismo social é uma ideologia que defende as liberdades individuais e, como tal, só pode existir num país onde todos tenham a formação moral e intelectual para saber limitar os seus direitos de forma a não prejudicar os dos seus compatriotas. É impossível implantá-la por escrutínio direto num país inculto, a lutar pela sobrevivência, governado durante séculos por monarquias absolutas e que, naquela altura, apesar das contrariedades, não tinha perdido o amor ao rei nem a obediência à casa de Bragança. Na verdade, o vintismo caiu logo, em 1823, dando lugar ao regresso do absolutismo, o problema dinástico foi-se agudizando e o país entrou em guerra civil, que se prolongou até 1834.

O absolutismo foi derrotado e o vencedor, o rei D. Pedro IV, outorgou a Carta Constitucional de 1826, que estabelecia um regime liberal moderado, no qual o governo era entregue às cortes eleitas pelo povo, mas as decisões políticas pertenciam ao rei, mantendo-se a divisão de poderes: executivo, legislativo e judicial. Com pequenas alterações e curtas interrupções provocadas por afloramentos dos setembristas e outros grupos revolucionários, o liberalismo cartista esteve no governo durante oitenta e quatro anos (1826 a 1910).

O liberalismo tomou algumas iniciativas importantes no domínio do ensino: em 1836, as reformas de Passos Manuel com a criação dos liceus, uma das obras mais valiosas e inovadoras do liberalismo no domínio do ensino; em 1837, a criação da Academia Politécnica do Porto destinada a formar uma escola de ciências industriais e engenheiros de todas as classes e, neste mesmo ano, a Escola Politécnica de Lisboa, que tinha como finalidade habilitar os alunos para seguirem os cursos das escolas do exército ou da marinha. Eram duas escolas de ensino superior criadas no âmbito do Ministério da Guerra e não do reino, porque a aposta do regime era nas ciências aplicadas e porque a universidade de Coimbra tinha o monopólio do ensino universitário e sempre lutou para o conservar. Todavia, passaram, na realidade, a ser duas instituições competidoras com a universidade no domínio das ciências, dadas as disciplinas e os programas lecionados.

Ainda não tinha havido frutos da reforma do setembrista Passos Manuel, quando o cartista Costa Cabral publicou a reforma geral do ensino de 1844, com profundas modificações na administração pública e no ensino. Foi uma reforma útil ao desenvolvimento da química. Até esta altura e desde Pombal, a formação em química na Faculdade de Filosofia era dada por frequência de uma única cadeira e, malgrado o extraordinário progresso da ciência, assim continuou até à reforma de 1844, que introduziu no curso cadeiras dedicadas ao estudo das principais especialidades desta disciplina. A essência desta reforma manteve-se, praticamente, até à implantação da república. A atividade de investigação era reduzida, para não dizer inexistente, e sem criação de ciência havia apenas um simulacro de universidade.

A Regeneração trouxe alguma acalmia política e social e, além do progresso na indústria, no comércio e nas comunicações, tomou algumas medidas na educação, abrangendo o ensino primário, liceal e profissional e, no ensino superior, destaca-se a criação do Curso Superior de Letras, origem da Faculdade de Letras da Universidade de Lisboa.

Nos fins da década de 1860, o romantismo defrontou-se com os ideais do realismo, uma nova corrente literária vinda de França, Alemanha e Grã-Bretanha caraterizada pelo objetivismo e a extensão do positivismo não só às ciências como à literatura.

Na intelectualidade, lavrava a intranquilidade resultante do atraso em que o país se encontrava: em 1865, a juventude estudantil levantou uma polémica literária contra o romantismo conhecida por Questão Coimbrã e, seis anos depois, um grupo de intelectuais progressistas – o Grupo do Cenáculo – organizou as Conferências Democráticas do Casino Lisbonense, um ciclo de colóquios para debater os problemas do país, que foi interrompido por ordem do governo.

Os dois escritores que mais se evidenciaram neste período, que se prolongou até 1890, foi Antero de Quental e Eça de Queiroz.

A Academia das Ciências não perfilhou o movimento realista e a atividade literária neste período foi fraca e não voltaria mais a ter a pujança destes tempos.

O positivismo de Auguste Comte ia conquistando o espírito da sociedade industrial e a caraterística que incorpora deixara de ser a liberdade individual para passar a ser a igualdade de todos perante a lei, elaborada com a coparticipação de todos os cidadãos. A defesa da república e do positivismo é feita por gente influente como Manuel Emídio Garcia, José Falcão, Consiglieri Pedroso, Teófilo Braga, Carrilho Vieira e Teixeira Bastos. O republicanismo teve uma progressão rápida, particularmente após o Ultimato de 1890 e os últimos anos da monarquia foram política e socialmente agitados e penosos para o regime abandonado pelos tradicionais aliados: nobreza e Igreja. Finalmente, a revolução de 5 de outubro de 1910 implantou a república: foi a rutura definitiva com a monarquia, que tinha uma história de mais de sete séculos e meio de existência, tantos quantos a vida do país. Foi a terceira república implantada na Europa a seguir à França e à Suiça. Era uma república parlamentar de representatividade democrática que havido sido gerada nos princípios de que a valorização do homem só se conseguia através da educação e de que este era o sistema ideológico que melhor servia a civilização moderna.

De facto, a elite intelectual fundadora da Academia (onde se incluíam muitos maçons), que a transformou em centro científico respeitado, até ao advento do liberalismo, integrou-se nas novas correntes de pensamento e ação, abandonando os seus ideais de filantropia, liberdade individual e promoção do progresso da humanidade através da ciência. Poucos se lembraram desta instituição fundamental para o avanço do país e, logo no início, os liberais cindiram-se em duas fações: uma extremista – os setembristas – e outra mais moderada – os cartistas – que, durante meio século, se preocuparam mais com a luta para conquistar o poder do que com o governo do país, que assegurasse o bem-estar e o futuro da população.

A maçonaria, dividida em várias estruturas rivais, aderiu às duas fações políticas e o seu comportamento não se distinguia do dos demais intervenientes políticos a não ser na ambição de ocupar as posições mais importantes. Diversos chefes dos governos que se foram constituindo eram grão-mestres das organizações maçónicas. O liberalismo português caraterizou-se por disputas pessoais, originando a formação de grupos antagónicos que dificultavam a ação governativa de uma monarquia sem chama.

O desencanto com a monarquia liberal, o alastramento da corrente de pensamento positivista e o cientismo fizeram emergir em Portugal o republicanismo como forma de governo. As ideias do republicanismo afloraram por 1870 e, a partir desta data, começou-se a escrever na defesa do positivismo e da república.[153] A primeira publicação sobre esta forma de governo é da autoria do escritor, jornalista e ativista José Félix Henriques Nogueira, *Estudos Sobre a República em Portugal* publicado em 1851.[154]

O Liberalismo e a *Academia das Ciências de Lisboa*

A Academia tornou-se aos olhos de revolucionários um esbirro do antigo regime cujo retorno queriam evitar a todo o custo.

É certo que a forma como a Academia procurava estar sob a asa da casa de Bragança era, por vezes, exagerada. Já aqui nos referimos aos termos como Müller propôs o príncipe Pedro Carlos para presidente. No discurso inaugural de 1812, o secretário é claro quanto à ligação da Academia à dinastia brigantina quando, a propósito da carta que o príncipe regente endereçou à instituição com data de 9 de abril, esclareceu ter este aceite a presidência por ela ser tradicionalmente exercida por um membro da casa real. Quando D. Pedro Carlos faleceu, foi o infante D. Miguel que ocupou a presidência da Academia.

Esta tradição não justifica que os liberais não acarinhassem uma instituição na esfera da sua ação. A liberdade só pode ser alcançada através da educação e da ciência, tanto mais que o país era culturalmente muito pobre, mas davam preferência a aliados que os apoiassem em querelas partidárias em detrimento das realizações em prol da sociedade.

---

[153] BRAGA, Teófilo – **História das Ideias Republicanas em Portugal**.

[154] NOGUEIRA, José Félix Henriques – **Obra completa**.

Todavia, o regime liberal não deixou de incluir a Academia no rol das instituições e personalidades a consultar para dar parecer sobre o modo como deviam ser organizadas as cortes. Em 7 de outubro de 1820, a Junta Provisional Preparatória das Cortes enviou à universidade de Coimbra e à Academia das Ciências um pedido de parecer sobre o assunto, ao mesmo tempo que eram enviadas 2200 circulares a várias pessoas com idêntico pedido.

A Academia defendeu uma convocação chamando as três classes – clero, nobreza e povo – com uma distribuição de lugares que desse maioria a esta última. Sugeria um número total de 200 deputados com a seguinte distribuição: 20 para todas as classes do clero, 30 para a nobreza e 150 para distribuir pelos procuradores de todas as cidades, vilas e concelhos do país. A proposta não foi aceite, tendo a Junta optado por um texto que era praticamente uma cópia da *Constitutión Política de la Monarquia Española* promulgada em Cadiz em 12 de março de 1812.

Logo nas discussões das cortes constituintes, a pouca dedicação à ciência desiludiu alguns liberais convictos, como aconteceu com Almeida Garrett, vindo de Coimbra onde acabara de se diplomar e trazendo consigo o acirrado apego ao liberalismo que reinava entre a mocidade estudantil daquele tempo e que levara frei Francisco de São Luís ao reitorado da universidade. No decurso dos trabalhos das cortes, o insigne escritor lançou uma violenta crítica às cortes sobre a falta de atenção dedicada à instrução pública advertindo com as máximas seguintes: «tão livre é o povo instruído quanto escravo é o povo ignorante»; «o povo perfeitamente ignorante será perfeitamente escravo»; «o povo cuja maioria seja perfeitamente ilustrado, esse povo, será livre porque a pequena porção de ignorantes não basta para servir os que o não são»; «as cortes portuguesas legislando no século XIX sem darem uma só hora das suas tarefas à pública instrução é um fenómeno em política que a posteridade não saberá explicar». E, em resposta ao discurso da coroa de 10 de fevereiro de 1854, Garrett manifesta o seu desgosto sobre o estado da educação pública em Portugal afirmando: «Sou obrigado a dizer que não conheço país com pretensões a civilizado em que a educação e a instrução pública estejam tão miseravelmente administradas como as nossas».[155]

Com a rainha D. Maria I, uma corrente de ar fresco passou pela Academia. Em 22 de março de 1781, a monarca mandou publicar o privilégio no qual estabelece os regulamentos que concediam à Academia autorização para publicar os vários tipos de obras aqui produzidas;[156] relativamente às publicações periódicas, preceitua: «publicar as Memorias dos Sócios, das quais as que contiverem novos descobrimentos, ou perfeições importantes às Sciencias e boas Artes são publicadas com o titulo Memorias da Academia». A atividade

---

[155] GARRETT, Almeida – **Escritos do Vintismo**.

[156] ACADEMIA REAL DAS SCIENCIAS DE LISBOA – **Memorias da Academia Real das Sciencias de Lisboa**.

editorial foi grandemente aumentada com a publicação das comunicações lidas nas sessões periódicas, bem como dos livros e coleções que referimos. Além do interesse que tiveram para a divulgação científica, as atas destas reuniões são também um precioso auxiliar para se poder escrever a história da Academia e da ciência e o ambiente político e social em que estas se desenrolaram.

Na revista da Academia – *Memorias de Mathematica & Physica da Real Academia das Sciencias de Lisboa* e, a partir de 1815, *Historia e Memorias da Academia Real das Sciencias de Lisboa* –, foram publicados cento e quarenta e um trabalhos, entre 1797 e 1821, e quarenta e quatro, entre 1823 e 1835. Apesar do notório avanço da ciência que se verificou neste intervalo de tempo, o ritmo de publicações era de 5,8/ano, no primeiro período, e decresceu para 3,6/ano, no segundo. A produção científica das classes foi também muito desigual. No primeiro período, a distribuição dos trabalhos foi a seguinte: Ciências Exatas – 24,5%; Ciências Naturais – 62,9%; e Letras – 12,6%. No segundo: Ciências Exatas – 4,5%; Ciências Naturais – 36,4%; e Letras – 52,1%. Como se vê, no primeiro período, há um predomínio das ciências naturais e, no segundo, um predomínio das letras, um decréscimo das ciências naturais e uma quebra acentuada nas ciências exatas.

O declínio da produção foi-se acentuando, mas a instituição nunca deixou de lutar contra as adversidades, registando, por vezes, alguns triunfos. Entre 1837 e 1851, as *Memorias* publicaram apenas quarenta e três trabalhos, a maioria deles de letras seguindo-se-lhe as ciências exatas e em último lugar as naturais, que continuavam a decrescer com apenas 25,6% dos trabalhos realizados nesta fase.

As datas que balizam estas três fases da vida da Academia têm significado para a sua história e também para a história pátria. Por ordem crescente, correspondem à publicação do primeiro número das *Memorias*, ao corte de verbas pelo Soberano Congresso, à doação das instalações do Convento de Nossa Senhora de Jesus da Ordem Terceira de S. Francisco para sede da Academia e à reforma dos estatutos, que reduziu o número de classes de três para duas.

Esta última data é importante pela atualização dos estatutos, mas também porque D. Maria II e depois D. Fernando II concederam o seu patrocínio à Academia, dezassete anos depois de a família real ter descurado o tradicional dever de presidir à direção desta instituição. Foi uma lufada de ar fresco que a rainha levou à Academia, mas não suficiente para a elevar ao prestígio de que desfrutou em épocas idas.

A Academia era atacada por parlamentares cuja mentalidade se coadunava com o tempo de revolução política permanente em que se vivia e que a criticavam por condutas censuráveis alheias ao campo da ciência, embora pudessem afetar a qualidade da sua produção, como fosse o recrutamento pela distinção de nascimento, posições profissionais ocupadas, ideologia política ou religiosa professada e engajamento à casa de Bragança. Outros consideravam-na uma instituição inútil; por exemplo, Borges Carneiro, liberal extremista, dizia: «temos sábios e livros demais» (...) «do que precisamos em Portugal é de comércio, lavoura e indústria; de ciências e sábios temos um exército capaz de devorar todos os frutos das classes produtoras». Invocando a necessidade de reduzir as despesas, achava que o país não devia gastar 4800 mil reis anualmente para «manter o luxo científico e a vaidade dos sábios».[157] As críticas tinham as mais diferentes vozes; um dos deputados das cortes de 1822 dissera: «É constante que em antiguidade e literatura alguma coisa tem feito a Academia, porém em ciências, que é o seu principal objetivo, pouco ou quase nada».[158] Alguns defendiam-na, chamando a atenção para o importante serviço que tinha prestado à ciência e à nação, vozes pouco ouvidas por uma assembleia onde as ciências não faziam parte do orçamento.

Neste ambiente de um liberalismo tumultuoso e pouco esclarecido, era impossível acompanhar o passo de outros países e a Academia foi declinando até ao reinado de D. Maria II. A proteção que lhe foi dada por esta foi considerada por Aragão Mourato, vice-presidente, liberal moderado e membro da Assembleia Constituinte, o sinal de uma «nova era» por ter permitido ultrapassar «os tempos nebulosos que justificam o silêncio da agremiação».[159]

É justo prestar aqui tributo ao esforço feito pelo seu secretário, Joaquim José da Costa Macedo, para a revitalização da Academia nos meios internacionais, a afirmação do seu valor como centro científico de excelência, assim como a reaproximação de sócios separados politicamente pelos acontecimentos ocorridos depois da revolução de 1820. Costa Macedo exerceu as funções de secretário de 1833 a 1855 e, durante este intervalo de tempo, manteve relações amistosas com a intelectualidade da França, Grã-Bretanha e Alemanha, o que lhe proporcionou um conhecimento das novidades metodológicas adotadas por estes países.[160] Foi, efetivamente, o «timoneiro» que conduziu a Academia por entre ventos e marés, vencendo as dificuldades geradas pelo setembrismo. Deixou o cargo em 1856 com a instituição em condições de poder iniciar a recuperação.

A Academia entrou, então, numa nova fase de progresso principalmente no domínio da literatura – ramo que havia tido relevância no primeiro meio século de existência (como já foi referido), mas o neoclassicismo tinha sido ultrapassado pelo romantismo e, com este movimento, a Academia voltava a dar à

---

[157] RIBEIRO, José Silvestre – **Historia dos estabelecimentos scientificos litterarios e artisticos de Portugal nos successsivos reinados da monarchia**, p. 354.

[158] SANTOS, Maria de Lourdes Lima dos – Sobre os intelectuais portugueses no século XIX (do Vintismo à Regeneração, p. 69-115.

[159] MOURATO, Francisco Manuel Trigoso de Aragão – **Memorias da Academia Real das Sciencias de Lisboa**, p. I-IV.

[160] *Memorias da Academia Real das Sciencias de Lisboa* (discursos de 1838, 1843, 1854).

historiografia portuguesa um período de assinalável prestígio.[161] Pode considerar-se que a renovação literária começou em 1825 com a publicação do poema *Camões* de Almeida Garrett ou, mais propriamente, com a publicação de a *Voz do Profeta* de Alexandre Herculano em 1836.

Com Herculano, a história mergulhava nas raízes profundas do passado, investigado de modo a apurar a verdade, ficando-se a conhecer o presente e a planificar o futuro. A historiografia do romantismo passara a ser uma ciência fundamentada nas origens. Herculano foi eleito sócio correspondente da Academia Real das Sciências de Lisboa em 1844 e, oito anos depois, passou a sócio efetivo, tendo sido eleito vice-presidente em 1852. Ele com Rebelo da Silva, Mendes Leal e Oliveira Marreca, seus companheiros e discípulos, deram à Academia um novo fulgor. Em 1846, publicou o primeiro volume da *História de Portugal*, que gerou várias polémicas por terem sido eliminados episódios sem fundamentação histórica, fruto da imaginação popular, de patrioteirismos ou intervenções divinas que abundavam na história antiga.

Uma das polémicas com consequências políticas teve como protagonistas Alexandre Herculano e Costa Macedo e o motivo aparente foi aquele ter negado a intervenção divina na batalha de Ourique. Herculano era crente, mas tinha uma mentalidade científica, enquanto Costa Macedo tinha apenas o primeiro destes predicados. Da confrontação entre estas duas personalidades resultou o pedido de demissão de sócio da Academia de Costa Macedo, que tinha servido quatro décadas como sócio e vinte e dois como secretário perpétuo, e a sua substituição por Herculano na Torre do Tombo. No fundo, a animosidade entre os dois contendores ultrapassava a questão da batalha de Ourique: era a diferença de mentalidades entre personagens importantes pertencentes a gerações diferentes. Com a saída de Costa Macedo, Herculano entrou novamente na Academia e propôs recolher os documentos relativos à história social e política relativa ao período desde o século XIII até aos fins do século XV, proposta aprovada pela Academia e pelo governo.

Entre 1853-54, nas visitas que fez à Torre do Tombo acompanhado por Costa Basto rebuscou todos os documentos de interesse histórico que havia nos cartórios das ordens religiosas e civis, que foram incorporados na *Portugaliae Monumenta Historica*. Deu conhecimento do andamento desta obra em carta dirigida à Academia de 6 de dezembro de 1852, quando a deixou por dissidência com o secretário Costa Macedo,[162] e voltou a fazê-lo em carta de 15 de março de 1857, quando regressou à Academia por saída do seu adversário. Depois de Herculano, a atividade literária da Academia decaiu significativamente.

---

[161] COELHO, Maria Helena da Cruz – Alexandre Herculano: a história, os documentos e os arquivos no século XIX.

[162] BAIÃO, António – Alexandre Herculano e os Portugalia Monumenta Histórica, 1852--1873, p. 91.

A república também não lhe trouxe bons tempos. Como já referimos, o Governo Provisório da República, presidido por Teófilo de Braga, ordenou a extinção da imprensa da Academia, a entrega do seu espólio e a transferência do seu pessoal para a Casa da Moeda, tendo a instituição ficado privada de um instrumento que tinha exercido uma atividade notável e que lhe tinha dado grande prestígio. A animosidade de Teófilo para com a Academia tinha contornos de despeito pessoal. Nas eleições de 1868, Teófilo tinha sido eleito para seu vice-presidente, mas não foi reeleito nas eleições seguintes como ele esperaria e desejaria. O resultado enfureceu-o e procurou tirar desforço do que para ele tinha sido uma ofensa – a resposta pronta a qualquer agravo era um traço do seu caráter.

Como também já foi referido, juntou um grupo de intelectuais republicanos e criaram em 1907 a Academia das Ciências de Portugal cujos estatutos só lhe foram concedidos a 27 de outubro de 1910, ou seja, dezassete dias após a implantação da república. A atitude de Teófilo prejudicou a Academia das Ciências de Lisboa, que não soçobrou por se ter ido adaptando ao novo regime político sem deixar de exercer a sua missão. Mas interrompeu a publicação das *Memórias*, que só regressaram em 1936, e perdeu as habituais consultas científicas feitas pelo governo, que passaram a ser entregues à sua competidora. Esta, porém, entrou rapidamente em declínio, mudou de designação em 1921 para Instituto de Portugal, extinto pelo regime político que tomou o poder em 1926.

A república e a ciência

A república, que pôs fim ao regime que nos últimos noventa anos fora uma monarquia liberal, foi a revolução cultural de que o país carecia? Infelizmente não. Todavia, é justo salientar que a reforma universitária de 1911 foi uma das maiores reformas deste grau de ensino. Os homens da república tinham noção do nosso atraso e acreditavam, sem dúvida, que a promoção da sociedade só poderia ser feita através da educação e da cultura. Foram criadas as universidades de Lisboa e do Porto, elevando para três as universidades do país. Em cada uma das universidades foi instalada uma faculdade de ciências dedicada ao estudo das principais disciplinas científicas. Além da atualizada estrutura escolar, a lei de 19 de abril de 1911 criou o Fundo Universitário de Bolsas ou Pensões de Estudo para auxiliar os que não pudessem continuar os seus estudos por falta de meios – iniciativa que traduz a ideia de que o ensino devia ser democratizado para que o nível cultural alcançado por cada indivíduo não estivesse dependente das suas condições financeiras.

A clareza das ideias e a boa vontade de restaurar o ensino foram abafadas pela maldita herança de querer conquistar o poder político pela filiação em partidos que se guerreavam em vez de cooperarem em trabalho útil para a sociedade. Do excelente programa traçado muito pouco foi realizado, deixando o país em miserável situação económica incapaz de levar à prática o espírito da reforma.

Uma falha a apontar à reforma de 1911 é a pouca atenção dedicada à investigação científica à qual é feita apenas alusão como matéria a tratar em cada disciplina, mas que exigia uma organização própria e meios financeiros adequados para elevar o nosso nível científico, que era de uma pobreza confrangedora. A chave de arranque da ciência não tinha sido ainda encontrada.

A primeira república foi derrubada em 1926 e, em seu lugar, foi implantada uma ditadura militar, que preparou a constituição de 1933 – base legal do chamado estado novo, um regime político de compromisso entre a democracia e o autoritarismo. Coube a este governo o lançamento da estrutura de investigação científica com a criação, em 1929, da Junta de Educação Nacional[163] cuja missão está expressa no preâmbulo do decreto que criou esta instituição: «orientar e auxiliar os esforços e as necessidades das instituições culturais, considerando ainda que (...) para favorecer a cultura científica, fator proeminente da riqueza e da força de um país, pela sua importância na formação da mentalidade social e pela sua influência na preparação profissional e na valorização do património comum, é de flagrante vantagem a criação de um organismo que metodicamente proteja, alargue e coordene a nossa atividade intelectual». A sede era em Lisboa, mas desde logo estava prevista a criação de uma delegação em Coimbra e outra no Porto.

A Junta de Educação Nacional foi criada pelo ministro Duarte Pacheco, mas iniciou a sua atividade com o ministro seguinte, Gustavo Cordeiro Ramos e, em 1936, a 7.ª secção da Junta foi autonomizada, dando origem ao Instituto para a Alta Cultura.[164] Cordeiro Ramos explica os objetivos da Junta de Educação Nacional: «quebrar o isolamento que nos últimos séculos nos afastara do convívio íntimo e permanente com os mais autorizados centros de cultura no estrangeiro; proporcionar meios de trabalho aos estudiosos e facilitar-lhe o aperfeiçoamento, a expansão e propaganda séria do seu labor, não só internamente, mas extramuros pátrios».[165]

Dentro dos meios financeiros que lhe foram atribuídos, esta estrutura de fomento científico desempenhou uma ação importante no desenvolvimento da investigação científica: envio de bolseiros para centros estrangeiros, concessão de bolsas de estudo para investigação no país, formação de centros de estudo de investigação junto das universidades, aquisição de instrumentação científica e de bibliografia, etc.

A colaboração com centros estrangeiros vinha sendo defendida há muito por várias pessoas como a única solução para recuperarmos do nosso atraso:

---

[163] PORTUGAL. Ministério da Instrução Pública – Secretaria Geral.

[164] PORTUGAL. Ministério da Educação Nacional – Secretaria Geral.

[165] RAMOS, Gustavo Cordeiro – **Objectivos da Criação da Junta de Educação Nacional (Actual Instituto para a Alta Cultura). Alguns aspectos do seu labor**, p. 7.

António Sérgio escrevia, em 1919, «Da necessidade de criar focos independentes de reforma da cultura por meio de recurso ao estrangeiro».[166] E, se a medicina era o domínio mais vezes invocado como o mais carecido de reforma, outros eram também citados: no final da década 1920/30, Egas Pinto Basto, professor de química da universidade de Coimbra e diretor da sua faculdade de ciências, expunha com dura crueza o estado lamentável da ciência e apelava com veemência ao reitor que lhe fossem concedidas condições para a realização de trabalho digno, designadamente verbas que assegurassem o funcionamento corrente, equipamento atualizado e envio de jovens qualificados para se especializarem em centros científicos estrangeiros. O seu desespero foi a ponto de anunciar ao reitor que se, entretanto, a situação não melhorasse, considerasse a sua demissão do lugar de diretor da faculdade porque, face à fraca atividade científica que se verificava, não se justificava a sua função. Pinto Basto animou-se com a concessão de duas bolsas de estudo a dois jovens assistentes para frequentar universidades inglesas.

Para o ano de 1929/30 foram concedidas noventa e duas bolsas de estudo no estrangeiro e vinte no país.[167] As bolsas de estudo concedidas para o estrangeiro podiam ser de curta ou longa duração e podiam ser renovadas até à obtenção do doutoramento na universidade onde o bolseiro estava a estagiar. A obtenção desta qualificação numa universidade estrangeira de topo era uma garantia de que o bolseiro se tinha integrado com sucesso numa estrutura científica atualizada e estava habilitado a trazer para o país os conhecimentos para cá instalar um núcleo de investigação e dar continuidade à sua investigação, atraindo os mais novos para a ciência.

Entre 1929 e 1936, o número de bolsas de estudo no estrangeiro foi de cento e quarenta e oito: trinta e sete para ciências e engenharia, e quarenta e quatro para medicina. E os países que maior número de bolseiros receberam foram, por ordem decrescente: França, Reino Unido e Alemanha.

Mas as verbas consignadas ao Instituto para a Alta Cultura foram sempre escassas. Em 1942, era de 85 000 escudos e, durante a década, o aumento anual cifrou-se entre 15 e 17,5%. Na década de 1950, registou-se um aumento substancial de fundos destinados à investigação, devido à extensão desta ao estudo da energia nuclear. Em 1952, iniciaram-se oficialmente os estudos neste domínio, tendo sido criada a Comissão Provisória de Estudos de Energia Nuclear, na dependência do Ministério da Educação Nacional, acompanhada de um aumento substancial da verba destinada ao Instituto para a Alta Cultura.

---

[166] ROLLO, Maria Fernanda; QUEIROZ, Maria Inês; BRANDÃO, Tiago – Pensar e mandar fazer ciência. A criação da Junta de Educação Nacional e a política de organização científica do Estado Novo.

[167] BASTO, Egas F. Pinto – Relatórios apresentados ao Reitor da Universidade de Coimbra pelo Director da Faculdade de Sciências, relativos aos anos lectivos de 1926-1927, 1927-1928, 1928-1929, 1929-1930, p. 42 e 44-48.

Em 1953, a dotação concedida a este Instituto foi de 35 000 escudos, precisamente o dobro do concedido no ano anterior.

Depois da fundação da Junta de Educação Nacional, o panorama científico português mudara e, embora a recuperação fosse lenta, nunca mais perderíamos de vista os padrões internacionais.

Com quase um século de atraso relativamente aos países de vanguarda, a década de 1930 marcou a institucionalização do chamado modelo alemão e a implantação da estrutura científica em Portugal.

A *Sociedade Portuguesa de Química* e a *Revista de Chimica Pura e Applicada*

A primeira manifestação de associativismo na área da química em Portugal foi a fundação da *Revista de Chimica Pura e Applicada* em 1905. Segundo os editores que a lançaram, tratava-se de uma publicação periódica destinada a «arquivar o que já produzem os nossos laboratórios. orientar os que trabalham nos progressos incessantemente realizados e de que dão conta as publicações congéneres estrangeiras, publicar artigos de explanação científica doutrinária ou experimental que possam ser de utilidade aos alunos de química geral e especial e aos que desejam ficar ao corrente dos progressos mais notáveis das ciências químicas». Acrescentam depois os objetivos mais específicos da revista: «as questões de chimica pura terão aqui acolhimento e cabimento; é, porém, de crer que por conveniência do meio, tenhamos de dar preferência a assuntos de química aplicada, à hygiene, à agricultura, à medicina, à farmácia, à medicina legal, etc.».[168] Realmente, a revista iria tomar uma orientação prática para poder ser útil, o que nos dá a ideia de que, de facto, não havia um número significativo de pessoas interessadas nos aspetos básicos da ciência.

Os editores da revista foram António Joaquim Ferreira da Silva, seu principal impulsionador e professor da 9.ª cadeira da Academia Politécnica do Porto (química inorgânica e química orgânica), o demonstrador Alberto Aguiar, professor de patologia geral da Escola Médico-Cirúrgica e de química da Escola de Farmácia, e José Pereira Salgado, demonstrador de química da Academia Politécnica. Estas três personalidades estavam ligadas ao Laboratório da Câmara Municipal do Porto, criado pela autarquia, em 1882, e destinado a proceder ao controlo analítico de produtos naturais. O município convidou Ferreira da Silva para orientar a sua construção e dirigir a sua atividade.

O Laboratório conquistou grande prestígio devido à indiscutível competência científica do seu diretor, ao elevado número de trabalhos realizados e ao rigor dos resultados. A ação do Laboratório não se limitava apenas aos trabalhos de bromatologia para que havia sido pensado; também realizava trabalhos em

---

[168] BARREIRO, Abílio – Editorial, p. 1.

vários outros domínios, designadamente farmacêuticos, industriais, toxicológicos, etc. – a maior parte de pendor prático.

Em 1907, o Laboratório foi extinto pela Câmara, usando vários argumentos, nomeadamente de desvio dos fins para que fora criado. Devido ao elevado nível científico que alcançara, era solicitado para ações diversas, envolvendo operações de análise química que ultrapassavam simples aplicações desta ciência. Mas a verdadeira razão para a extinção do laboratório parece ter sido de ordem política. Nesta altura, o país estava em efervescência política devido à luta entre monárquicos e republicanos e entre estes e a ditadura do ministro João Franco (recorde-se a morte de D. Carlos em 1 de fevereiro de 1908), e a Câmara era dominada pelo partido republicano. Seria a ala republicana que não gostaria de ver uma instituição prestigiada de iniciativa monárquica e, sobretudo, dirigida por um católico fervoroso e monárquico convicto. Mas a resistência que Ferreira da Silva opôs à decisão não foi suficiente e a extinção do Laboratório foi consumada.

A *Revista de Chimica Pura e Applicada* nasceu no Laboratório Municipal do Porto e, sendo um meio necessário para divulgar a produção científica desta instituição, era um instrumento importante ao serviço da química portuguesa como vamos ter oportunidade de ver.

A *Sociedade Portuguesa de Química*

Em 28 de novembro de 1911, Ferreira da Silva dirigiu do Porto um convite aos químicos portugueses para participarem numa reunião a ter lugar no Laboratorio de Chimica Mineral da Escola Polytechnica (Faculdade de Sciencias) de Lisboa e cuja ordem de trabalhos era discutir e votar os estatutos da *Sociedade Portuguesa de Química*. A reunião decorreu às três horas da tarde de 2 de dezembro, foi presidida por Ferreira da Silva e secretariada por Hugo Mastbaum e nela foi apresentado o projeto dos estatutos da nova sociedade. A sessão terminou com o pedido dirigido ao presidente de que, na reunião seguinte, fosse apresentada uma versão dos estatutos que incluísse as alterações acabadas de aprovar.

A segunda reunião realizou-se em 28 de dezembro de 1911 e nela foram aprovados os estatutos e eleitos os corpos gerentes com os seguintes resultados: presidente – Ferreira da Silva; vice-presidentes – Achilles Machado e Alvaro Basto; 1.º secretário – Hugo Mastbaum; 2.º secretário – Cardoso Pereira; tesoureiro – Armando Seabra; vogais – Carlos von Bonhorst, César de Lima Alves e Pereira Salgado. Ficaram a fazer parte da lista do primeiro corpo administrativo da nova Sociedade representantes das três universidades e dos diversos institutos ligados à saúde e à economia.

O art.º 12.º dos estatutos reforçava a ideia de uma sociedade descentralizada ou, mais corretamente, com a sede em Lisboa, mas prevendo a fundação de secções no Porto, em Coimbra e noutras cidades portuguesas. As delegações do Porto e de Coimbra foram criadas poucos anos depois e, mais recentemente, foram criadas as delegações de Braga e Aveiro. Além das delegações, existem ainda várias secções locais em departamentos de química de universidades. Atualmente, a Sociedade tem nove divisões dedicadas a diferentes especialidades: química inorgânica e bioinorgânica, química orgânica, química-física, química analítica, catálise e materiais porosos, química alimentar, ciências da vida, ensino e divulgação de química, e química terapêutica.

A criação da *Sociedade Portuguesa de Química* foi a coroação de vários acontecimentos de grande significado para o ensino e para a ciência: foi o ano da reforma do ensino feita pela república e da criação das universidades de Lisboa e do Porto. Um ano cheio de esperanças para a ciência. O art.º 1.º dos estatutos da Sociedade define os seus propósitos: «radicar, cultivar e desenvolver em Portugal o estudo da chimica e das sciencias com estas conexas».

Em vez de publicar uma revista periódica para divulgar a atividade da sociedade como acontecia nas sociedades científicas, adotou a *Revista de Chimica Pura e Applicada* para esse fim. No art.º 25.º dos estatutos, é dito: «Nesta revista cujo número de páginas é limitado, serão insertas as actas das reuniões, os trabalhos apresentados pelos sócios e os resumos de trabalhos científicos publicados em outros lugares, assim como as comunicações que interessam aos sócios sob o ponto de vista scientifico e social». Nestas circunstâncias, a revista é um ótimo auxiliar para se obter a informação da atividade da Sociedade através do tempo, como aconteceu neste trabalho.

Na fase inicial, a publicação da revista era o encargo mais dispendioso da Sociedade e também a sua atividade mais importante. A Sociedade tinha um escasso número de sócios e não tinha outras fontes de rendimento além das quotizações, por isso tinha dificuldade em custear a impressão da revista; além disso, dada a fraca atividade científica dessa época, havia falta de assuntos para a manter sob o ponto de vista científico. Ferreira da Silva era o principal colaborador e, enquanto esteve no Laboratório Municipal, a sua produção científica constituía uma parte apreciável da publicação. Quando saiu, a revista entrou em declínio, porque Ferreira da Silva deixou de ter laboratórios equipados como era habitual e a sua produção científica passou a ser menor; simultaneamente, dedicava muito tempo à polémica gerada pelo encerramento da instituição a que dera vida e na qual angariara fama de químico distinto.

Em 1912, a revista foi levada para Lisboa à procura de melhores condições de financiamento. Os volumes correspondentes a esse ano e aos dois seguintes foram impressos nesta cidade. Contudo, a falta de meios financeiros radicava na pobreza de um país que não investia no fomento da ciência por não acreditar que esta fosse a forma de criar riqueza. A revista voltou para o Porto em 1914 e, no ano seguinte, não se publicou por não haver dinheiro para pagar a impressão.

Apesar das dificuldades com que se deparavam, os pioneiros da ciência nunca pensaram em desistir da caminhada que empreenderam, certos que estavam da importância da ciência no futuro do país. Em 1915, por proposta de Achiles Machado e como estava previsto nos estatutos, foram criados os núcleos de Lisboa, Porto e Coimbra. Em 1916, a revista reiniciou a sua publicação graças a um subsídio da Direção Geral da Agricultura e do Ministério da Instrução, sendo o número deste ano o primeiro da II série.

No ano seguinte, criou uma secção de física, tornando-se o órgão de difusão da *Sociedade Portuguesa de Química* e da secção de física.

A publicação da revista fez-se regularmente até 1920, mas, neste ano, foram publicados apenas dois fascículos cuja impressão foi paga com a dotação que vinha sendo atribuída à Sociedade nos últimos quatro anos e que, entretanto, foi cancelada. Nos três anos seguintes, a sua publicação foi paga pessoalmente pelos sócios fundadores.

Ferreira da Silva morreu em 1923, era então Alberto Aguiar presidente da Sociedade, e a publicação da revista estava interrompida. Num gesto de homenagem ao seu colega e amigo, conseguiu publicar o volume correspondente ao ano de 1924 com o qual iniciou a III série. O penoso e irregular percurso da publicação fez afastar o interesse dos sócios e já não era só falta de dinheiro, mas também de artigos para publicar. Alberto Aguiar pediu ajuda à delegação de Coimbra para compor o volume do ano de 1925, tendo Egas Pinto Basto enviado dois artigos sobre química aplicada e Couceiro da Costa, um sobre a interpretação termodinâmica da destilação e precipitação fracionadas. Não foi possível publicar o volume de 1926, o ano da revolução que mudou o regime político.

Desconhecemos se essa mudança de sistema governativo teve alguma influência na alteração dos estatutos da Sociedade, mas o certo é que ela foi reformada. Na assembleia geral de 28 de junho de 1926, os sócios decidiram designá-la por *Sociedade Portuguesa de Química e Física* e, a partir desta data, passou a pertencer em pé de igualdade às especialidades de química e de física, mantendo a revista a mesma designação. Neste ano, a Sociedade recebeu um subsídio de quatro contos de reis destinado a pagar as despesas de 1926-1927, dotação que continuou nos anos seguintes, e a revista voltou a ser dada ao prelo em 1928.

Na sessão de 12 de janeiro de 1929, o presidente da *Sociedade Portuguesa de Química e Física* abordou a história da agremiação numa perspetiva globalizante e clarificadora. Afirmou que «a vida desta fora feita de períodos de entusiasmo durante os quais brotava no espírito daqueles que sonhavam pôr o país a par dos países culturalmente avançados e o desalento face à impossibilidade de poder concretizar os seus esforços em avanços de vulto; mas a vontade inquebrantável e o brio profissional logo davam início a um novo ciclo, infelizmente repetição do anterior». Apontava como causas o desinteresse do Estado, que fazia com que os laboratórios se encontrassem desprovidos de meios de trabalho, a falta de pessoal e a ameaça que pairava sobre os estudos superiores. Diremos que o mesmo se passava com a universidade da qual dependia o nível científico do país, porque esta não está isenta de responsabilidade uma vez que se foi acomodando à situação em vez de se impor pelo trabalho que a tornasse prestigiada como as congéneres estrangeiras. Como acabámos de ver, só muito tarde é que se entregaram à investigação os meios para criar ciência nova sem a qual não há progresso. É certo que sempre houve professores esclarecidos que protestavam por não haver condições de trabalho dignas e muitos que faziam o quanto podiam para suprir as dificuldades e para preparar os seus alunos o melhor possível, mas houve – e continua a haver – os que exploram as deficiências de meios e de exigência como forma de sobrevivência. Infelizmente, o número e o peso destes últimos neutralizam a ação dos primeiros. É inegável o esforço de muitos dos membros da Sociedade para evitar que a penúria acabasse com a instituição, tendo vencido a sua extrema dedicação.

Não há dúvida de que a criação de uma estrutura de investigação científica mudara a face cultural do país e também da vida das instituições que dela faziam parte, nomeadamente da *Sociedade Portuguesa de Química e Física*. O subsídio estatal concedido a partir de 1926 deu para balanço das contas do período 1924 a 1928 os seguintes resultados: despesa efetuada – 30 657$61; receita dos sócios – 11 802$30 (pouco ultrapassava um terço da despesa); subsídio do Estado – 94 00$00.

A maré das reformas sentidas no país chegou também à Sociedade. Em 1958, a sua assembleia geral propôs-se dar um novo impulso à sua revista, designadamente assegurar a regularidade da publicação, melhorar a apresentação e definir melhor o seu âmbito. A Sociedade passou a designar-se *Sociedade Portuguesa de Química e Física* e a *Revista Portuguesa de Química* propôs-se a aceitar artigos exclusivamente de química. Estas decisões foram publicadas no volume correspondente ao ano de 1958.[169]

O primeiro número do volume 5 (1963) abria com uma nota editorial do presidente Herculano de Carvalho, na qual anunciava uma apresentação da revista mais consentânea com o prestígio científico que se tencionava imprimir--lhe e informava que, além dos artigos científicos originais, a revista inseriria outras secções como crítica de livros, informação científica e técnica, artigos de atualização, etc. A capa da revista passou a ser ilustrada com um motivo químico a cores sobre um fundo branco, o que deixava transparecer um certo desafogo financeiro não habitual. Aconteceu que a administração da Sociedade Anónima Concessionária da Refinação de Petróleos em Portugal (SACOR) mostrara disponibilidade para contactar outras empresas com o fim de contribuírem financeiramente para «manter uma revista portuguesa de química, com bom nível científico e técnico».[170] Além de acautelar a vertente científica, a empresa sugeria ainda que este arranjo gráfico da capa fosse mantido, o que aconteceu até ao primeiro número do volume 16 (1974). A revolução de abril

---

[169] Explicação.

[170] CARVALHO, Alexandre Herculano de – Editorial, p. 1.

deste ano acabou com este acordo e, a partir de então, a revista passou a manter um certo motivo gráfico, mudando a cor de um número para outro.

Em 1974, a revista passou a ser anual e o secretário-geral explicou que os artigos a publicar seriam solicitados aos autores pelo editor, expôs alguns critérios que presidiam ao convite e justificou a opção, dizendo que, face ao impacto atribuído às revistas científicas e à pressão que as publicações passaram a ter nos *curricula* dos autores, estes eram levados a publicar os seus trabalhos em revistas mais cotadas. Nestas circunstâncias, ou a revista procurava sobreviver publicando artigos de nível elevado, acima da média, ou seria preferível extingui-la. Foram publicados quatro números organizados nestes moldes antes de, em 1977, ser integrada na ChemPubSoc Europe, consórcio das sociedades de química europeias, cujo objetivo era construir uma grande editora de revistas europeias de química que competissem em qualidade, a nível mundial. Assim, desde 1977, apenas é editado *Química – Boletim da Sociedade Portuguesa de Química* – uma publicação trimestral importante para a vida da Sociedade, destinada a divulgar acontecimentos importantes, como as datas de congressos, conferências e outros eventos relevantes e a publicar artigos de índole didática, histórica, etc. O primeiro número do *Boletim* saiu a lume em julho de 1977 e de então para cá tem mantido a regularidade anunciada aquando da sua criação. Com o número de junho de 1979, iniciou a II série de publicações com uma impressão mais aprimorada.

A química portuguesa não foi capaz de manter uma revista sua que ombreasse com os títulos internacionais. Com a nossa dimensão e com o escasso investimento em ciência, seria impossível tê-lo conseguido. Apesar do desaparecimento sem glória, a revista desempenhou um papel importante numa fase crucial do desenvolvimento da química.

Mas a Sociedade não esgotava a sua ação na publicação da revista; para o desenvolvimento da química, muitas outras tarefas lhe competiam, como a organização de palestras e conferências sobre temas específicos que decorriam periodicamente nas delegações. Além destas atividades e com o andar do tempo, surgiu a necessidade de organizar congressos nacionais que juntassem todos os químicos portugueses, abrissem portas à participação de estrangeiros e abordassem temas com atualidade e interesse em conferências proferidas por individualidades portuguesas ou estrangeiras de mérito reconhecido.

O primeiro congresso nacional teve lugar em Lisboa em 1978 e reuniu cerca de quinhentos químicos portugueses e alguns estrangeiros. Estes congressos passaram a realizar-se regularmente, de dois em dois anos; nos últimos anos, têm sido frequentados por cerca de 5000 pessoas, contando com a participação de químicos eminentes como conferencistas convidados. Nos anos em que não há congresso nacional, as divisões ou grupos organizavam congressos sobre temas das especialidades.

Os congressos nacionais são ensejo para atribuir o prémio Ferreira da Silva, o galardão mais importante concedido pela Sociedade, atribuído ao químico que maior contribuição tenha dado ao avanço da química pelo trabalho realizado em Portugal.

Desde 2000 que a Sociedade tem tido uma ação importante na divulgação e organização das Olimpíadas de Química – concursos entre estudantes jovens de várias escolas, destinados a resolver problemas teóricos e práticos de química: as Olimpíadas de Química Júnior, para estudantes do ensino básico, e Olimpíadas de Química Mais, para estudantes do ensino secundário.

A nível internacional, através da Sociedade e em cooperação com a Direção Geral do Ensino e a Fundação Calouste Gulbenkian, Portugal tem participado nas *International Chemistry Olympiad* e nas *Olimpíadas Ibero-americanas de Química* com equipas formadas por quatro estudantes apoiados por dois professores. Estas equipas são, naturalmente, as melhores das finais das olimpíadas nacionais. As primeiras olimpíadas nacionais iniciaram-se com alunos do 12.º ano e depois alargaram-se ao 8.º ano. A primeira olimpíada internacional teve lugar em Praga em 1968 com a participação da Checoslováquia, Polónia e Hungria e, a partir de 1974, contou com a adesão de países do Ocidente europeu. A primeira reunião das olimpíadas ibero-americanas teve lugar em Mendoza, Argentina (1995) e já por duas vezes se realizou em Portugal: Aveiro (2006) e Porto (2019).

Estes encontros são importantes para criar nos jovens o gosto pelo estudo da química, para os atrair para o estudo desta ciência em cursos superiores, despertando neles a vocação para o exercício de profissões científico-técnicas e para lhes proporcionar uma vivência internacional. Alguns dos estudantes portugueses têm sido distinguidos com medalhas e menções honrosas.

Em 1975, foi constituída uma comissão para propor medidas que permitissem ultrapassar a crise por que passava a Sociedade. Um dos entraves ao seu progresso era o de não dispor de sede própria, que veio a instalar-se na Avenida da República, em Lisboa – inaugurada em 24 de fevereiro de 1977, e equipada graças a um donativo da Fundação Calouste Gulbenkian.

A Sociedade é membro da IUPAC (*International Union for Pure and Applied Chemistry*), da EuChemS (*European Association for Chemistry and Molecular Sciences*), da EFMC (*European Federation for Medicinal Chemistry*) e da EUSO (*European Union Science Olympiad*). É ainda Membro Hononário da Ordem de Instrução Pública.

A *Sociedade Portuguesa de Eletroquímica*

A eletroquímica é um dos ramos importantes da química com uma história longa e rica. Nascida com a descoberta do primeiro gerador de eletricidade por via química (1800), viria a ter grande influência em toda a ciência e foi desde logo aplicada à química por cientistas eminentes cujos trabalhos deram origem à teoria dos eletrólitos e em boa medida ao aparecimento da química-física.

Humphry Davy, Michael Faraday, Friedrich Wilhelm Ostwald e Svante Arrhenius foram grandes nomes desses tempos.[171]

A potenciometria e a voltametria passaram a ser técnicas correntes de laboratório e tiveram avanços revolucionários no século seguinte. Os progressos da eletrónica, a descoberta de elétrodo de vidro, dos sensores de iões e dos sensores bioquímicos deram uma vida nova à potenciometria; e a descoberta de novos elétrodos e dos microelétrodos trouxe à voltametria possibilidades de estudar sistemas constituídos por compostos orgânicos, da sua síntese à cinética, nos processos químicos. O interesse destes estudos foi tal que motivou a criação da especialidade de eletroquímica molecular.

A eletroquímica nasceu com a descoberta da pilha de Volta em 1800 e foi-se desenvolvendo com os avanços da eletricidade e da química, tornando-se um ramo do saber de grande importância no desenvolvimento da ciência fundamental e aplicada. O conhecimento da eletricidade data da Antiguidade – época remota em que já se conhecia a eletricidade estática obtida por fricção. Durante muito tempo, o conhecimento dos fenómenos elétricos resumia-se aos deste tipo, às descargas elétricas na atmosfera e à enguia elétrica. O primeiro gerador capaz de alimentar um circuito elétrico foi, de facto, descoberto por Volta. Anteriormente, a eletricidade originada por máquinas de fricção era armazenada em condensadores como a garrafa de Leyden e podia ser usada para produzir descargas instantâneas, mas não correntes.

O aparecimento da célula de Volta – que, inicialmente, recebeu a designação de pilha pela sua conceção – foi um acontecimento célebre e desde logo surgiram cientistas de nome a utilizá-la como instrumento de investigação e análise. Davy utilizou-a na decomposição dos hidróxidos de sódio e de potássio, obtendo estes dois metais pela primeira vez. Além da descoberta dos metais, as experiências mostraram que os compostos das quais partiram – a soda e a potassa – não eram elementos como Lavoisier os classificara, pois decompunham-se pela via eletrolítica em substâncias mais simples. A descoberta alimentou a discussão da diferença entre átomo e elemento. Uma outra conclusão que permitiu a Davy corrigir o químico francês foi o ter obtido oxigénio no polo positivo das células que usou, o que não estava de acordo com a sua tendência de gerador de ácidos. Veio a descobrir que o elemento que comunicava o caráter ácido às substâncias era o hidrogénio.

Faraday, sucessor de Davy na *Royal Institution*, dedicou-se muito ao estudo da eletricidade e, além do imenso e útil trabalho que realizou sobre os efeitos da corrente elétrica, foi o primeiro a explicar o funcionamento da pilha de Volta como célula eletroquímica. Realmente, na *Royal Society*, o autor apresentou a geração de energia elétrica como não sendo devida ao contacto entre os dois metais, mas a transformações químicas que ocorriam junto dos elétrodos. Como conclusão de uma série de experiências realizadas na Royal Institution

---

[171] OSTWALD, Wilhelm – **Elektrochemie: ihre Geschichte und Lehre.**

escreveu: *I cannot but view in these results of the action of heat, the strongest proofs of the dependence of the electric current in voltaic circuits on the chemical action of the substances constituting these circuits: the results perfectly accord with the known influence of heat on chemical action. On the other hand, I cannot see how the theory of contact can take cognizance of them, except by adding new assumptions to those already composing it.*[172] Faraday verificou que o aquecimento provocava um aumento de intensidade de corrente, acontecendo caso semelhante se a substância usada como eletrólito tivesse maior afinidade para o elétrodo. Como estes dois fatores favoreciam as reações químicas, a conclusão lógica é a de que o funcionamento da célula era traduzido pelas reações químicas respetivas. Somente a partir de então é que se pode usar a designação de eletroquímica para este fenómeno.

No decorrer do século XIX, a eletroquímica teve uma ação importante no estudo das soluções de eletrólitos e foram os resultados obtidos por estes métodos e a formulação da termodinâmica por Josiah Willard Gibbs, o pai das ciências físico-químicas, que levou à criação da química-física em 1876.

A eletroquímica é usada para estudos de química fundamental ou de determinações analíticas (eletroanálise), distinção algo convencional, porque os resultados analíticos podem ser usados na interpretação de química fundamental ou o inverso.

Os avanços da eletroquímica foram-se registando devido aos verificados no domínio da eletricidade ou da química. Um salto significativo no equipamento foi a descoberta do elétrodo de vidro para determinação do pH, dada a frequência com que era necessário fazê-lo. O elétrodo de vidro foi descoberto por Fritz Haber e Zygmunt Klemensiewicz.[173] Já em 1909, era conhecida a válvula termiónica porque de outro modo este elétrodo não podia funcionar. Apesar de a membrana de vidro seletiva do ião hidrogénio ter uma espessura de 50 a 100 micra, a resistência é tão elevada que a corrente tem de ser amplificada, o que acontece no circuito eletrónico existente no potenciómetro. Nesse mesmo ano, Sorensen introduziu o conceito de pH.

Um outro invento de grandes repercussões foi a descoberta do polarógrafo por Jaroslav Heyrovsky (1925), que valeu a este cientista o prémio Nobel da Química em 1959. Em 1942, A. Hickling descobriu o potencióstato de três elétrodos. A estes avanços das técnicas, seguiu-se a descoberta dos elétrodos seletivos de iões, que tiveram o seu período áureo entre 1957 e 1966.

Os avanços da eletrónica iniciados na década de 1960-1970, a que se seguiram os computadores, vieram ampliar enormemente o campo de aplicação e a diversidade de técnicas amperométricas e voltamétricas ao mesmo tempo que aumentava a sensibilidade, limite de deteção e sensibilidade dos métodos

---

[172] FARADAY, Michael – Experimental Researches in Electricity, p. 93-127 (p. 101, § 1956).

[173] HABER, Fritz; KLEMENSIEWICZ, Zygmunt – Über elektrische Phasengrenzkräfte, p. 385-431.

eletroquímicos. A revolução produzida pela eletrónica foi acompanhada por uma outra que se operava nos elétrodos: enquanto tínhamos à disposição mais de uma dezena de sensores eletroquímicos passámos a ter um infindável número de tipos de elétrodos quimicamente modificados ou de microelétrodos. Depois destes avanços – verdadeiramente revolucionários pela sua rapidez e pelas alterações que trouxeram – o panorama da eletroquímica modificou-se totalmente, assim como a relevância que passou a ter no contexto científico.

À medida que esta especialidade ou subdisciplina ia adquirindo maturidade, foram sendo constituídas associações dedicadas ao estudo da eletroquímica em todos os países. A primeira, constituída em Filadélfia em 1902, foi a *American Electrochemical Society*, que lançou de imediato a revista *Transactions of the Electrochemical Society* – designada por *Journal of The Electrochemical Society* a partir de 1948. Em 1907, foi criada a 1.ª secção local na universidade de Wisconsin e, na década de 1920, começaram a formar-se divisões por áreas de interesses específicos, tendo-se constituído treze divisões dedicadas a outras tantas especialidades. Em 1930, abandonou a designação de «americana», o que firmou o seu caráter internacional, que já tinha de facto e que foi aumentando. À secção de Wisconsin seguiram-se outras, que se foram instalando em vários locais dos Estados Unidos e no mundo inteiro. Em muitos países, a eletroquímica era uma divisão das respetivas sociedades de química.

Desde o século XIX que Portugal sempre foi acompanhando, com atraso, é certo, o progresso da eletroquímica e até foi enviando alguns académicos para bons centros científicos mundiais da especialidade, mas tornava-se necessário implantar uma organização que a coordenasse e dinamizasse.

Estávamos a entrar na década de 1980 e não havia em Portugal nenhuma associação científica dedicada ao incentivo da investigação em eletroquímica. Então, um pequeno grupo de professores de diferentes universidades decidiu organizar um encontro informal desta especialidade científica, em Aveiro, para indagar sobre o interesse da criação de uma instituição deste tipo. O êxito deste encontro confirmou a necessidade e oportunidade de promover a criação dessa agremiação, o que veio a acontecer em 1983. A *Sociedade Portuguesa de Eletroquímica*, associação sem fins lucrativos, destina-se ao fomento da investigação, divulgação e ensino deste domínio científico e à cooperação com outras sociedades, nomeadamente com a *Sociedade Portuguesa de Química*. Do projeto da fundação da Sociedade fazia parte a criação de uma revista periódica para publicar trabalhos científicos originais, artigos de índole didática e de revisão, bem como para noticiar acontecimentos relevantes nesta área científica. Sem uma revista própria, seria impossível a qualquer sociedade científica poder sobreviver a nível internacional. Para dar maior expansão à revista, os trabalhos a publicar podiam ser redigidos em português ou inglês. Assim, apareceu a revista bimensal *Portugaliae Electrochimica Acta*, que tem vindo a ser publicada regularmente desde 1983 e que vai atualmente no volume 40. Em 2020, o fator de impacto da revista foi 1,48 e, nos cinco anos precedentes, este índice variou entre 1,20 e 1,85, à exceção de 2017, em que teve o valor de 0,70. Nos três anos anteriores a 2020, publicou cento e trinta e oito artigos.

A *Sociedade Portuguesa de Eletroquímica* também tem divulgação da sua atividade através de encontros científicos nacionais com participação de professores estrangeiros, atividade iniciada em 1984 com a realização do primeiro congresso em Coimbra, tendo o último (o número XXIV) sido realizado em Tomar, em 2021. Alguns destes eventos – Encontros da Sociedade Portuguesa de Eletroquímica – realizaram-se em simultâneo com os Encontros Ibéricos de Eletroquímica, como forma de criar laços de amizade e cooperação entre os dois países peninsulares.[174]

É justo referir que o êxito desta Sociedade se fica a dever, em larga medida, à competência científica, capacidade de iniciativa e dedicação do Professor Armando Pombeiro, um dos sócios fundadores, que a acompanhou de perto como ninguém mais, desde então.

---

[174] SPE – SOCIEDADE PORTUGUESA DE ELETROQUÍMICA – **Previous Congresses**.

A ENCERRAR

Como remate deste resumo da história das ciências naturais desde a sua emergência, no século XVII, até à sua afirmação como baluarte de uma nova civilização, no século XIX, escolhemos dois aspetos que merecem destaque. Um, geral, foi o papel desempenhado por indivíduos e pelas sociedades que constituíram para promover o desenvolvimento da ciência – epopeia gigantesca realizada sem a participação da universidade, o organismo que tinha a seu cargo a promoção da educação superior. O outro aspeto, de sinal contrário e de âmbito nacional, foi o atraso científico registado no nosso país durante este período.

Segundo Sartre, o homem é um ser livre, ou seja, dispõe de inteira liberdade de escolha. A liberdade é, pois, inerente ao homem e não uma conquista sua. Mas, durante a Idade Média – a época da escolástica, onde a teologia predominava como expoente da cultura –, o homem aceitou ser um produto da criação (como a restante natureza) e, dotado da tendência para conhecer tudo o que o cerca, bastava-lhe ler as Escrituras para atingir o conhecimento da verdade, pois a obra do criador era considerada perfeita.

Porém, a modernidade trouxe modificações profundas no espírito humano. O homem europeu contactou e estabeleceu relações comerciais com outros de outras geografias cujo modo de vida influenciou o seu espírito: ficou com uma visão diferente da sua posição relativamente à natureza, tendo chegado à conclusão de que o seu papel era dominá-la e tirar dela benefícios para a humanidade.

A natureza não era mais do que um sistema mecânico cuja compreensão estava ao alcance da razão humana. As elites intelectuais lançaram-se, então, no seu estudo, aceitando como verdade aquilo, e só aquilo, que a sua razão aprovava. Os pioneiros eram poucos, mas dedicados, esclarecidos, empreendedores e capazes. Desde logo, organizaram – por iniciativa própria e/ou com a ajuda do Estado – estruturas associativas adaptadas aos seus planos. O papel que estas tiveram na descoberta e progresso da ciência foi o tema principal deste trabalho, uma vez que estas associações tiveram um papel determinante para a evolução da civilização humana.

O que é que aconteceu às sociedades e academias quando a universidade chegou à conclusão de que a investigação científica era uma atividade central para o seu progresso, ou mesmo sobrevivência, e passou a ser uma peça fundamental com os seus laboratórios bem equipados, quadros de professores altamente qualificados, turmas de jovens que a ela acorriam todos os anos para se prepararem para o exercício de profissões nos quadros superiores do país ou se dedicar à cultura científica? Criaram-se novas sociedades especializadas em áreas restritas da ciência, que se enquadraram na estrutura científica moderna, continuando a desempenhar missões de grande importância para o desenvolvimento da ciência. Uma das suas missões foi a fundação de revistas destinadas a registar e divulgar as descobertas científicas. No início, a comunicação da ciência era feita através de livros ou de cartas; o primeiro método é muito moroso, porque o tempo necessário para publicar um livro não é compatível com o ritmo da ciência e o segundo tinha um âmbito demasiado restrito. Passada a fase inicial, a estes meios vieram juntar-se as revistas periódicas: o meio adequado à divulgação das novidades científicas.

A primeira revista sobre ciência foi o *Journal des Sçavans* cujo primeiro número, um boletim de doze páginas, saiu a 6 de janeiro de 1665. Foi fundada por um advogado, Dennis de Sallo, era impressa semanalmente em Paris e, posteriormente, alargou a periodicidade para bienal. Continha informações gerais sobre ciência, difundia alguns experimentos novos sobre química, física, anatomia e meteorologia.

A segunda revista a aparecer a público foram as *Philosophical Transactions of the Royal Society of London* cujo primeiro número surgiu a 6 de março de 1665, isto é, dois meses depois do aparecimento da primeira. Apesar de ser editada mensalmente por Henry Oldenburg, um dos secretários da Royal Society, estava estreitamente ligada à Sociedade. Na verdade, a dinâmica atividade do secretário, dava lugar a que a Sociedade recebesse um grande número de cartas provenientes dos mais diversos pontos do mundo. Oldenburg entendeu que a melhor via para dar a conhecer a correspondência aos sócios era imprimi-la em forma de revista periódica. Era também uma forma de ganhar algum dinheiro. Assim nasceram as *Transactions*, que, além da correspondência, davam conta dos assuntos tratados nas reuniões da Sociedade e têm varado ininterruptamente os 368 anos de vida que já levam.

Em meados do século XVIII, as revistas foram aparecendo a um ritmo cada vez mais acelerado e, no século XIX, o crescimento tornou-se explosivo devido a uma multiplicidade de causas, nomeadamente o aumento do número de investigadores e de associações e a facilidade de publicação, após a impressão ser feita em papel fabricado com polpa de madeira.

A primeira revista de química editada por uma sociedade científica foi o *Journal of the Chemical Society* da *Chemical Society of London* cujo primeiro número foi publicado em 1862. A partir desta data, o número de revistas de química tem vindo a aumentar exponencialmente.

Uma outra atribuição das associações e que vinha de trás, diremos desde a origem, foi a organização de encontros entre os investigadores: congressos para discutir ideias, tornando-as mais corretas, mais vigorosas e mais férteis.

Para caraterizar a mudança ocorrida no associativismo científico no século XIX, falta-nos abordar o efeito que esta teve nas academias e sociedades existentes à data. Continuaram a perseguir os mesmos objetivos e passaram a ser, em certa medida, ainda mais necessárias do que anteriormente, porque a especialização ocorrida na ciência ocasionou fragmentações no panorama científico geral e era necessário colmatá-las com instituições de espetro mais largo como era o das mais antigas.

Outro assunto que ressalta deste trabalho é a pobreza da história da ciência em Portugal e o atraso com que, durante séculos, seguiu penosamente de longe o progresso científico dos outros países. Teve algumas ocasiões para implantar com êxito organizações capazes de poderem acompanhar o vertiginoso progresso da ciência e acabou sempre por perdê-las sem que elas tenham dado o fruto que se esperava.

Recordemos algumas destas ocasiões.

A reforma de 1772 cifra-se por ter sido uma atualização das matérias e da metodologia das ciências naturais. Faltou-lhe um quadro docente preparado para a implantar devidamente e dar-lhe seguimento, vivificando-a com a criação de ciência básica. A atividade científica nunca foi além de aplicações de ciência a casos práticos e o ensino não incutia nos jovens o espírito de investigação que é fundamental para o estudo da ciência. No respeitante à química, as três desarticuladas e inconsequentes tentativas de recorrer ao estrangeiro para especializar pessoal neste setor, durante o século XIX, não travaram o declínio desta ciência.

A fundação da *Academia Real das Ciências de Lisboa* foi um momento alto para a ciência e os quase trinta anos que se seguiram à sua criação foram de assinalável prosperidade científica. Este surto de progresso viria a terminar com a chegada do Liberalismo. Durante os noventa anos de influência desta ideologia, a universidade e a Academia das Ciências eram tratadas pelos sucessivos governos de forma que ia de agressiva hostilidade, por verem nestes organismos obra do antigo regime, à indiferença porque, para a maioria da elite política, a missão do Estado era dar ao cidadão um nível cultural que se resumia a saber ler e escrever; acima deste nível, a cultura tinha de ser custeada pelos interessados. Ao tomar o poder, a república procurou encerrar a Academia, mas esta resistiu e continuou a laborar com os parcos recursos que conseguia.

No que respeita à universidade, a chegada da república foi outro momento de esperança. Na verdade, a reforma que elaborou mal chegou ao poder era científica e socialmente atualizada. Infelizmente, foi outra ocasião de progresso perdida. Os dirigentes políticos dividiram-se em partidos que disputavam o poder sem atenderem à instabilidade política e social e à destruição da economia que ocasionavam. Nesta atmosfera, seria impossível cuidar de instituições intelectuais e a reforma ficou esquecida até ao fim da primeira república.

De facto, a primeira pedra da construção do edifício da organização científica em Portugal foi a criação da Junta Nacional de Educação (1929), iniciativa do ministro da Instrução Pública, Gustavo Cordeiro Ramos, que, em 1951, viria a recordar os objetivos da criação da Junta – nesta altura, já chamado Instituto para a Alta Cultura: «quebrar o isolamento que nos últimos séculos nos afastara do convívio íntimo e permanente com os mais autorizados centros de cultura no estrangeiro, condição imprescindível do levantamento do nível mental da Nação, aproveitando o que lá de fora nos poderia interessar, sobretudo nos métodos de investigação e nas esferas da atividade científica, em que o nosso atraso técnico se mostrasse mais acentuado; por outro iam proporcionar-se meios de trabalho aos estudiosos e facilitar-lhes o aperfeiçoamento, a expansão e propaganda séria do seu labor, não só internamente, mas extramuros pátrios, como pioneiros e promotores da cultura universal».[175] E, desta vez, a intenção não se ficou pelas palavras: a organização foi implantada e foi progredindo, não certamente com o ritmo necessário, mas sempre em crescendo, conforme as disponibilidades financeiras iam permitindo.

O atraso científico em Portugal desde o século XVII tem sido objeto de atenção de alguns autores e analisadas as possíveis causas. A história indica-nos que a principal razão do nosso atraso foi devido à falta da implantação de estruturas geradoras de ciência. Indicámos algumas raras oportunidades de reforma dos estudos que não tiveram continuidade, especialmente no ensino superior, exatamente pela ausência de investigação que assegurasse o progresso da ciência. Foram reformas oportunas e atualizadas, mas a todas faltaram cientistas com preparação e qualidades para realizarem investigação e prosseguirem caminho. Mesmo na reforma pombalina, a maior reforma do ensino superior em Portugal, não houve o devido cuidado na preparação de pessoal qualificado para acompanhar os progressos científicos.

Noutro contexto, tivemos o ensejo de apontar a deficiente preparação dos primeiros professores de química na fase inicial do ensino desta disciplina. Esta deficiência foi agravada pelo facto de, na altura da reforma, a química ser um assunto novo. Outras disciplinas tiveram um início mais auspicioso, dadas as qualidades dos seus professores recrutados em 1772, mas, com o andar dos tempos, acabaram por ser afetadas pelo mesmo mal, dada a ausência de centros criadores de ciência.

---

[175] RAMOS – **Objectivos da Criação...**

NOTAS

Nota *a)*

A *Accademia dei Lincei* voltou a abrir as suas portas em 1801 por intervenção do abade Scarpolini e com o patrocínio de Francesco Caetani, passando a designar-se *Accademia dei Nuovi Lincei*. Até 1840, esta academia teve uma vida agitada que a levou ao colapso. Em 1847, Pio IX refundiu-a como *Pontifícia, Accademia dei Nuovi Lincei*. O piemontês Quintino Sella, estadista e cientista, reformou-a reafirmando os seus ideais de ciência secular e ampliando-lhe os objetivos. Criou uma classe de ciências (matemática, física e ciências naturais) e uma outra de estudos humanísticos (história, filologia, arqueologia, filosofia, economia e leis). Em 1859, a academia desdobrou-se em duas: *Accademia Pontiicia dei Nuoivi Lincei*, que passou a chamar-se, depois de 1936, *Pontificia Accademia Scientiarum* e *Reale Accademia dei Reale Lincei*. Esta foi protegida por Bernedetto Croce, ministro da educação de Itália de 1920 a 1921, mas, em 8 de junho de 1939, foi praticamente «esvaziada» por Mussolini, que, em 1926, criou a *Accademia d'Italia* ou *Accademia Reale d'Italia*, inaugurada apenas em 1929. Ao fundir a *Accademia dei Lincei* com a *Accademia d'Italia*, Mussolini extinguiu praticamente a primeira porque lhe retirou acervo, as principais funções que desempenhava e transferiu os seus membros para a segunda com a categoria de associados, deixando de receber a gratificação que lhes cabia. Com a queda do regime político, a *Accademia d'Italia* foi suprimida, em 28 de setembro de 1944, e, a partir de 1986, a *Accademia dei Lincei* passou a ser considerada como a Academia Nacional das Ciências de Itália. A mais antiga academia das ciências sobreviveu durante séculos a grandes contratempos, que não conseguiram apagá-la do grupo das prestigiadas academias mundiais.

Genealogia da família Bernoulli (1623-1834)

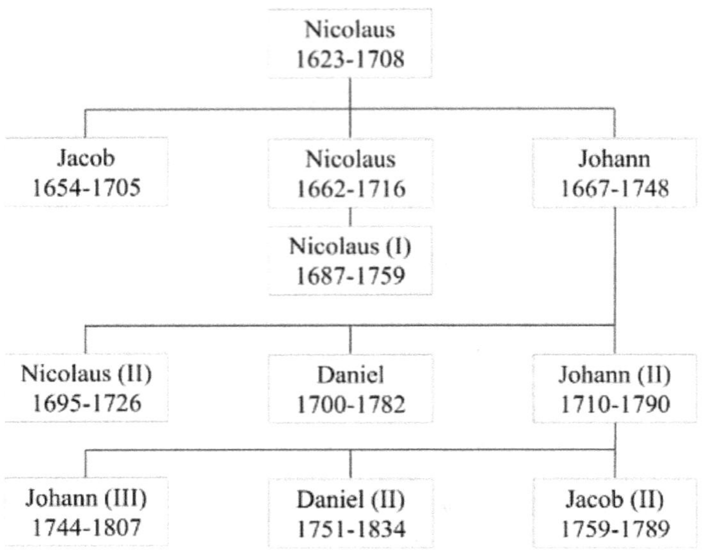

Nota *c)*

Pode parecer estranho que, a par de um tão elevado número de homens que contribuíram para o desenvolvimento da ciência no tempo abrangido por este livro, seja tão escasso o número de mulheres citadas. Não esqueçamos a obstrução que, durante séculos, foi feita à entrada da mulher nas instituições de ensino. Esta discriminação obrigou a mulher a lutar pela igualdade dos seus direitos. Luta longa, travada em todos os quadrantes da sociedade, da qual saiu vitoriosa em muitas batalhas, e que ainda não terminou. Prestamos aqui homenagem às pioneiras deste movimento pela liberdade e manifestamos o nosso apoio à continuação da luta, recordando pessoas e episódios que testemunham as injustiças praticadas, a tenacidade e persistência das lutadoras, lembrando alguns exemplos em Portugal e no resto do mundo.

A primeira mulher que foi admitida à frequência de um curso na Universidade de Coimbra, foi Domitilla de Carvalho que, em outubro de 1891, se matriculou nas faculdades de matemática e de filosofia e, concluídos os respetivos bacharelatos, se inscreveu em medicina e se formou nesta especialidade. Para a candidatura ser aceite, teve de se comprometer perante o reitor a trajar de modo sóbrio, sempre de negro e a usar chapéu discreto para que não se não evidenciasse entre os colegas masculinos, obrigados a andarem vestidos de capa e batina abotoada.

A primeira mulher a ser admitida na Faculdade de Direito desta universidade, depois de o Conselho Universitário ter dado o seu consentimento, foi Regina Quintanilha, que se matriculou em 6 de outubro de 1910. Regina pretendia ser advogada, mas a lei não lho permitia. Submeteu a sua pretensão ao Supremo Tribunal de Justiça que a deferiu favoravelmente, em 14 de novembro de 1913.

A primeira doutorada em direito foi Isabel de Magalhães Colaço que, com vinte e dois anos, se formou em Direito, na Universidade de Lisboa, em 1948. Pretendia fazer o doutoramento, mas a sua aspiração foi travada até 1954 e teve de esperar uma década mais para lhe ser atribuído trabalho docente.

As duas primeiras mulheres convidadas para membros da Academia das Ciências de Lisboa foram a professora Carolina Michaelis de Vasconcelos e a escritora Maria Amália Vaz de Carvalho, que passaram a fazer parte da instituição em 1912.

O fecho da porta das instituições culturais à mulher foi uma atitude tomada em todo o mundo ocidental. Dois dos nomes citados no presente trabalho são exemplos do triunfo da luta das mulheres pelos direitos de cidadania e a demonstração da igualdade de capacidade intelectual dos dois sexos. A escocesa Elizabeth Fulhame, Mrs Fulhame, com o encorajamento do marido que era médico e do químico Pristley, entregou-se à ciência, designadamente ao trabalho de preparar telas de ouro e de prata, depositando estes elementos sobre tecidos. Em 1749, publicou o livro *An essay on combustion with a view to a new art on dying and paiting*, no qual negava a teoria do flogisto e criticava Lavoisier. O livro foi rapidamente esquecido na Grã-Bretanha, mas foi replicado na Alemanha e nos Estados Unidos, o que lhe deu fama. Acabou também por ser recordado no seu país de origem no final do século XIX por J. W. Mellor.

A francesa Gabrielle Émile Tornalier de Bretewill nasceu em 1706 e teve, a expensas da família, uma boa preparação científica e de vida de salão. Gostava muito da matemática e foi neste domínio que se evidenciou. Aos dezanove anos, casou-se com o marquês de Châtelet e passou a ser Madame Châtelet. Aos vinte e sete anos, com três filhos, achou que estavam cumpridas as suas obrigações sociais de mulher e mãe e passou a fazer vida independente do marido, embora ambos continuassem a manter boas relações pessoais. Dedicou-se à ciência, matéria que não era muito do agrado do marido. Passou a viver com Voltaire desde que este se refugiou no castelo de Cirey até morrer de parto do quarto filho em 1749. Pertenceu à elite intelectual dos matemáticos da sua geração e colaborou com Voltaire em vários escritos. A pedido deste, traduziu para francês os *Principia* de Newton, o que contribuiu muito para a divulgação da obra. Nos quinze anos de vida em comum com Voltaire, no castelo, organizou com ele uma valiosa biblioteca. Foi uma cientista de nome e uma pioneira a quem as mulheres ficaram a dever uma vitória para a sua causa.

A britânica Phillippa Faucet estudou nos colégios Bedford College de Londres e no Newnham College de Cambridge. Em 1890, decidiu concorrer à competição *Cambridge Mathematical Tripos* (nome derivado do banco de três pés no qual os estudantes se sentavam no século XV). Era uma competição difícil e longa, considerada unicamente acessível a mentes especialmente dotadas. Aliás, a matemática em Cambridge era de nível muito elevado, conservando a tradição que lhe foi dada pelo seu primeiro professor, Isaac Newton. Phillippa conseguiu uma classificação treze pontos acima da do segundo classificado que era um homem. A proeza causou espanto geral e, em alguns, até mesmo o alarme de verem uma mulher vencer um homem, para mais numa prova com o grau de dificuldade desta. O vencedor da prova tinha direito ao título «Wrangler Sénior», que não lhe foi entregue por não ser homem. A mãe fazia parte do movimento de sufrágio feminino e a notícia caiu nas mãos dos jornais ingleses, que a propagaram pelo mundo inteiro como escândalo. Phillipa passou a ser designada como «a primeira mulher acima do Wangler Sénior».

Uma outra figura que teve uma vida repleta de triunfos, que a sociedade do seu tempo procurou por todos os meios retirar-lhe, foi Marie Sklodowa Curie ou, simplesmente, Madame Curie. Nascida em Varsóvia em 1867, foi aos trinta e seis anos continuar os seus estudos em Paris, onde trabalhou com o professor Pierre Curie com quem, mais tarde, viria a casar. Apesar de serem realizadas especialmente por ela, as experiências sobre radioatividade, que levaram à descoberta deste fenómeno, eram publicadas em conjunto com Pierre para serem aceites pelas revistas. A originalidade dos trabalhos foi merecedora do prémio Nobel da Física de 1903, que receberam em conjunto, mas com ela sempre secundarizada e considerada como uma colaboradora do marido. Aliás, o seu nome só foi incluído na lista dos candidatos a serem galardoados, depois de, na sua intervenção, o marido ter explicado que era a mulher a principal cientista do trabalho premiado. Vencidos alguns embaraços decorrentes desta informação que Pierre deu ao Comité Nobel, este decidiu conceder metade do valor do prémio a Becquerel e a outra metade ao casal Curie. Em 1906, o marido morreu tragicamente e a Sorbonne tentou substituí-lo, procurando um substituto durante sete meses. Não o tendo conseguido, resolveu contratar a mulher: não como professora, mas como uma modesta auxiliar de laboratório. Mesmo assim, foi a primeira mulher a ser contratada pela Sorbonne. Foi galardoada com um segundo Prémio Nobel, o da Química de 1911, e só compareceu à cerimónia de entrega com encorajamento que recebeu dos físicos eminentes da altura, designadamente de Einstein, uma vez que se viu envolvida num pretenso escândalo amoroso com um colega, que chegou a provocar arruaças. Em novembro de 1910, candidatou-*se* a uma cadeira da *Académie des Sciences de Paris* que ficara vaga. Depois de meses de discussões e votações acerca da entrada das mulheres no *Institut de France*, Curie foi preterida por dois votos de diferença por outro candidato do sexo masculino; o argumento era o de as mulheres não poderem pertencer ao Instituto. A repercussão da rejeição da candidatura de

Marie Curie, detentora de dois prémios Nobel, pela Academia das Ciências, teria levado a *Académie Nationale de Médecine* francesa a convidá-la, em 1922, por distinção como sócia livre. Foi a primeira mulher a entrar nesta academia que não pertencia ao *Institut de France*.

A decisão de impedir as mulheres de pertencerem a este Instituto manteve--se até 1966, quando Marguerite Perey, autora da descoberta do elemento alcalino frâncio, se sentou nos cadeirais da Academia como primeiro sócio do sexo feminino. À chegada à primeira reunião a que assistiu, disse: «Tenho a impressão de ter quebrado a última porta que ainda estava fechada às mulheres». Terminamos este apontamento, acrescentando mais alguns dados sobre as universidades da Grã-Bretanha. Na Universidade de Cambridge, efetuou-se, em 1897, uma reunião sobre a admissão de mulheres, mas somente em 1940 é que a universidade acordou em conceder diplomas a estudantes do sexo feminino. Foi a última universidade britânica a fazê-lo. A Universidade de Oxford abriu a porta às mulheres em 1920. A Universidade de Londres mostrou o caráter liberal com que nasceu também no tocante à igualdade de tratamento de sexos. Em 1869, reuniu dezassete examinadores para avaliarem o Exame Geral das nove mulheres que tinha admitido.

REFERÊNCIAS BIBLIOGRÁFICAS

+250 anys interaccionant amb la societat [Em linha]. [Consult. 16 mar. 2024]. Disponível em WWW: <URL:https://www.racab.cat/historia/>.

AARSLEFF, Hans – The Berlin Academy under Frederick the Great. **History of the Human Sciences**. ISSN 1461-720X. 2:2 (jun. 1989) 193-206.

ACADEMIA REAL DAS SCIENCIAS DE LISBOA – **Diccionario da lingoa portugueza** [Em linha]. Lisboa : Officina da Academia Real das Sciencias de Lisboa, 1793. 543 p. [Consult. 16 mar. 2024]. Disponível em WWW: <URL:https://purl.pt/29130>.

— **Memorias da Academia Real das Sciencias de Lisboa**. Lisboa : Na Tipografia da Academia Real das Sciencias de Lisboa, 1819. tomo 6, parte 2.

— **Memorias de Mathematica e Physica da Academia Real das Sciencias de Lisboa**. Lisboa : Na Tipografia da Academia Real das Sciencias de Lisboa, 1812. tomo 3, parte 2.

— **Memorias de Mathematica e Physica da Academia Real das Sciencias de Lisboa**. Lisboa : Na Tipografia da Academia Real das Sciencias de Lisboa, 1814. tomo 3, parte 2.

ACADÉMIE NATIONALE DES SCIENCES BELLES LETTRES ET ARTS DE BORDEAUX – **Actes du tricentenaire de l'Académie de Bordeaux**. Bordeaux : Académie Nationale des Sciences, Belles-Lettres et Arts de Bordeaux, 2012.

AKADEMIE DER WISSENSCHAFTEN IN GÖTTINGEN – **Jahrbuch der Akademie der Wissenschaften in Göttingen**. Göttingen : Vandenhoeck & Ruprecht, 1934.

AMERICAN ACADEMY OF ARTS & SCIENCES – **Prizes** [Em linha]. [Consult. 16 mar. 2024]. Disponível em WWW: <URL:https://www.amacad.org/about/prizes>.

ANCELIN-FABRE, Justine – **L'Académie des Sciences à la fin du règne de Louis XIV: de l'idéal de liberté à la réalité contrôlée (1699-1715)**. Paris : Université Paris I Panthéon Sorbonne, 2010. Dissertação de mestrado.

Assembleia extraordinária do dia 30 de Maio de 1811. 30 Maio 1811. Acessível em Arquivo Histórico e Científico da Academia das Ciências de Lisboa, Lisboa, Portugal. Atas das Assembleias ordinárias, PT/ACL/ACL/C/013-2/00027 – Assembleias Ordinárias.

BACON, Francis – **Nova Atlântida – A Grande Instauração**. Coimbra : Edições 70, 2008. 184 p. ISBN 9789724414850.

— **Novum Organum ou Verdadeiras Indicações Acerca da Interpretação da Natureza**. Trad. de J. A. Reis de Andrade. 2.ª ed. São Paulo : Abril Cultural, 1979.

— **Novum Organum**. Porto : Rés-Editora, 1978.

BADINTER, Elisabeth ; MUZERELLE, Danielle, org. – **Madame du Châtelet: La femme des Lumières**. Paris : Editions de la Bibliothèque nationale de France, 2006. 121 p. ISBN 271772348X.

BAIÃO, António – Alexandre Herculano e os Portugalia Monumenta Histórica, 1852-1873. In **Memórias da Academia das ciências de Lisboa**. Lisboa : Classe de Letras, 1957. vol. 6. p. 91-92.

BAKER, Jeffrey J. W. ; ALLEN, Garland E. – **Estudo da Biologia**. Trad. de Elfried E. Kirchner. São Paulo : Edgard Blücher, 1975. vol. 1. 370 p.

BALL, W. W. R. – **A short account of the history of mathematics**. 4.ª ed. [S.l.] : Macmillan, 1908.

BARREIRO, Abílio – Editorial. **Revista de Chimica Pura e Applicada** [Em linha]. Série 1, ano 1, n.º 1 (1950) 1-12. [Consult. 16 mar. 2024]. Disponível em WWW: <URL:https://www.spq.pt/magazines/RCPApplicada/513/pdf>.

BARSANTI, Giulio ; BECAGLI, Vieri ; PASTA, Renato – **La politica della scienza: Toscana e stati italiani nel tardo Settecento : atti del convegno di Firenze, 27-29 gennaio 1994**. Firenze : L.S. Olschki, 1996. 587 p. ISBN 8822243838.

BARTHOLMÈSS, Christian – **Histoire philosophique de l'Académie de Prusse depuis Leibniz jusqu'à Schelling ...** Paris : Librairie de Franck, 1850. 492 p.

BASTO, Egas Pinto – Relatórios apresentados ao Reitor da Universidade de Coimbra pelo Director da Faculdade de Sciências: relativos aos anos lectivos de 1926-1927, 1927-1928, 1928-1929, 1929-1930. **Revista Da Faculdade de Ciências Da Universidade de Coimbra**. (1931) 42-48.

BELL, Arthur – **Christian Huygens and the development of science in the seventeenth century.** London : E. Arnold, 1947. 220 p.

BESSLER, R. – Nunquam Otious – 300th anniversary of the German Academy of Natural Scientists Leopoldina. **Pharmazie**. 7:7 (1952) 452-454.

BIDDLE, Nicholas – **Eulogium on Thomas Jefferson: Delivered Before the American Philosophical Society, on the Eleventh Day of April 1827**. Philadelphia : R. H. Small, 1827. 55 p.

BLANK, Brian E. – The Calculus Wars. **Notices of the AMS** [Em linha]. 56:5 (2009) 602-610. [Consult. 16 mar. 2024]. Disponível em WWW: <URL:https://www.ams.org/notices/200905/rtx090500602p.pdf>.

BLASUTTO, Fabio ; DE LA CROIX, David ; VITALE, Mara – Scholars and Literati at the Academy of the Ricovrati (1599-1800). **Repertorium eruditorum totius Europae** [Em linha]. ISSN 2736-4119. 3 (abr. 2021) 51-63. [Consult. 16 mar. 2024]. Disponível em WWW: <URL:https://doi.org/10.14428/rete.v3i0/ricoverati>.

BOHM, David ; PEAT, F. David – **Ciência Ordem e Criatividade**. Lisboa : Gradiva, 1989. 365 p. ISBN 972-662-134-8.

BOHNING, James J. – Opposition to the formation of the american chemical society. **Bulletin for the History of Chemistry** [Em linha]. 26:2 (2001) 92-103. [Consult. 16 mar. 2024]. Disponível em WWW: <URL:https://acshist.scs.illinois.edu/bulletin_open_access/v26-2/v26-2%20p92-103.pdf>.

BOLTON, Henry Carrington – **Chemical societies of the nineteenth century**. City of Washington: Smithsonian institution, 1902. 15 p.

BOYLE, Robert – **The sceptical chymist: or Chymico-Physical Doubts & Paradoxes**. London : F. Cadwell, 1661. 442 p.

BRAGA, Teófilo – **História das Ideias Republicanas em Portugal**. [S.l.] : Nova Vega, 2010. ISBN 9789726999577.

BROCK, W. H. – **The Fontana History of Chemistry (Fontana History of Science)**. [S.l.] : Fontana Press, 1992. 600 p. ISBN 9780006861737.

CALNEK, William Arthur ; SAVARY, Alfred William – **History of the county of Annapolis, including old Port Royal and Acadia**. Toronto : W. Briggs, 1897. 660 p.

CANNIZZARO, Stanislaus – **Abriss eines Lehrganges der theoretischen Chemie**. Leipzig : Wilhelm Engelmann, 1891.

CAROE, Gwendy M. – **The Royal Institution: An informal history**. London : J. Murray, 1985. 180 p. ISBN 0719542456.

CARVALHO, Alexandre Herculano de – Editorial. **Revista Portuguesa de Química**. 5:1 (1963) 1-5.

CARVALHO, Rómulo de – **A actividade pedagógica da Academia das Ciências de Lisboa nos séculos XVIII e XIX**. Lisboa : Academia das Ciências de Lisboa, 1981. 174 p.

— **A física experimental em Portugal no século XVIII**. Lisboa : Instituto de Cultura e Língua Portuguesa, 1982.

CASSIRER, Ernst – **A filosofia do iluminismo**. 2.ª ed. Campinas : Editora da Unicamp, 1994. 472 p. ISBN 8526802321.

CASTELNAU, Junius [et al.] – **Société Royale des sciences de Montpellier. Société libre des sciences et belles-lettres de Montpellier**. Paris : Phénix Editions, 2003. 527 p.

CASTILHO, Feliciano de – Memorias sobre as Quinas geral; e ensaio em particular de algumas mais usadas, comparando a Brasiliense, Analysada em Notas pelos Redactores do Jornal de Coimbra. **Jornal de Coimbra**. 2:8 (1812) 90-102.

CAVAZZA, Marta – Accademie scientifiche a bologna dal «coro anatomico» agli «inquieti» (1650-1714). **Quaderni storici**. 16:48(3) (1981) 884-921.

— Bologna e Galileo, da Cesare Marsili agli Inquieti. In **Galileo e la scuola galileiana nelle università del seicento** [Em linha]. [S.l.] : CLUEB, 2011. [Consult. 16 mar. 2024]. p. 155--170. Disponível em WWW: <URL:https://site.unibo.it/accademiascienzebologna/it/soci>. ISBN 8849135513.

— **Settecento Inquieto. Alle Origini Dell'Istituto Delle Scienze Di Bologna.** [S.l.] : Il Mulino, 1990. ISBN 8815024530.

CHINARD, Gilbert – The American Philosophical Society and the Early History of Forestry in America. **Proceedings of the American Philosophical Society**. 89:2 (1945) 444-488.

CIARDI, Marco – **Saluzzo di Monesiglio, Giuseppe Angelo** [Em linha]. 2017. [Consult. 16 mar. 2024]. Disponível em WWW: <URL:http://156.54.191.164/enciclopedia/saluzzo-di-monesiglio-giuseppe-angelo-conte_(Dizionario-Biografico)/>.

COBRA, Rubem Queiroz – **Gottfried Wilhelm Leibniz – Cobra Pages** [Em linha]. 18 maio 1997. [Consult. 16 mar 2024]. Disponível em WWW: <URL:https://www.cobra.pages.nom.br/filmod/leibniz/>.

COELHO, Maria Helena da Cruz – Alexandre Herculano: a história, os documentos e os arquivos no século XIX. **Revista Portuguesa de História** [Em linha]. ISSN 0870-4147. 42 (2011) 61-84. [Consult. 16 mar 2024]. Disponível em WWW: <URL:https://doi.org/10.14195/0870-4147_42_2>.

COOKE, Helen – A historical review of the chemistry periodical literature until 1950. **Learned Publishing** [Em linha]. ISSN 0953-1513. 17:2 (abr. 2004) 125-134. [Consult. 16 mar 2024]. Disponível em WWW: <URL:https://doi.org/10.1087/095315104322958508>.

DARRIGOL, Olivier – **Worlds of Flow: A History of Hydrodynamics from the Bernoullis to Prandtl**. [S.l.] : Oxford University Press, USA, 2005. 376 p. ISBN 9780198568438.

DE ANGELIS, Alessandro – **Galileu em Pádua – Os dezoito melhores anos da minha vida**. Lisboa : Gradiva, 2023. 296 p. ISBN 9789897851926.

DELORME, Suzanne – Une famille de gands Commis de l'État, amis des Sciences, au XVIIIe siècle : Les Trudaine. **Revue d'histoire des sciences et de leurs applications** [Em linha]. ISSN 0048-7996. 3:2 (1950) 101-109. [Consult. 16 mar 2024]. Disponível em WWW: <URL:https://doi.org/10.3406/rhs.1950.2790>.

DESCARTES, René ; PRINCESS ELISABETH OF BOHEMIA ; BENNETT, Jonathan (Ed.) – **Correspondence between Descartes and Princess Elisabeth** [Em linha]. [Consult. 16 Mar. 2024]. Disponível em WWW: <URL:https://www.earlymoderntexts.com/assets/pdfs/descartes1643.pdf>.

DIAS, Eurico Gomes – O esplendor do Jornal Encyclopedico na imprensa periódica portuguesa entre os séculos XVIII-XIX. **Mátria Digital** [Em linha]. 2 (nov. 2014 – out. 2015) 211-230. [Consult. 16 mar. 2024]. Disponível em WWW: <URL:https://matriadigital.santarem.pt/images/numero2/euricodias.pdf>.

DUECKER, Werner Wilfred ; WEST, James Robert – **The Manufacture of Sulfuric Acid**. New York : Reinhold Pub. Corp., 1959. 515 p.

DUNCAN JR., Andrew – Letter from Andrew Duncan, M. D. F. R. S. E. containing Experiments and Observations on Cinchona, tending particularly to show that it does not contain Gelatine. **A Journal of Natural Philosophy, Chemistry, and the Arts**. 6 (1803) 225-228.

DZIEMBOWSKI, Edmond – **Le siècle des révolutions: 1660-1789**. Paris : Perrin, 2019. 620 p. ISBN 9782262051310.

EAMON, William – **Science and the Secrets of Nature**. [S.l.] : Princeton University Press, 1994. ISBN 9780691214610.

ELLEGREN, Hans – **En akademi finner sin väg**. Uppsala : Acta Universitatis Upsaliensis, 2020. 337 p. ISBN 978-91-513-1011-4.

Explicação. **Revista Portuguesa de Química** [Em linha]. 1:1 (mar. 1958) 3. [Consult. 16 mar. 2024]. Disponível em WWW: <URL:https://www.spq.pt/magazines/RPQuimica/224/pdf>.

FAIDIT, Jean-Michel – La Société Royale des Sciences de Montpellier. In **Règlements, usages et science dans la France de l'absolutisme**. Paris : Instituto de França, Academia das Ciências, 2002. ISBN 2-7430-0537-8. p. 255-264.

FARADAY, Michael – Experimental Researches in Electricity. **Transactions of the Royal Society of London** [Em linha]. 130 (1840) 93-127. [Consult. 16 mar. 2024]. Disponível em WWW: <URL:https://ia802808.us.archive.org/33/items/philtrans03311106/03311106.pdf>.

FARADAY, Michael ; FORMOSINHO, Sebastião – **A história química de uma vela: curso de seis lições**. Trad. de Maria Isabel Prata, Sérgio Rodrigues. Coimbra : Imprensa da Universidade de Coimbra, 2011. 120 p. ISBN 978-989-26-0211-0.

FERRAZ, Márcia Helena Mendes – **As ciências em Portugal e no Brasil, 1772-1822: O texto conflituoso da química**. São Paulo : EDUC, 1997. 245 p. ISBN 8528301184.

FERRONE, Vincenzo, ed. lit. – **Tra Società e Scienza. 200 anni di storia dell'Accademia delle Scienze di Torino. Saggi Documenti Immagini, catalogo della mostra (Torino, Accademia delle Scienze, 29 giugno-30 ottobre 1988)**. Torino : Umberto Allemandi & C., 1988.

FRAZER, James George – **The Golden Bough: A Study in Magic and Religion**. 2.ª ed. Pensilvânia : St. Martin›s Press, 1976. vol. 1.

GALILEI, Galileu – **O Ensaiador**. São Paulo : Nova Cultural, 2004. 256 p. ISBN 9788513012789.

GARRETT, Almeida – **Escritos do vintismo de almeida garrett (1820-23)**. Lisboa : Editorial Estampa, 1985. 354 p.

GAUJA, Pierre – L'Académie Royale des Sciences (1666-1793). **Revue d'histoire des sciences et de leurs applications** [Em linha]. ISSN 0048-7996. 2:4 (1949) 293-310. [Consult. 16 mar 2024]. Disponível em WWW: <URL:https://doi.org/10.3406/rhs.1949.2738>.

GENNARI, G. – Saggio storico sopra le Accademie di Padova. In **Saggi scientifici e letterari dell'Accademia di Padova**. Padova : Reale Accademia di Scienze, Lettere ed Arti, 1786. p. 13-115.

GIBBS, Josiah Willard – On the Equilibrium of Heterogeneous Substances. **Transactions of the Connecticut Academy of Arts and Sciences**. 3:1 e 3:3 (1876) 108-248 e 343-524.

GOMES, Bernardino António – An Essay upon Cinchonin, and Its Influence upon the Virtue of Peruvian Bark, and Other Barks. **Edinburgh Medical and Surgical Journal**. 7:28 (1811) 420-431.

— An Essay upon Cinchonin, and Its Influence upon the Virtue of Peruvian Bark, and Other Barks. **Medical and Physical Journal**. 27 (1812) 295-306.

— Chymica. **Jornal de Coimbra**. 2:10 (1812) 291-296.

— Segunda e última Replica aos senhores Redactores do Jornal de Coimbra. **Jornal de Coimbra**. 2:12 (1812) 447-449.

GORDIN, Michael Dan – The Importation of Being Earnest: The Early St. Petersburg Academy of Sciences. **Isis**. ISSN 1545-6994. 91:1 (mar. 2000) 1-31.

GRAU, Conrad – Die Wissenschaftsakademien in der deutschen Gesellschaft: Das "Kartell" von 1893 bis 1940. In **Die Elite der Nation im Dritten Reich. Das Verhältnis von Akademien und ihrem wissenschaftlichen Umfeld zum Nationalsozialismus**. Halle/Saale : [s.n.], 1995. p. 31-56.

GUILLEN, Michael – **Cinco Equações que Mudaram o Mundo**. Lisboa : Gradiva, 2000. 240 p. ISBN 9789726626145.

HABER, Fritz ; HLEMENSIEWICZ, Zygmunt – Über elektrische Phasengrenzkräfte. **Zeitschrift für Physikalische Chemie**. ISSN 2196-7156. 67U:1 (jan. 1909).

HAHN, Roger – **L' anatomie d'une institution scientifique: L'Académie des sciences de Paris, 1666-1803**. Bruxelles : Editions des Archives contemporaines, 1993. 594 p. ISBN 2881249108.

HALL, Marie Boas – Oldenburg and the art of Scientific Communication. **The British Journal for the History of Science**. ISSN 1474-001X. 2:4 (dez. 1965) 277-290.

HANKINS, Thomas L. – **Ciência e Iluminismo**. Porto : Porto Editora, 2000. 224 p. ISBN 978-972-0-45085-2.

HARBISON, Peter – Royal Irish Academy. In **Encyclopaedia of Ireland**. Dublin : Gill & Macmillan, 2003. p. 948-949.

HOLMYARD, E. John – **A Alquimia**. Lisboa : Editora Ulisseia, 1957. 287 p.

IPQ – INSTITUTO PORTUGUÊS DA QUALIDADE – **A Reforma de D João VI** [Em linha]. [Consult. 16 mar. 2024]. Disponível em WWW: <URL:https://www.ipq.pt/museu-metrologia/pesos-e-medidas-em-portugal/o-sistema-metrico-decimal/a-reforma-de-d-joao-vi/>.

ISTITUTO E MUSEO DI STORIA DELLA SCIENZA (ITALY) – **Museo di storia della scienza: Catalogo**. [Firenze] : Giunti, 1998. 384 p. ISBN 8809200365.

JAMES, Frank A. J. L. – The legacies of the Royal Institution. **Physics Today**. ISSN 1945-0699. 71:8 (ag. 2018) 36-43.

JOHNSON, Jeffrey Allan – Between Nationalism and Internationalism: The German Chemical Society In Comparative Perspective, 1867-1945. **Angewandte Chemie International Edition** [Em linha]. ISSN 1433-7851. 56:37 (ag. 2017) 11044-11058. [Consult. 16 mar 2024]. Disponível em WWW: <URL:https://doi.org/10.1002/anie.201702487>.

JONES, Edward M. – Chamber Process Manufacture of Sulfuric Acid. **Industrial & Engineering Chemistry**. ISSN 1541-5724. 42:11 (nov. 1950) 2208-2210.

JONES, Paul R. – Contrasting mentors for english speaking chemistry students in Germany in the nineteenth century: Liebig, Wöhler, and Bunsen. **Bulletin for the History of Chemistry** [Em linha]. 37:1 (2012) 14-23. [Consult. 16 mar. 2024]. Disponível em WWW: <URL:https://acshist.scs.illinois.edu/bulletin_open_access/v37-1/v37-1%20p14-23.pdf>.

Jornal Enciclopédico dedicado á Rainha N. Senhora, e destinado para instrucção geral com a notícia dos novos descobrimentos em todas as sciencias, e artes [Em linha]. [S.l.] : Officina de Antonio Rodrigues Galhardo, 1779. [Consult. 16 mar. 2024]. Disponível em WWW: <URL:https://purl.pt/33878>.

July 1816: Fresnel's Evidence for the Wave Theory of Light. **APS News** [Em linha]. 25:7 (2016) 2 e 4. [Consult. 16 mar. 2024]. Disponível em WWW: <URL:https://aps.org/publications/apsnews/201607/upload/July-2016-rev1.pdf>.

KENDALL, James – The University of Edinburgh. **Journal of Chemical Education**. ISSN 1938-1328. 4:5 (maio 1927) 565.

KIEFER, Jürgen – **Bio-bibliographisches Handbuch der Akademie Gemeinnütziger Wissenschaften zu Erfurt 1754-2004: Aus Anlass der 250. Jahrfeier**. Erfurt : Akademie gemeinnütziger Wissenschaften zu Erfurt, 2005. 708 p. ISBN 9783932295614.

KNIGHT, David – **Ideas in chemistry: a history of the science**. London : Athlone Press, 1992. 213 p. ISBN 0485121123.

LACEY, Andrew – The Chemical Club: An Early Nineteenth-Century Scientific Dining Club. **Ambix**. ISSN 1745-8234. 64:3 (jul. 2017) 263-282.

LAVOISIER, Antoine Laurent de – **Traité Élémentaire de Chimie**. [S.l.] : Cuchet, 1790.

LEIBNIZ, Gottfried – **Discurso de Metafísica**. São Paulo : Abril Cultural, 1983.

LEMAY, Pierre – Berthollet et la Société d'Arcueil. **Revue d'histoire de la pharmacie**. ISSN 0035-2349. 21:84 (1933) 191-193.

LENOBLE, Robert – Quelques aspects d'une révolution scientifique. [A propos du troisième centenaire du P. Mersenne (1588-1648).]. **Revue d'histoire des sciences et de leurs applications**. ISSN 0048-7996. 2:1 (1948) 53-79.

LESTEL, Laurence – The Société Française de Chimie (1857-2007) as a Place for Thinking Chemistry in France. In **6ᵗʰ International Conference on the History of Chemistry** [Em linha]. Louvain-la-neuve : Mémosciences, 2008. [Consult. 16 mar. 2024]. p. 717-722. Disponível em WWW: <URL:https://www.euchems.eu/wp-content/uploads/2015/08/77-Lestel_.pdf>.

LEVERE, Trevor Harvey ; TURNER, Gerard Le – **Discussing chemistry and steam: The minutes of a coffee house philosophical society, 1780-1787**. Oxford : Oxford University Press, 2002. 284 p. ISBN 0198515308.

LIENHARD, John H. – **Maupertuis** [Em linha]. [Consult. 16 mar. 2024]. Disponível em WWW: <URL:https://engines.egr.uh.edu/episode/2101>.

LILLYWHITE, Bryant – **London coffee houses: A reference book of coffee houses of the seventeenth, eighteenth, and nineteenth centuries.** London : G. Allen and Unwin, 1963. 858 p.

LOBATO, César de Barros – **Alguns aspectos sobre o calórico e o diâmetro dos átomos no trabalho de John Dalton** [Em linha]. São Paulo : Pontifícia Universidade Católica de São Paulo, 2011. 143 p. Tese de Doutoramento. [Consult. 16 mar. 2024]. Disponível em WWW: <URL:https://repositorio.pucsp.br/jspui/handle/handle/13260>.

LUNDGREN, Per – **Vetenskapssocietetens gård vid Sankt Eriks torg. I: Årsbok 2015.** [S.l.] : Upplands fornminnesförening och hembygdsförbund, 2015.

MACHADO, Adélio A. S. C. – Fabrico Industrial do Carbonato de Sódio no Século XIX: Exemplos Precoces de Química Verde e Ecologia Industrial. **Boletim da Sociedade Portuguesa de Química** [Em linha]. (jun. 2009) 25. [Consult. 16 mar 2024]. Disponível em WWW: <URL:https://doi.org/10.52590/m3.p643.a30001493>.

MAGGIOLO, Attilio – **I soci dell'Accademia patavina : dalla sua fondazione, 159.** Padova : [s.n.], 1983. 387 p.

MAKEPEACE, Chris E. – **Science and Technology in Manchester Two Hundred Years of the Lit. And Phil.** Manchester : Manchester Liberary & Philosophical Publications, 1984. 63 p. ISBN 978-0902428041.

MARQUES, António Henrique R. de Oliveira – **História da maçonaria em Portugal.** Lisboa : Presença, 1990.

MASCHIETTO, Francesco Ludovico – **Elena Lucrezia Cornaro Piscopia (1646-1684): The First Woman in the World to Earn a University Degree.** [S.l.] : St. Joseph's University Press, 2007. 318 p. ISBN 9780916101572.

MAYLENDER, Michele – **Storia delle accademie d'Italia ...** Bologna [etc.] : L. Cappelli, 1926. vol. 1.

MELLOR, J. W. – History of the water problem (Mrs. Fulhame's theory of catalysis). **Journal of Physical Chemistry.** 7:8 (1903) 557-567.

MILES, Wyndham D. – Early American Chemical Societies: 1. The 1789 Chemical Society of Philadelphia 2. The Chemical Society of Philadelphia. **Chymia.** ISSN 0095-9367. 3 (jan. 1950) 95-113.

MOORE, Tom Sidney ; PHILIP, James Charles – **The Chemical Society, 1841-1941: A historical review.** London : Chemical Society, 1947. 235 p.

MORGAN, John – **Times Higher Education World Reputation Rankings** [Em linha]. March 10, 2011. [Consult. 12 Jul. 2024]. Disponível em W W W: <URL: https://www.timeshighereducation.com/features/times-higher-education-world-reputation-rankings/415429.article?sectioncode=26&storycode=415429&c=1>

MORISON, Samuel Eliot – **The founding of Harvard College.** Cambridge, Mass : Harvard University Press, 1995. 472 p. ISBN 0674314514.

MORRELL, J. B. – The Chemist Breeders: The Research Schools of Liebig and Thomas Thomson. **Ambix.** ISSN 1745-8234. 19:1 (mar. 1972) 1-46.

MORRISON, Carole A. ; CAMPBELL, Eleanor E. B. – Celebrating 300 years of chemistry at Edinburgh. **Dalton Transactions.** ISSN 1477-9234. (2014).

MOURATO, Francisco Manuel Trigoso de Aragão – **Memorias da Academia Real das Sciencias de Lisboa**. Lisboa : Academia Real das Sciencias de Lisboa, 1839. vol. 12. parte 2.

MÜCKE, Marion ; SCHNALKE, Thomas – **Die Korrespondenz der Deutschen Akademie der Naturforscher um 1750**. Berlim : De Gruyter, 1755.

NOGUEIRA, José Félix Henriques – **Obra Completa**. Org. António Carlos Leal Da Silva. Lisboa : Imprensa Nacional Casa da Moeda, 1950. vol. 3. 193 p.

NOYES, William Albert ; NORRIS, James Flack – Biographical Memoir of Ira Remsen 1846--1927. In **Biographical Memoirs** [Em linha]. Washington : National Academy of Sciences of the United States of America, 1931. vol. 14. [Consult. 16 mar. 2024]. p. 205-257. Disponível em WWW: <URL:https://nasonline.org/publications/biographical-memoirs/memoir-pdfs/remsen-ira.pdf>.

NYE, Mary Jo – **From Chemical Philosophy to Theoretical Chemistry: Dynamics of Matter and Dynamics of Disciplines, 1800-1950**. [S.l.] : University of California Press, 1992. 356 p. ISBN 9780520082106.

O'CONNOR, J. J. ; ROBERTSON, E. F. – **Berlin Academy of Science** [Em linha]. Fev. 1997. [Consult. 16 mar. 2024]. Disponível em WWW: <URL:https://mathshistory.st-andrews.ac.uk/Societies/Berlin/>.

— **Christiaan Huygens – Biography** [Em linha]. Fev. 1997. [Consult. 16 mar. 2024]. Disponível em WWW: <URL:https://mathshistory.st-andrews.ac.uk/Biographies/Huygens/>.

OESPER, Ralph E. – Nicolas Leblanc (1742-1806). **Journal of Chemical Education**. ISSN 1938-1328. 19:12 (dez. 1942) 567-572.

— Nicolas Leblanc (1742-1806). **Journal of Chemical Education**. ISSN 1938-1328. 20:1 (jan. 1943) 11-20.

OSTWALD, Wilhelm – **Elektrochemie, ihre Geschichte und Lehre: Ihre Geschichte und Lehre**. [S.l.] : Veit & comp., 1896.

PAULING, Linus – Arthur Amos Noyes: Sept. 13, 1866 June 3, 1936 (A biographical memoir). In **Biographical Memoirs**. Washington : National Academy of Sciences of the United States of America, 1958. vol. 31. p. 322-346.

PERRIN, C. E. – A Reluctant Catalyst: Joseph Black and the Edinburgh Reception of Lavoisier's Chemistry. **Ambix**. ISSN 1745-8234. 29:3 (nov. 1982) 141-176.

PIRES, Pedro Stoeckli – O conceito de magia nos autores clássicos. **Revista de Antropologia da UFSCar**. ISSN 2175-4705. 2:1 (jun. 2010) 97-123.

PLATT, John Rader – Here and There. The Step to Man. **American Scientist**. 54:3 (1966) 345-358.

PORTUGAL. Ministério da Instrução Pública – Secretaria Geral. Decreto-Lei n.º 16 381. **Diário do Governo**. 1:13 (16 jan. 1929). 122-124.

PORTUGAL. Ministério da Educação Nacional – Secretaria Geral. Decreto-Lei n.º 26 611. **Diário do Governo**. 1:116 (19 maio 1936) 536-547.

QUINCY, Josiah – **The History of Harvard University**. Boston : Crosby, Nichols, Lee & Company, 1860. vol. 1. 586 p.

QUINNEY, Douglas – **Daniel Bernoulli | Encyclopedia.com** [Em linha]. [Consult. 16 mar. 2024]. Disponível em WWW: <URL:https://www.encyclopedia.com/people/science-and-technology/mathematics-biographies/daniel-bernoulli>.

RAMOS, Gustavo Cordeiro – **Objectivos da Criação da Junta de Educação Nacional (Actual Instituto para a Alta Cultura). Alguns aspectos do seu labor**. [S.l.] : Instituto para a Alta Cultura, 1951.

RAMOS, Luís de Oliveira – **D. Maria I**. Lisboa : Círculo de Leitores, 2007. ISBN 978-972-42-3901-9.

RAMSAY, William – **The life and letters of Joseph Black, M. D.** London : Constable, 1918.

REALE, Giovanni ; ANTÍSERI, Darío – El renacimiento del pirronismo y el neoescepticismo. In **Historia del Pensamento Filosófico y Científico**. Barcelona : Herder Editorial, 1992. p. 278-283.

RIBEIRO, José Silvestre – **Historia dos estabelecimentos scientificos, litterarios e artisticos de Portugal, nos successivos reinados da monarchia** [Em linha]. Lisboa : Academia Real das Sciencias, 1871. tomo 2. 18 p. [Consult. 16 mar. 2024]. Disponível em WWW: <URL:https://purl.pt/173>.

ROCKE, Alan – The Rise of Academic Laboratory Science: Chemistry and the 'German Model' in the Nineteenth Century. In **History of Universities**. Oxford : Oxford University Press, 2021. vol. 34:1. ISBN 0192844776. p. 41-64.

ROLLO, Maria Fernanda ; QUEIROZ, Maria Inês ; BRANDÃO, Tiago – Pensar e mandar fazer ciência. A criação da Junta de Educação Nacional e a política de organização científica do Estado Novo. **Ler História**. ISSN 2183-7791. 61 (dez. 2011) 105-145.

SAINT PETERSBURG ACADEMY OF SCIENCES – Work of Leonhard Euler and Mikhail Lomonosov. In **Creation of Moscow University**. [S.l. : s.n.], 2002.

SANCHES, António Nunes Ribeiro – **Cartas sobre a educação da mocidade.** [Em linha]. Porto : D. Barreira, 1963. 236 p. [Consult. 16 mar. 2024]. Disponível em WWW: <URL:https://purl.pt/148>.

— **Método para aprender e estudar a Medicina** [Em linha]. Covilhã : Universidade da Beira Interior, 2003. 38 p. [Consult. 16 mar. 2024]. Disponível em WWW: <URL:https://www.estudosjudaicos.ubi.pt/rsanches_obras/metodo_aprender_estudar_med.pdf>.

— **Relações de um Penamacorense na Europa Esclarecida do Séc. XVIII** [Em linha]. Penamacor : Museu e Município de Penamacor, 2011. 24 p. [Consult. 16 mar. 2024]. Disponível em WWW: <URL:https://www.cm-penamacor.pt/cmpenamacor/uploads/document/file/1016/exposicao2011ribeirosanches.pdf>.

SANTOS, Maria de Lourdes Lima dos – Sobre os intelectuais portugueses no século XIX (do Vintismo à Regeneração). **Análise Social** [Em linha]. 15:57 (1979) 69-115. [Consult. 16 mar. 2024]. Disponível em WWW: <URL:https://revistas.rcaap.pt/analisesocial>.

SARMENTO, Jacob de Castro – **Sobre a Natureza, Contentos, Effeytos, e Uso prático, em forma de bebida, e banhos das Agoas das Caldas da Rainha** [Em linha]. 2.ª ed. Londres : [s.n.], 1757. 260 p. [Consult. 16 mar. 2024]. Disponível em WWW: <URL:https://purl.pt/34093>.

— **Theorica verdadeira das mares: Conforme à philosophia do incomparavel cavalhero Isaac Newton; ... Illustrado tudo com variedade de figuras, ... A que se ajunta, como introducçam no principio, huma breve relaçam da vida, e descubrimentos deste immortal, e illustre philosopho: ... pelo Dr. Jacob de Castro Sarmento, ...** [Em linha]. Londres : [s.n.], 1737. 136 p. [Consult. 16 Mar. 2024]. Disponível em WWW: <URL:https://purl.pt/14453>.

SCHOFIELD, Robert E. – The Lunar Society of Birmingham; A bicentenary appraisal. **Notes and Records of the Royal Society of London**. ISSN 1743-0178. 21:2 (dez. 1966) 144-161.

SCHULZE, Ludmilla – The Russification of the St. Petersburg Academy of Sciences and Arts in the eighteenth century. **The British Journal for the History of Science**. ISSN 1474-001X. 18:3 (nov. 1985) 305-335.

SEEMAN, Jeffrey I. – The Woodward–Doering/Rabe–Kindler Total Synthesis of Quinine: Setting the Record Straight. **Angewandte Chemie International Edition**. ISSN 1521-3773. 46:9 (fev. 2007) 1378-1413.

SEGRE, Michael – Galileo: A 'rehabilitation' that has never taken place. **Endeavour**. ISSN 0160-9327. 23:1 (jan. 1999) 20-23.

SERRA, José Correia da – **Collecção de livros ineditos da historia portuguesa dos reinados de D. Affonso V, a D. João II** [Em linha]. Lisboa : Academia Real das Sciencias, 1790. [Consult. 16 mar. 2024]. Disponível em WWW: <URL:https://purl.pt/307>.

SERVOS, John W. – **Physical chemistry from Ostwald to Pauling: The making of a science in America**. Princeton, N.J : Princeton University Press, 1990. 402 p. ISBN 0691085668.

SMITH, Aaron C. ; WILLIAMS, Robert M. – Rabe Rest in Peace: Confirmation of the Rabe–Kindler Conversion ofd-Quinotoxine Into Quinine: Experimental Affirmation of the Woodward–Doering Formal Total Synthesis of Quinine. **Angewandte Chemie International Edition**. ISSN 1521-3773. 47:9 (fev. 2008) 1736-1740.

SOBRAL, T. R. – Memória sobre o princípio febrífugo das quinas. **Jornal de Coimbra**. 15:82 (1819) 126-156.

SOCIEDADE PORTUGUESA DE ELETROQUÍMICA – SPE – **Previous Congresses** [Em linha]. [Consult. 16 mar. 2024]. Disponível em WWW: <URL:https://www.electroquimica. pt/previous_congresses>.

SPENCER, Mark G. – **Bloomsbury Encyclopedia of the American Enlightenment, The**. [S.l.] : Bloomsbury Academic, 2015. 672 p. ISBN 9781474249843.

SPINDLER, Max – **Electoralis Academiae Scientiarum Boicae primordia: Briefe aus der Gründungszeit der Bayerischen Akademie der Wissenschaften**. München : Beck, 1959. 567 p.

SPRAT, Thomas – **The history of the Royal-Society of London for the improving of natural knowledge**. London : [s.n.], 1667. 438 p.

STEPHEN, Leslie ; LEE, Sidney – **Dictionary of National Biography**. Londres : Smith, Elder & Co., 1885.

SUBTIL, Carlos Lousada; VIEIRA, Margarida – Os primórdios da organização do Programa Nacional de Vacinação em Portugal. **Revista de Enfermagem Referência** [Em linha]. ISSN 0874-0283. III Série:4 (jul. 2011) 161-174. [Consult. 16 mar 2024]. Disponível em WWW: <URL:https://doi.org/10.12707/riii11hm2>.

SUGA, Hiroaki – **President Message** [Em linha]. [Consult. 16 mar. 2024]. Disponível em WWW: <URL:https://www.chemistry.or.jp/en/aboutus/message.html>.

SZABADVÁRY, Ferenc – **History of analytical chemistry**. Oxford : Pergamon Press, 1966. 419 p.

TERRALL, Mary – **Man Who Flattened the Earth: Maupertuis and the Sciences in the Enlightenment**. [S.l.] : University of Chicago Press, 2002. ISBN 9780226793627.

TIEN, Chang L.; LIENHARD, John H. – **Statistical thermodynamics** [Em linha]. Washington : Hemisphere Pub. Corp., 1979. 397 p. [Consult. 16 mar. 2024]. Disponível em WWW: <URL:https://engines.egr.uh.edu/sites/engines/files/talks/StatisticalThermodynamics.pdf>. ISBN 0070645701.

TURNER, R. Steven – Justus Liebig versus Prussian Chemistry: Reflections on Early Institute-Building in Germany. **Historical Studies in the Physical Sciences**. ISSN 0073-2672. 13:1 (jan. 1982) 129-162.

VAN KLOOSTER, H. S. – Friedrich Wohler and his American pupils. **Journal of Chemical Education**. ISSN 1938-1328. 21:4 (abr. 1944) 158.

— Liebig and his American pupils. **Journal of Chemical Education**. ISSN 1938-1328. 33:10 (out. 1956) 493.

VAUQUELIN, Louis Nicolas – Expériences sur les diverses espèces de Quinquina. **Annales de Chimie**. 59 (1806) 113-169.

VERNEY, Luís António – **Verdadeiro método de estudar: Para ser utilà republica, e à igreja : proporcionado ao estilo, e necesidade de Portugal**. [Em linha]. Valensa : Na oficina de Antonio Balle, 1746. [Consult. 16 mar. 2024]. Disponível em WWW: <URL:https://purl.pt/118>.

WEST, Benjamin – **An account of the observation of Venus upon the sun: The third day of June, 1769, at Providence, in New England : with some account of the use of those observations** [Em linha]. Providence : Printed by J. Carter, 1769. 22 p. [Consult. 16 mar. 2024]. Disponível em WWW: <URL:https://archive.org/details/accountofobserva00west/page/4/mode/2up>.

WIEGAND, Hermann ; KREUTZ, Wilhelm ; KREUTZ, Jörg – **In omnibus veritas: 250 Jahre Kurpfälzische Akademie der Wissenschaften in Mannheim (1763-1806)**. Mannheim : Wellhöfer Verlag, 2014. 288 p. ISBN 978-3-95428-135-0.

WIKIPEDIA, THE FREE ENCYCLOPEDIA – **American Academy of Arts and Sciences – Wikipedia** [Em linha]. 7 dez. 2003. [Consult. 16 mar. 2024]. Disponível em WWW: <URL:https://en.wikipedia.org/wiki/American_Academy_of_Arts_and_Sciences>.

WIKIPEDIA, THE FREE ENCYCLOPEDIA – **Lunar Society of Birmingham – Wikipedia** [Em linha]. 28 mar. 2001. [Consult. 16 mar. 2024]. Disponível em WWW: <URL:https://en.wikipedia.org/wiki/Lunar_Society_of_Birmingham>.

WILSON, Forsyth J. – The chemical society of Glasgow: Minute book of 1800-1801. **Annals of Science**. ISSN 1464-505X. 2:4 (out. 1937) 451-459.

WISSLER, Clark – The American Indian and the American Philosophical Society. **Proceedings of the American Philosophical Society**. 86:1 (1942) 189-204.

WOJTKOWIAK, B. – **Historia de la química**. Saragoça : Editorial Acribia S. A, 1987.

WOODWARD, R. B. ; DOERING, W. E. – The Total Synthesis of Quinine. **Journal of the American Chemical Society**. ISSN 1520-5126. 67:5 (maio 1945) 860-874.

A coleção "Ciências e Culturas" foi fundada por Ana Leonor Pereira e João Rui Pita. Trata-se de uma coleção independente de qualquer Faculdade ou centro de investigação, proposta por estes dois professores da Universidade de Coimbra à Imprensa da Universidade de Coimbra – IUC, tendo merecido de imediato o seu acolhimento nesta instituição pelo Diretor da IUC da época, Senhor Professor Doutor José Faria Costa. A coordenação editorial foi, desde o início, da Senhora Drª Maria João Castro, Diretora Adjunta da IUC. De então até hoje, a coleção teve a melhor recetividade por parte dos diretores que lhe sucederam, Senhores Professores João Gouveia Monteiro, Delfim Leão, Alexandre Dias Pereira e Carlota Simões.

TÍTULOS PUBLICADOS

1 - Ana Leonor Pereira; João Rui Pita
   [Coordenadores]
   — *Miguel Bombarda (1851-1910) e as singularidades de uma época* (2006)

2 - João Rui Pita; Ana Leonor Pereira
   [Coordenadores]
   — *Rotas da Natureza. Cientistas, Viagens, Expedições e Instituições* (2006)

3 - Ana Leonor Pereira; Heloísa Bertol Domingues; João Rui Pita; Oswaldo Salaverry Garcia
   — *A natureza, as suas histórias e os seus caminhos* (2006)

4 - Philip Rieder; Ana Leonor Pereira; João Rui Pita
   — *História Ecológico-Institucional do Corpo* (2006)

5 - Sebastião Formosinho
   — *Nos Bastidores da Ciência - 20 anos depois* (2007)

6 - Helena Nogueira
   — *Os Lugares e a Saúde* (2008)

7 - Marco Steinert Santos
   — *Virchow: medicina, ciência e sociedade no seu tempo* (2008)

8 - Ana Isabel Silva
   — *A Arte de Enfermeiro. Escola de Enfermagem Dr. Ângelo da Fonseca* (2008)

9 - Sara Repolho
   — *Sousa Martins: ciência e espiritualismo* (2008)

10 - Aliete Cunha-Oliveira
   — *Preservativo, Sida e Saúde Pública* (2008)

11 - Jorge André
   — *Ensinar a estudar Matemática em Engenharia* (2008)

12 - Bráulio de Almeida e Sousa
   — *Psicoterapia Institucional: memória e actualidade* (2008)

13 - Alírio Queirós
   — *A Recepção de Freud em Portugal* (2009)

14 - Augusto Moutinho Borges
— *Reais Hospitais Militares em Portugal* (2009)

15 - João Rui Pita
— *Escola de Farmácia de Coimbra* (2009)

16 - António Amorim da Costa
— *Ciência e Mito* (2010)

17 - António Piedade
— *Caminhos da Ciência* (2011)

18 - Ana Leonor Pereira, João Rui Pita
e Pedro Ricardo Fonseca — *Darwin, Evolution,
Evolutionisms* (2011)

19 - Luís Quintais
— *Mestres da Verdade Invisível* (2012)

20 - Manuel Correia
— *Egas Moniz no seu labirinto* (2013)

21 - A. M. Amorim da Costa
— *Ciência no Singular* (2014)

22 - Victoria Bell
— *Penicilina em Portugal (anos 40-50 do século XX)*
(2017)

23 - Rui Costa
— *Ricardo Jorge. Ciência, humanismo e modernidade*
(2018)

24 - Aliete Cunha-Oliveira
— *Para uma História do VIH/Sida* (2018)

25 - Victoria Bell
— *A receção da penicilina em Portugal na literatura
médico-farmacêutica e na imprensa
diária (anos 40-60 do século XX)* (2019)

26 - Francisco Gil e Lídia Catarino
— *Visões da Luz* (2020)

27 - José Morgado Pereira
— *A Psiquiatria em Portugal nas primeiras
décadas do século XX: Protagonistas* (2020)

28 - J. Simões Redinha
— *A Química: o primeiro século na Universidade
de Coimbra e o progresso desta ciência* (2020)

29 - Maria Guilherme Semedo
— *Bernardino António Gomes (1768-1823)
a quina e o isolamento da cinchonina* (2020)

30 - Ana Luísa Santos, Ana Isabel Simões Rola,
Carla Morais, Clara Vasconcelos, Elsa M. C. Gomes,
Isilda Teixeira Rodrigues, Jorge Azevedo,
Sérgio P. J. Rodrigues
— *História da Ciência no Ensino Revisitando
Abordagens, Inovando Saberes* (2021)

31 — Sebastião Formosinho, Hugh Burrows (Coord.) —
*António Jorge Andrade de Gouveia.
Um Pedaço de Química Portuguesa (2022)*

32 — Carlota Simões, Ana Cristina Araújo,
Pedro Casaleiro (Coord.) —
*Redes Científicas da Universidade de Coimbra
no Iluminismo (2022)*

33 — Augusto Correia Cardoso
*O Centro de Estudos de Química Nuclear e
Radioquímica no florescimento da investigação em
Química na Universidade de Coimbra*

34 — Inês Pinto da Cruz
*Entre a loucura e o desvio:
casos da Psiquiatria Forense
portuguesa (1884-1926)*